储能科学与技术丛书

锂离子电池管理系统

A Systems Approach to Lithium-Ion Battery Management

[美] 菲利普·维柯尔（Phillip Weicker） 著

许德智　李建林　周喜超　杨玮林　张伟明
吕建良　孙　威　饶宇飞　李德鑫　黄碧斌　译
宋新甫　李章溢　刘　爽

机械工业出版社

本书内容包括锂离子电池原理、大规模系统、电池管理系统功能与模型、电池管理系统相关算法、故障检测、软硬件实现等共24章，既介绍了锂离子电池的原理，也重点介绍了大规模锂离子系统的许多模拟和建模技术，用于完成电池管理系统所需的许多复杂软件任务，如计算充电状态、电池容量、模型参数和功率限制，同时讨论了可用于开发实际系统的合适的实现方法。

本书的目的是提供锂离子电池领域的基本知识，以期为对该领域有兴趣的技术人员、研究工作者、工程师、学生和其他人员提供广泛的参考。

A Systems Approach to Lithium-Ion Battery Management, by Phillip Weicker, ISBN: 978-1-60807-659-8.

北京市版权局著作权合同登记图字：01-2019-0963号。

图书在版编目（CIP）数据

锂离子电池管理系统/（美）菲利普·维柯尔（Phillip Weicker）著；许德智等译. —北京：机械工业出版社，2021.8（2024.7重印）
（储能科学与技术丛书）
书名原文：A Systems Approach to Lithium-Ion Battery Management
ISBN 978-7-111-68730-6

Ⅰ.①锂…　Ⅱ.①菲…②许…　Ⅲ.①锂离子电池　Ⅳ.①TM912

中国版本图书馆 CIP 数据核字（2021）第140899号

机械工业出版社（北京市百万庄大街22号　邮政编码100037）
策划编辑：付承桂　责任编辑：付承桂　杨　琼
责任校对：肖　琳　封面设计：鞠　杨
责任印制：刘　媛
涿州市般润文化传播有限公司印刷
2024年7月第1版第4次印刷
169mm×239mm · 13.75印张 · 267千字
标准书号：ISBN 978-7-111-68730-6
定价：89.00元

电话服务	网络服务
客服电话：010-88361066	机　工　官　网：www.cmpbook.com
010-88379833	机　工　官　博：weibo.com/cmp1952
010-68326294	金　　书　　网：www.golden-book.com
封底无防伪标均为盗版	机工教育服务网：www.cmpedu.com

译者序

近年来，在世界各国政府的大力支持下，以锂离子电池为首的电化学电池技术受电力储能、电动汽车等新型应用需求的带动，市场规模以可观的增长率逐步提高，现代电池管理系统受到越来越多领域的关注。现代电池管理系统部件为几乎每个应用领域提供了高可靠性和高质量的电子控制系统。因此，电池系统有望成为一种安全可靠的能源，通过现代电池单体和化学技术提供高性能的表现。

本书全面详细地介绍了锂离子电池领域的发展状况和技术发展。本书中的方法、设计和技术旨在实现以合理的成本提供可接受性能的系统。通常，降低电路、模型和算法的复杂性是实现实际成本目标所必需的，书中概述了这些权衡的有效方法。用于测量和计算隐性电池参数（如充电状态）的预测算法的发展也取得了相当大的进步。现代电池管理系统结合了从基本物理和电池性能测试的机理模型发展而来的电池模型，该模型可以在电池工作时通过动态测量模型参数进行更新，这不仅确保模型保持正确，而且可以监控电池随时间的老化，同时可以测量电池的健康状况，并在适当的情况下采取行动。

本书引言介绍了电池管理系统及应用、技术现状和面临的挑战；锂离子电池原理，讲述了电池运行、电池结构和电池化学；大规模系统的定义，讲述了辅助设备、负荷交互、变化与差异及应用参数；系统描述、结构和测量；并对有关系统控制的各方面、电池管理系统功能方面、高压电子的基本原理、通信、电池模型、参数识别、限制算法、平衡充电、荷电状态估测算法、健康状态估测算法、故障检测、硬件实现、软件实现等都进行了描述和介绍。

本书将重点介绍最常见的技术，并讨论可用于开发实际系统的合适的实现方法。与其他电池相比，锂离子电池在计算电池充电状态时面临着独特的挑战，这需要更复杂的方法，而大规模锂离子系统应用需要比以往电池供电应用更高的精度。在科学文献中已经提出了许多模拟和建模技术，用于完成电池管理系统所需的许多复杂软件任务，如计算充电状态、电池容量、模型参数和功率限制。控制理论和状态估计的许多概念已被用于确定电池参数。

本书适合想要了解和研究电池相关技术的读者，电气专业领域的教师、研究生以及相关工作人员。

许多人都对本书做出了很大的贡献，感谢机械工业出版社为本书的出版提供指导，感谢所有人的支持！

本书的撰写和研究工作得到了北京市自然科学基金项目（编号：21JC0026）、国家自然科学基金项目（编号：61973140，61903158）和深圳市科技计划项目（编号：CYZZ20180308105011750）的支持。

本书的公式表达、图形及文字符号均遵照原书，未有修改。因译者水平有限，译文难免存在错误与不妥之处，欢迎广大读者不吝指正。

目　录

第 1 章 引言

1.1 电池管理系统及应用

锂离子电池的出现给大规模电池系统领域带来了重大转变。以前，受限于铅酸蓄电池的大重量及大体积，大规模电池只有在绝对必要时才会被用作储能手段。锂离子电池能量密度、循环寿命、功率容量和耐久性的提升，使得长续航、高性能的电动和混合动力汽车，以及用于可再生能源和负载均衡集成的并网式储能系统、备用电源系统和其他创新应用成为可能。未来大规模电池应用不仅包括上述应用的升级版本，还将包括海运和航空在内的电气化交通工具，同时使得未来分散式和分布式的能源生产与存储成为可能。除了过去 30 年已发生在半导体、软件、微处理器技术领域的创新外，锂离子电池的出现使便携式电子设备悄然诞生，这些便携式电子设备在社会上也很常见，并使我们能够享受移动互联世界。在未来，这种电池技术将使我们能够采用新的方式生产、使用和存储能源，将我们从不可再生能源的约束中解放出来。

但是，任何存储能源的形式都需要有效的管理来确保能量不会失控地释放，大规模锂离子电池系统也不例外。没有一种能量存储方式能做到绝对安全。虽然这些电池的安全性和可靠性不断提升，但是能量密度和功率容量也在不断提升，因此这给每一代新电池单体管理技术都带来了挑战。

电池系统必须要进行保护以避免一系列危险情况的发生。完备的系统必须考虑所有必要的保护形式（包括控制、机械、热量和环境），但是大规模电池系统（例如用于并网储能或电动汽车的电池系统）集成了复杂的电子设备和软件，可以同时测量电池参量、判断电池状态并控制整个系统以确保其按照预期运行。这种电子系统被称作电池管理系统。

1.2 技术现状

电池系统有望成为一种安全可靠的能源，并能够提供现代电池和化学制品所具有的高性能。现代电池管理系统部件几乎为所有应用领域均提供了高可靠性和高质量的电子控制系统。

锂离子电池有望提供新的能量存储和使用方式，但它的应用还只是刚刚超出以往采用少量电池为低压、低功率设备供电的范畴。自 2010 年以来，许多混合动力和电动汽车（由锂离子电池系统提供动力，如图 1.1 所示的雪佛兰 Volt）已经投入市场，这款汽车可以存储数千瓦时的电量，并以数百伏特的电压运行。智能电网技术的最新进展，如可再生能源发电并网和电能质量调节，也满足了对固定式储能产品日益增长的需求，从单栋建筑规模（数十千瓦）到公用设施规模（兆瓦）。随着电池成本的下降和性能的提高（目前，能量密度等指标正以每年 5%～6% 的速率提高），大型锂离子技术将取代航空、铁路和航海等应用领域中使用的其他类型电池。每个应用都有不同的预期、需求和标准。随着电池技术的改进以及每个新应用的产生，有效电池管理的需求也将随之增长。

图 1.1　雪佛兰 Volt，采用大规模锂离子电池的插电式混合动力汽车（PHEV）（由通用汽车公司提供）

最近的一些报道在提醒人们，开发大型锂离子电池时需要格外小心。2006～2008 年，一系列笔记本计算机起火事件让人们认识到，即使是小规模电池也有发生故障的危险。在引入锂离子电池驱动的电动汽车的过程中，碰撞测试和道路交通事故中的热事件不时出现。锂离子电池在航空领域的早期应用引发了一系列飞行事故，并导致引人注目的波音787飞机投运几个月后的停飞事件（见图1.2）。与其他类型的电池相比，锂离子电池的化学成分对过度充电、过度放电、温度过高和电流过大等恶劣环境的容忍度要低得多。高压系统总是伴随着电击的风险以及与电池系统相关的热风险。

图1.2 热事件损坏的波音787 APU电池（由美国国家运输安全委员会提供）

尽管锂离子电池被广泛使用，但实际使用的材料和电化学成分却多种多样，每一种都对性能、使用寿命和安全性有着重要的影响。这种材料的选择对电池管理系统的需求产生了重大影响，进一步拓宽了电池管理系统开发的挑战。

由于电池管理系统是负责电池安全的，所以软件和硬件以及两者的集成和测试应该按照关键安全系统的最佳实践进行开发。对安全性的关注应该延伸到电池管理系统产品的整个开发和生命周期中，包括应用程序、设计、实现、测试、部署和服务。

直到现在，电池管理系统的开发还需要大量使用分立设备的专用模拟电路，或者对原本用于笔记本计算机和其他设备的小型锂离子电池组的设备进行繁琐的重新利用。定制的设备试图降低系统的复杂性，但锂离子系统的数量太少，无法满足超出有限容量的应用需求。随着人们对大规模系统的兴趣日益浓厚，在2008年，出现了一系列针对大规模电池系统管理市场的专业集成电路。与以前的设备不同的是，这些集成线圈（IC）不是为了需要隔离和高压的应用而设计的，而是专门针对上面所讨论的应用。这些设备结构更紧凑，使用更少的组件，从而更容易实现，通常可靠性也更高。这些设备的二代版本于2011年开始出现，并继续支持更高级别的安全性、冗余性和灵活性。尽管有紧凑可靠的高压模拟电路可以使用，但要将这些设备集成到一个完全可操作的系统中，仍需要进行大量的、谨慎的分析，以确保能够可靠地部署到高可靠性和安全关键系统中。

大规模高能锂离子电池系统的应用，促使了一系列设计、制造和检验相关的安全标准出台。目前，适用于所有应用的标准和指南同样很少。电池管理系统和电池系统设计者往往被迫将工程挑战降低到首要原则，并在解决电池管理问题的工作中进行原创开发，以解决电池管理问题，所涉及的高电压和高能量含量超过了具有许多嵌入式控制系统开发经验的人的可接受的正常范围。

肯定没有一个理想的解决方案，能满足所有电池管理的需求。依据不同的电池系统应用类型、电池技术选择、电池管理系统预期工作的产品组合、辅助部件需求以及可伸缩性和模块化程度，电池管理系统方案必须做出许多不同的、重要的选择。

与其他电池相比，锂离子电池在计算电池荷电状态时面临着独特的挑战，这需要更复杂的方法，而大规模锂离子系统应用需要比以往电池供电应用更高的准确度。在科学文献中已经提出了许多模拟和建模技术，用于完成电池管理系统所需的许多复杂软件任务，如计算荷电状态、电池容量、模型参数和功率限制。控制理论和状态估计的许多概念已被用于确定电池参数。本书将重点介绍最常见的技术，并讨论可用于开发实际系统的合适的实现方法。

一个大规模电池系统除了电池本身以外，还包含了许多组件，包括与电池管理系统经常交互的传感器和执行器。这些组件（通常称为辅助设施）与监控电路和处理算法一起工作，以提供完整的控制并使电池性能最大化。

一个好的电池管理系统是必要的，但并不足以确保电池系统安全。电池安全是一个整体概念，涉及活性材料、电池成分、电池设计、模块结构、电池组机械结构、电气和热控设计、管理和控制装置以及保护方案等各个层面。

特别考虑了电池和电池管理系统本身对多种故障模式的鲁棒性要求。电池系统对过热的温度、电荷和电流，以及可能对机械滥用或制造缺陷的不良反应都很敏感。电池管理系统故障可能导致这些事件被忽视，或更糟的是，会加剧它们的症状。电池管理系统设计者面临着确保大规模电池系统不被误用和降低电池缺陷风险的重大责任。可靠性和安全分析、冗余体系结构和风险量化的概念正在出现。系统安全是最重要的考虑因素，它会影响每一个精心设计的电池管理系统的组件和它们的集成，以及用于设计、构建和测试最终产品的流程，详细分析技术被用来量化最终集成电池系统和电池管理系统风险。

现代电池管理系统仅通过测量电池正常工作时的响应，就能实现其所需的全部或几乎全部功能。以前，电池管理系统可能需要特殊的循环或注入电流来执行所需的测量，但现在这种做法已经不太常见。

适当的电池管理系统不会显著增加电池系统的成本。本书中的方法、设计和技术旨在实现以合理的成本提供可接受性能的系统。通常，降低电路、模型和算法的复杂性是实现实际成本目标所必需的。本书概述了这些权衡的有效方法。

用于测量和计算隐性电池参数（如荷电状态）的预测算法的发展也取得了相当大的进步。现代电池管理系统结合了从基本物理和/或电池性能测试的最初机理模型发展而来的电池模型。该模型可以在电池工作时通过动态测量模型参数进行更新。这不仅可以确保模型保持正确，还可以监控电池随时间的老化情况，以及测量电池的健康状况，并在适当的情况下采取行动。

电池管理系统的成功开发需要精通模拟和数字硬件设计、软件分析、系统工程、安全分析等领域，并具备电化学储能原理和电化学系统建模知识。

1.3 面临的挑战

随着锂离子电池被集成到更先进的设备中，管理系统的性能也需要相应地进行改进。关键领域应用，如航空、航天、医疗和国防设备等，需要更高的可靠性，并消除了关闭电池系统的可能性，以确保系统安全。此外，在这些类型的应用中，电池状态预测这一复杂问题中的错误在许多关键应用中是不能容忍的。

新的电池技术也会产生新的管理功能的需求。新型活性材料不断发展，以提高电池的安全性、能量容量和寿命，这就产生了不同的电池性能。这些额外的影响需要在电池管理系统中加以考虑，以确保这些技术所提供的额外安全性、性能和可靠性得到充分的实现。

随着开发周期的缩短，使用建模和仿真工具来设计电池变得越来越普遍。电池管理系统的开发将不再需要等待功能电池表征电池系统，可以从电池的设计和活性材料的微观模型中预测其宏观电性能。

随着能够提供更高工作电压的功率半导体的出现，系统很可能向更高的电压方向发展，这带来了与更大数量的电池和更高的电气安全风险相关的新挑战。

目前，电池管理系统在电池性能可接受的情况下，在电池性能退化或电池行为改变方面会受到限制。随着人们对电池供电系统的接受程度的提高，保持更长的使用寿命和期望更换或服务间隔将增加。电池管理系统需要在保持电池状态准确预测的同时，能够应对电池性能的潜在重大变化。

在未来的许多年里，锂离子电池领域很可能是一块沃土，会推动交通和储能领域的新进展。随着每一波新的电池改进浪潮的到来，电池管理系统需要跟上变化。大规模电池系统领域才刚刚起步，在电池管理系统领域还有许多新的发展。这一令人兴奋的领域将有助于改变能源生产和消费的格局，并带来可持续的、生态可行的未来。

第 2 章 锂离子电池原理

2.1 电池运行

锂离子电池的电化学原理与所有电池相同（这里不讨论），但是在开发基于锂离子系统的电池管理系统时，需要考虑几个重要的区别。

正常情况下，锂离子电池内部不含金属锂。这大大提高了电池的安全性，也提高了电池多次循环的能力。

在两个电极中，锂离子被嵌入电极材料中。与其他许多电化学过程相比，这种嵌入具有很高的可逆性，促进了锂离子电池的电极稳定性和较高的循环寿命。

与其他类型的电池相比，锂离子电池的自放电速率非常低。因此，它们可以用于电池长时间不充电，但当系统通电时，有望提供良好性能的应用场合。

锂离子电池不容易受到“记忆”效应的影响，这意味着，相比于其他电池，用户可以更灵活、自由地充放电。

锂离子电池一般在整个充电范围内都能提供非常高的库仑效率。其他类型的电池即使在达到100%的荷电状态后，也能以较低的速度连续涓流充电，这提供了一种确定完全荷电状态的简单方法，并且在电池完全充电时提供了一种内在的平衡功能。锂离子电池即使在极低速度下也不能以这种方式涓流充电，因为这将导致过度充电、电池损坏和可能的不安全状况。

大多数电池都有水（水性）电解质。锂离子电池中存在的高电压阻止了水电解质的使用（电解在2V左右开始发生），非水电解质是由易燃的有机溶剂和高蒸气压组成的。这些电解质的可燃性和高反应性比其他类型的电池具有更严重的可燃性危害。

锂离子电池的高性能是一把双刃剑。这些电池的应用场合，通常是根据它们的高能量容量和功率能力来选择的，但是如果出现问题，这种高性能可能会导致更严重的事件。短路电流可能更高，不受控制的能量释放可能更大。此外，在锂离子电池分解过程中发生的一些额外的内部反应可以释放额外的能量。

2.2 电池结构

锂离子电池（见图2.1）由以下部件组成：

- 正极（通常称为阴极，虽然严格地说阴极是发生还原的电极）。
- 负极（通常称为阳极）。
- 电解液。
- 隔膜。
- 外壳。

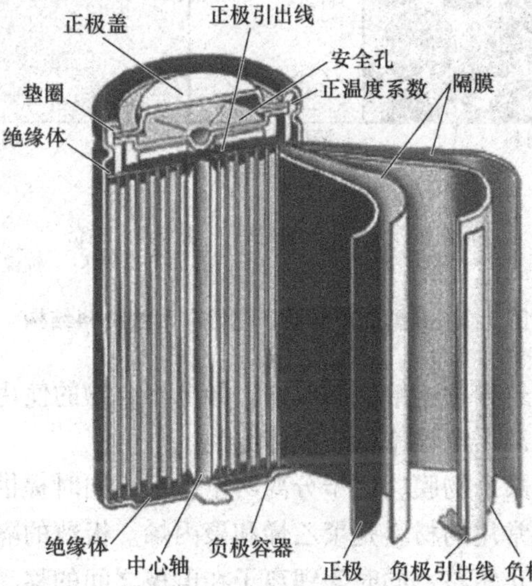

图2.1 锂离子电池组件

两种电极都由电极材料组成，电极材料被涂在充当基片和集电体的金属箔上。电极材料中含有储存锂的活性材料、能提高锂离子和电子的导电性的物质和黏结剂等材料，这种材料能保证结构的完整性和对金属箔的良好附着力。

电极材料中的附加物质提供了活性物质粒子与集电体之间的电子导电性，以及电解质与活性物质之间的离子导电性。

在使用液体电解质的电池中，电解质通常由含有溶解锂盐的非水有机溶剂组成。常用的电解质材料有碳酸亚乙酯（EC）、碳酸二乙烯酯（DEC）和碳酸二甲酯（DMC）。锂盐通常是六氟磷酸锂（$LiPF_6$）。与通常为强酸性或碱性溶液的水性电解质不同，锂离子电解质没有腐蚀性，但其使用的溶剂高度易燃，蒸汽压相对较高，如果电池通风，就有着火和爆炸的危险。大多数锂离子电池不是在外壳内部充满电解质的湿式电池；大部分电解质被吸收到活性物质和隔膜中。图 2.2 显示了典型的电解质、电极和活性材料结构。

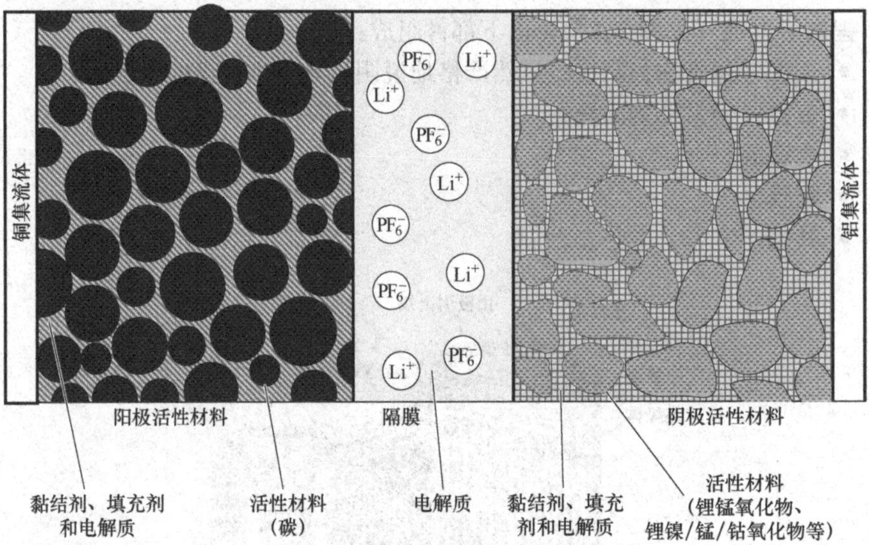

图 2.2　典型的电解质、电极和活性材料结构

有些锂电池是用聚合物电解质制成的。导电聚合物的使用避免了液体电解质的可燃性，其代价是离子电导率低于液体电池。

隔膜是一种多孔聚合物膜，用于分离两个电极，同时提供一个屏障，锂离子可以通过该屏障，最常用的材料是聚乙烯和聚丙烯。极薄的隔膜必须有效地将负极和正极分开，以防止短路，同时为锂离子在电极之间的移动提供有效的路径。

整个电池必须封装在一个容器中，容器必须密封，防止电解质流失和污染。它必须足够耐用，以保护电池中相对脆弱部分防止损坏电池外壳最常见的形式包括：

- 圆柱形：撰写本书时，锂离子电池最常见的标准形状是小规格（小于 5Ah）圆柱形电池。最常见的两种标准尺寸是 18650（直径为 18mm、长度为 65mm，见图 2.3）和 26650（直径为 26mm、长度为 65mm）。通常大多数罐形外壳是电池的负极，正极和安全排气孔在同一端。圆柱形电池使用一个由电极和隔膜组成的“卷芯”。
- 棱柱形：棱柱形电池（见图 2.4）提供了一个坚固的矩形金属外壳。外壳通常在组装后、电解液填充前，通过激光焊接工艺进行密封。棱柱形电池可以比圆柱形电池包装得更紧密（圆柱形电池的最大包装系数约为 90%），而且有更多的尺寸和形状可供选择，不同厂商制造电池的排气孔和终端位置可能有所不同。

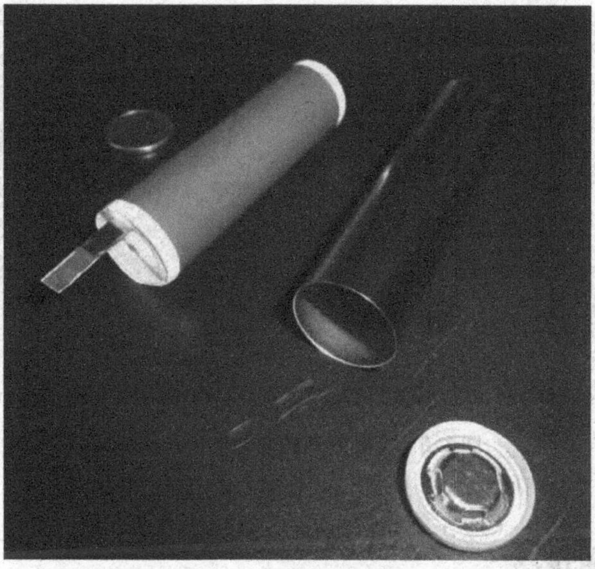

图2.3 拆解的18650电池，压力排气孔、外壳和卷芯

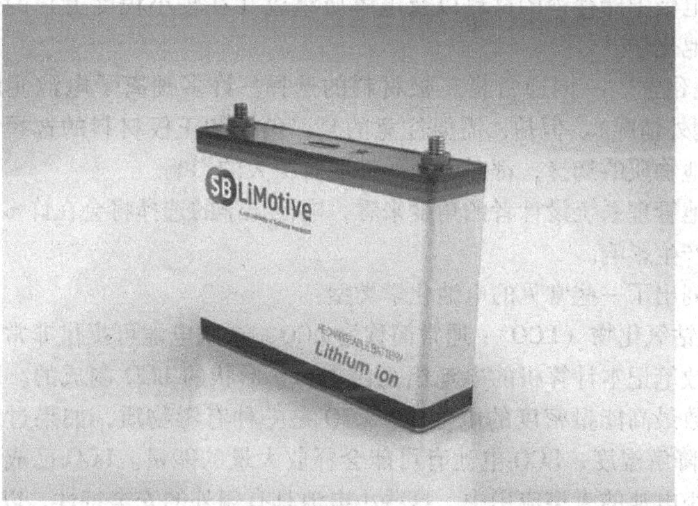

图2.4 棱柱形锂离子电池（由三星SDI提供）

- 软包：软包电池（见图2.5）被包裹在由两片塑料薄膜熔合而成的袋中。金属标签从软包突出连接到电池。软包电池在一维中通常是非常扁平的，这是锂离子运动的方向。在软包或棱柱形电池中，电极和隔膜可折叠、堆叠或缠绕。小软包电池排气口通常在软包密封的边缘。

图 2.5　电动汽车的软包电池和模块

2.3　电池化学

两个电极中储存锂的材料以及电解质组成（在较小程度上）的选型，通常被称为电池化学。

“电池化学”一词通常指正极材料的选择。许多锂离子电池使用碳基负极（将讨论例外情况）。但是，需要注意的是，负极和正极材料的选择，以及两个电极中其他物质的选择，都对电池的性能有很大的影响。

从电池管理系统设计者的角度来看，电池化学的选择将会在许多方面对电池管理系统产生影响。

这里列出了一些常见的电池化学类型：

- 锂钴氧化物（LCO）：通常简称为 LCO，这些电池可提供非常高的能量密度。大多数笔记本计算机的电池组是由 18650 形状的 LCO 制成的。LCO 被用在目前大多数最高能量密度的电池中。LCO 是一种有毒物质，如果过度充电或达到 LCO 的降解温度，LCO 电池有可能会释放大量的能量。LCO 已成功地应用于包含大量小电池的大型应用中，这些小电池具有额外的安全特性，以减轻这种高反应性化学的风险。LCO 相比其他电极材料，其稳定性不好，循环寿命性能也较差。作为一种原材料，LCO 是普通正极材料中每千克成本最高的，但其高能量密度可能使同电池级的每瓦时成本低于其他材料。
- 锂镍氧化物（LNO）：LNO 是一种较新的锂离子电池正极材料。它的能量密度甚至高于 LCO（大约高出 15%），但安全性较差。镍钴共混体系利用了镍的高能量和低成本的优点，提高了电池的热稳定性，但其代价是由于锂离子扩散速率的降低而降低了电池的速率能力。

- 锂镍/锰/钴氧化物（NMC）：NMC 正极材料是镍、锰和钴氧化物的组合。NMC 具有较高的能量密度和功率密度，良好的循环和使用寿命，比纯钴正极具有更高的安全性，在极端温度下具有良好的性能，已成功应用于混合动力和电动汽车。由于钴的成本高，因此钴含量的降低使得材料成本随之降低。在不同的 NMC 配方中，镍、锰、钴的比例也可以有所不同。最常见的变体使用所有三种成分的等量，称为 1-1-1 NMC。
- 镍钴铝（NCA）：NCA 正极是相对特殊的，只用于特殊应用。少量氧化铝与镍钴共混使用（$LiNi^{0.8}Co^{0.15}Al^{0.15}O^{2}$ 是最常见的配方）。NCA 的能量容量大，循环寿命特性优于 LCO，且 NCA 的成本不到 LCO 材料的一半。NCA 的安全裕度略好于 LCO，但比其他常用正极材料差。NCA 正极的电压低于 LCO 正极电压。
- 锂锰氧化物（LMO）/碳：LMO 的正极电压是目前最常用的正极材料中最高的，这使得锰正极的电池电压非常高，在全荷电状态下接近 4.2V。由于这种材料的极低阻抗，LMO 基电池的功率能力非常高。这是因为锂离子嵌入和脱锂的通道是三维结构，而不是像 LCO 和 LNO 那样是二维结构。由于容量损失，特别是在高温下，锰基正极的循环和使用寿命较差。锰溶解到电解液中导致容量损失。
- 磷酸铁锂（LFP）/碳：LFP 电池的能量密度在 90 ~ 140Wh/kg 之间。这些电池的额定电压为 3.3V，工作电压范围在 2.5 ~ 3.75V 之间。LFP 在大部分可用的 SOC 范围（从 20% ~ 70%）有着非常平坦的放电电压曲线，根据精确的公式，电压大约为 3.3V。曲线的平整度是由于在放电过程中形成了两相混合物，而不是锂浓度的持续降低引起的。$LiFePO_4$ 纯态导电性能明显低于其他正极材料，这种材料需要进行各种处理和加入添加剂才能获得满意的性能。低电压的 LFP 意味着需要更多的串联单元来实现给定的系统电压，在给定的安培小时容量下，瓦特小时的含量也相应降低。LFP 比其他正极材料更稳定，是普通正极材料中安全性最高的材料。LFP 材料发生热逃逸的温度高于过渡金属氧化物正极，正极分解过程中产生的能量较少。LFP 的能量密度降低也意味着基于 LFP 的系统将比其他正极材料更大、更重。

上述正极材料一般与碳基负极结合。

- 钛酸锂（LTO）：与这里讨论的大多数其他材料不同，LTO 是一种负极材料。LTO 电池具有非常高的充放电速率，但能量密度和比能较低（不到最高能量密度电池的一半，通常小于 90Wh/kg），电池电压很低（满放电时低至 1.8V）。由于负极材料在充放电过程中的体积变化比碳小，内应力小，LTO 电池的循环寿命能力很高，但成本明显高于大多数其他类型的电池。许多 LTO 电池能够在 80% 的放电深度下进行 10000 次以上的循环（可能是其他电池的 4 ~

6倍)。LTO 电池的充电速率通常超过 10C，是电池 1h 充电速率的 10 倍，允许 10min 或更短的充电时间，这对许多应用程序都很有吸引力。LTO 的工作温度范围比其他大多数电池都要宽。由于 LTO 负极的工作电压要比电镀锂的电压高得多，因此 LTO 允许快速充电，而无需承担电镀锂的风险，同时也避免了固态电解质间相（SEI）的形成，并允许使用导电性更高的电解质。由于这些原因，LTO 电池可以提供极高的功率密度。

这些基本材料通常通过使用掺杂剂和添加剂进行改性。掺杂剂可以改变电化学，也可以影响材料的形貌和结构。这些可以减少电极材料和电解质之间的反应(能改善循环和使用寿命)，提高电极材料的导电率（提高功率容量），或提高容量。电极涂层通过防止电极溶解或副反应来提高使用寿命，同时也被证明在过度充电或挤压和渗透等滥用条件下可以提高安全性。

由于离子交换发生在电极材料与电解质的界面上，电极的颗粒形貌和微观结构对材料的性能和化学成分有着重要的影响。离子必须扩散到其可能发生变化的粒子中的活性位点，因此小粒子（以便扩散维数小）在与电解质接触时表现出较大的表面积，因而是首选。颗粒的孔隙度必须足以使电解液接触到表面。颗粒形状也会影响表面积与体积比等诸多因素，对电池性能有显著的影响。

对电池管理系统的影响包括：

• 电压测量范围：虽然许多锂离子化学物的测量范围是 0~5V，但是不同化学反应的具体安全工作范围是不同的，对于一种化学反应是安全的电压可能对于另一种化学反应来讲是不安全的。为了使电池的有效工作范围更精确，在优化测量范围方面已经做了一些努力，随着电池管理系统开发人员对准确度的要求不断提高，这一趋势可能会继续下去。如果硬件的最大测量能力不能以适当的准确度涵盖上述所有电池类型的全部范围，那么电池管理系统可能需要针对不同的化学反应进行修改。

• 电压与 SOC 的关系：电压-SOC 曲线的形状会影响电池管理系统的一些方面。放电过程中电压分布的平坦意味着需要更精确的测量电路和电池模型来实现精确的 SOC 计算。它还可能影响电池模型的保真度和简化程度，这是允许的，同时保持可接受的 SOC 性能。掺杂剂的加入可能会影响 SOC/OCV 曲线的形状。

• 电池内部动力学：具体内容将在后面介绍，但是电池的设计、化学和其他一些因素会对电池内部动力学产生很大的影响，包括极化和迟滞，这意味着使用相同或类似化学物质的不同电池可能需要不同的电池模型。具有极长时间内极化的电池可能需要能够在长时间不活动时进行测量以精确估计状态的硬件。

• 推荐温度范围：电池管理系统必须能够测量整个电池运行范围内的温度。温度准确度可能会在这个范围内变化，但在电池容量的关键过渡点附近有准确的测量是至关重要的。测量准确度和范围通常与硬件有关，可能需要针对具有不同温度特性的不同电池化学进行优化。

• 自放电速率：电池均衡系统的大小与自放电速率（以及电池间自放电速率的差异）有关。具有不同能量容量、更高的自放电速率和/或更多的自放电变化（由于制造变异性、温度或使用年限）的电池将需要更多的均衡能力。

• 电池衰减特性：电池老化会导致电池的基本性能发生变化，电池管理系统算法的性能维护是所有电池管理系统开发人员面临的挑战。目前，大多数电池管理系统在适应电池阻抗增加、容量减少、自放电增加以及电池老化时动态行为变化方面的能力有限。在实际应用中，电池的循环和使用寿命也必须与预期寿命相比较。衰减速度快的电池或使用时间长的电池需要管理系统有更多的适应能力，以跟上不断变化的电池性能。

• 安全性：更多的化学反应需要更高水平的防范意识，以防止危险情况的发生。本主题将在有关功能安全的章节中详细讨论，但应该假定，在确定电池管理系统的各种功能所需的可靠性时，已经进行了风险评估。这种风险评估将始终考虑电池对潜在电池管理系统故障的反应的严重程度，因此电池化学、尺寸或其他设计因素的选择将影响电池管理系统的需求。

2.4　安全性

尽管最近在电池技术和安全方面取得了进步，但如果电池在其安全工作区域之外使用，那么所有锂离子电池仍存在危险。特别是在大规模电池领域，电池通过了行业标准的滥用测试的证明并不能充分保证该系统具有固有的安全性，并且对所有类型的滥用情况都具有鲁棒性。需要以可控的方式使用电池和防止电池滥用是锂离子电池系统需要电池管理系统的基本原因之一。电池管理系统必须在高度确定的情况下，防止电池以可能导致不安全故障模式的方式被滥用，并减少与最坏情况相关的危险，如车辆碰撞或暴露在极端高温下。

锂离子电池滥用情况简介如下：

• 过度充电：当电池充电到大于100%的状态时，就会发生过度充电。电池电压上升很快，可以超过负载装置或监测电路的允许限度。电池内的过度充电会导致许多不可逆的降解机制，从而导致能量衰竭。这适用于一次严重的过度充电，也适用于多次轻微过度充电。与其他类型的电池不同，锂离子电池可以通过非常低的充电电流进行过度充电。过度充电会导致热失控、电池膨胀、漏气等严重事件。各种电池设计对过度充电的鲁棒性差异很大，在进行电池管理系统设计时应充分认识到这一点。对于大多数锂离子电池，当电池电压超过3.75～4.2V之间的电压时，就会发生过度充电。

• 过度放电：过度放电是指电池放电深度超过100%（DOD）（0% SOC）。如果过度放电电流足够大，电池电压会迅速下降，甚至可以逆转。反向电池电位可能导致管理电子设备故障和随后的故障。过度放电会导致电池内部的严重损坏，包括负极箔的溶解。如果电池已经多次深度过度放电，后续再充电的尝试可能会导致安全风险。电池过度放电是一个特殊的挑战，因为电池管理系统无法阻止电池的自放电，即使电池系统与负载断开。每个电池的最小允许放电电压为1.8～2.5V不等。

• 高温：暴露在高温环境中除了会加速电池退化，还会导致热失控，在这个过程中，电池内部温度会达到各种化学放热（产生热量）反应的激活温度，电池快速退化并释放大量的能量，导致电池内部气体膨胀、温度升高、起火或爆炸。暴露于高温环境、异常热源或电池过载（过载充电和/或放电）会引起电池内部升温，从而导致电池高温情况。不同电池允许的温度范围不同，但大多数电池在温度高于45～55℃后开始快速退化并接近60～100℃的安全界限。

• 低温：大多数锂离子电池的性能有限，尤其是在低温下的充电能力。低温下充电会引起负极析出金属锂，导致不可逆的容量损失，并可能导致金属“枝晶”生长，金属“枝晶”生长会穿透隔膜，造成内部短路。在低温下，由于电池阻抗的增加，放电能力也受限。许多电池建议禁止在低于0℃时充电，而有些电池允许在－10℃时低速充电。

• 过电流：过大的充电和放电电流会引起局部的过度充电和过度放电，引发与普通过度充电和过度放电相同类型的反应。大电流还会导致电池内部升温，这可能导致电池温度过高。不同类型电池的最大允许电流差异很大，通常充电和放电时也是不同的，并且是荷电状态和温度的函数。即使热效应得到控制，由于负极高速率接收锂离子的能力有限，过大的充电电流也会导致锂析出。

• 内部电池缺陷：外部物质的夹杂、电池隔膜缺陷和其他内部故障会引起电池内部短路，从而导致热失控。杂质穿透隔膜会造成短路，引起局部过热并进一步损坏隔膜，从而导致短路。由于2006～2008年一系列笔记本计算机电池起火事件，这类故障得到了广泛报道，必须采取有力的控制措施来解决这些问题。与这些缺陷相关的风险可以被最小化，但是这种可能性永远不能降低到零，应该采取适当的预防措施来防止电池或模块之间热失控的传播。本书中我们将讨论一些先进的技术，可以将这种“软”缺陷在恶化造成危害前检测出来。

• 机械冲击、挤压、穿透：电池或系统的机械损伤可引起内部或外部短路，从而导致电解液和电池内容物泄漏、热失控、由电弧引起的火灾和冲击危险。确保机械缺陷的可靠安全性是一个复杂的跨学科的任务，虽然不能确保这些严重的影响不会引发危险，但最佳实践表明在系统的各级开发中都需要考虑安全性和防止机械损伤，包括电池的材料和设计、电池模块、包装设计、系统集成和电池管理系统反应。

- 使用年限：即便没有特别的损伤，大多数锂离子电池失效模式的概率也会随着使用年限的增加而增加。锂离子电池的循环寿命从300~800次到数万次循环不等。对于使用寿命最长的电池，使用寿命可以从几年到10~15年不等。

综上所述，电池管理系统通常对前五种（过度充电、过度放电、高温、低温、过电流）的预防负主要责任，对其他三种事件确保及时响应并负次要责任，以最大限度地保证电池系统的安全。

在大规模电池系统中，如果不能防止这些滥用情况的发生，将会导致热失控、起火和爆炸、有毒和可燃物质释放，以及电弧和冲击。因此，大规模锂离子电池的电池管理系统必须提供稳定可靠的保护来防止这些事故的发生。大规模系统中存在许多电池，这就带来了热失控从一个电池扩散到另一个电池的可能性。但是，即使是单个电池的过度充电或过度放电也是一种危险的状态。即使没有发生扩散，单个损坏电池也会导致整体性能下降，这表明必须仔细管理所有电池，以确保没有单个电池经历过度充电或过度放电。

电池管理系统的设计者必须了解电池对特定类型危害的敏感性，以及应用场合的环境和安全要求。针对较不稳定的电池，在设计电池管理系统时需要更多地注意安全性。安全需求高度依赖于具体的应用场景。许多由电池供电的系统都有可能因为电池着火或其他热失控事件而造成财产损失或人身伤害。随着电池技术的进步，锂离子电池将开始越来越多地应用于关键应用领域，在这些领域，电池必须持续提供能量和电力，以防止系统发生灾难性故障（航空和生命维持是两个关键应用领域的例子）。

2.5 寿命

电池系统性能的损失，无论是循环寿命（每次充放电循环时电池的退化）还是使用寿命（自制造以来电池严格地按照时间的函数退化），都是所有电池技术所关注的问题。虽然锂离子电池的循环和使用寿命比其他电池表现得更好，但大规模电池系统的尺寸和成本通常决定了电池管理系统对电池寿命的最大化负有一定的责任。

锂离子电池的主要退化方式是容量衰减和功率衰减（也称为阻抗增长）。电池的可用容量通常会随着时间的推移而下降，从而降低电池所能储存的能量。电池内阻也随着电池老化而增加，导致电池可用功率的减少。

尽管不同化学成分、设计和技术的电池会有很大的寿命差异，但电池的寿命受到许多因素的影响，包括：

• 温度：许多导致容量和功率衰减的化学反应会因温度而加速。低温充电会导致负极锂的析出，引发电池容量过早损失。

• 操作范围：在高、低荷电状态下的操作对电池的损害比在中间荷电状态下的操作更大。因此，深度放电和充分充电的电池通常会退化更快。

• 充放电速度：更快的充放电速度通常会导致更快的电池退化。在许多情况下，对充放电寿命和放电速度的影响可能有明显的差异。

在大规模电池系统中，电池管理系统通常在某种程度上负责控制所有这些因素。温度控制措施可以从主动加热和冷却电池，到温度达到极限时限制性能，再到简单的高温低温关机。电池管理系统必须准确地确定电池的荷电状态，并确保荷电状态在指定的区间运行，以获得预期的使用寿命。电池管理系统还必须实时向负载设备传送最大充放电率。使用寿命最大化的运行参数比安全参数更严格，电池管理系统有责任在安全、寿命和性能之间进行适当的权衡。此外，电池管理系统通常有助于跟踪有关电池寿命的特征参数，如所经历的最高温度和最低温度、充放电循环次数和使用时间。这些信息可以用来确定电池是否处于异常状况。

随着电池的老化，电池管理系统要监测电池的剩余寿命，通常用健康状态（SOH）表示。SOH 估算会考虑到预测输入（比如使用的循环和使用寿命）以及电池的实时测量参数。

2.6 性能

人们对于现代大规模电池系统的电池管理系统性能的期望，不只是防止性能损失和保证安全运行这样的基础功能，还期望能够充分体验现代锂离子电池的全部潜力。因此，电池管理系统需要对电池的性能提供准确、动态的反馈，以便电池在应用场景中能够得到恰当的使用。

电池储能较高的成本，对于优化电池系统的性能显得尤为重要。一般来说，电池系统的规模是为了确保在使用寿命结束和非标称使用条件下具有足够的性能，但系统的成本又必须保持在最低限度。一个电池管理系统能够接近极限地使用电池，因此需要较小的规模和更低的成本。

在一些应用中，电池系统不能因安全原因而中断或停止运行，因此对电池性能的准确判断对整个电池供电系统的安全至关重要。为了防止电池过度放电而关闭为生命维持系统或飞机发动机供电的电池将会产生严重的后果。

大规模电池管理系统的关键性能参数包括：

• 荷电状态：负载设备使用荷电状态来确定可用的运行时间，并与电池的阻抗和功率能力等其他一些特性相关联。

- 健康状态：老化对电池影响的模型对于许多应用来说非常重要，它可以提供电池剩余使用寿命指标，以用于电池老化过程中的性能变化建模。
- 功率限值：大多数“智能”电池应用会与负载设备通信，以确定电池的实时充放电能力。

若这些参数不精确的话，将导致需要配置更多的电池以确保达到性能目标。一个精确判断电池状态的电池管理系统能够进一步推动电池应用，并从同等的电池中获得更大的性能。

2.7　集成

许多现代电池管理系统期望做的不仅仅是简单地监测电池状况和计算性能数据。集成系统依靠电池管理系统测量来自其他传感器和输入的数据，并控制驱动辅助功能的执行器和输出。具有高水平热集成的系统可以使用电池管理系统在整个系统中监控多个温度传感器，并控制风扇、泵和加热/冷却设备，以保持电池温度在期望的范围内。如果判断有必要的话，电池管理系统通常通过控制接触器和继电器的通断来确保系统的安全。

第 3 章 大规模系统

3.1 定义

在最简单的电池供电应用中，单个电池为负载设备供电。开关或其他控制设备用于中断电池和设备之间的电流。电池可以是一次电池（不可充电）或二次电池（可充电）类型。负载设备通常无法接收到任何有关电池状况的信息。如果电池出现深度放电、处于低温、类型错误或极性错误，负载可能无法正常工作或根本不能工作。这种应用例子包括手电筒、电池供电的收音机、许多简单的消费类电子产品，甚至许多汽车的 12V 起动和点火系统。通常在这些类型的应用中单体电池的数量很少。

在本章中，大规模系统有两个主要的不同之处。即电池的数量要多得多（包含数百个电池的系统并不少见），电池和负载设备之间的相互作用比提供能量的简单电气连接要复杂得多。

大规模系统（见图 3.1）可以由常见的圆柱形电池 18650（直径为 18mm、长度为 65mm，主要用于笔记本计算机电池，容量为 1.5 ~ 3.4Ah）和 26650（直径为 26mm、长度为 65mm，经常用在电动工具，容量为 3.0 ~ 5.0Ah）等小容量电池或任何其他类型的单体电池组成。除了这些圆柱形尺寸外，锂离子电池的外形几乎没有标准化。单个电池通常具有 1.5 ~ 60Ah 的容量。在不同的具体应用中，电池形状设计在能量容量、功率能力和寿命之间进行权衡。

下面展示了一些用于大规模系统的锂离子电池例子。

电池管理系统适用于小型“智能”电池，例如笔记本计算机和手机（电池数量少得多）中的电池，但大规模系统的一些要求使得这些设备不适合。

大容量电池应用的例子包括：

- 电动汽车，包括混合动力、插电式混合动力和纯电动汽车。
- 并网大规模储能系统。
- 备用电源系统。

图3.1　典型的大规模锂离子电池系统

普通笔记本计算机电池包含6个18650锂电池，每个电池的额定工作电压为3.7V，安时容量为2.2~2.4Ah，总能量约为50Wh。与之相比，大规模系统的能量通常为千瓦时到兆瓦时等级，工作电压为直流250~1200V。

表3.1给出了几种大规模应用的典型电池参数。

表3.1　几种大规模应用的典型电池参数

应　用	系统电压/V	电池容量/Ah	电量容量	峰值功率
混合动力电动汽车（HEV）	250	4.8	1.2kWh	30kW
插电式混合动力汽车（PHEV）	350	42	15kWh	100kW
纯电动汽车（BEV）	350	68	24kWh	100kW
并网储能	750	1，300	1MWh	1MW

大部分（但不是所有）的大规模系统都是高压系统。对于给定的容量和功率等级，随着电压的上升和电流的下降，电能效率也会提高。高低压系统的划分并不明确，但现代大规模电池管理系统电子器件的电压与其他类型嵌入式控制系统中常见的电压有着重要的区别。用于高压应用的电子元件的选择和设计不同于大多数消费电子设备中使用的许多低压电池系统。在整个电子控制系统的开发过程中，运行在42V直流电压或更高电压下的系统应视为高压系统。

大规模系统所需的安全级别也是一个关键的区别。高电压显著增加了电击和电弧危险的严重性和风险水平，因此减轻这些危险所需的保护程度必须相应增加。电池电流通常超过几百安培，如果这些电流通过高阻抗连接，就会造成重大危险。大规模系统可以用成百上千个单体电池储存数十到数百千瓦时的能量。在发生热失控、短路或电击时，释放的潜在能量要大得多。典型的电动汽车储存的能量大约是笔记本计算机电池的500倍。

3.2 辅助设备

大容量电池系统不仅包含电池和管理系统，还由许多其他关键部件和功能共同组成一个现代电池系统。

接触器或继电器通常用于电池与负载设备的通断。因此，许多电池的端子上没有电压，除非它们与负载连接并主动通信。这些接触器和继电器通常由电池管理系统控制，以确保电池在需要时能连接到负载，在不需要或发生严重故障时与负载断开连接。在许多情况下，接触器控制被认为是至关重要的，因为该功能的控制可以使发生危险时断开电池。

电池管理系统通常需要传感器来测量电流和温度。在一些系统中，电池管理系统模块可以直接测量电流。

电池包含在适合其应用和环境的外壳中。外壳通过防止与带电部件接触来保护电池和避免触电危险。联锁系统通常用于在外壳或连接器打开时断开或断开系统电源。

电池系统几乎包含主动或被动过电流保护装置，可以期望电池管理系统来监控这些设备的状态。

目前开发了一些新技术，可以用新的方式来检测额外的电池危险，并将这些技术集成到现代电池管理系统中。这些方法包括检测电池通风和内部短路。这些技术在很大程度上仍处于开发阶段，但将成为改进大规模系统安全策略的一部分。小型锂电池的低容量和高成本敏感性限制了其在大规模系统中的应用。

绝缘或接地故障检测通常是现代电池系统的要求，此功能可检测用户可能因接触电池系统中通常无电的部分而暴露在潜在危险电压下的情况。相比之下，在典型的计算机或消费电子产品应用中遇到的电压，即使直接接触也没有危险，并且几乎不需要任何电击预防措施。

其他独特的功能，例如起动灭火系统和控制电力电子设备，可根据应用情况加以集成。

3.3 负荷交互

在大规模系统中，电池和负载之间不仅仅是高功率的电气连接，在此基础上提供电力来操作负载。电池系统和负载设备之间还存在着通信方式，通过这种方式可以交换信息。典型的信息类型包括：

- 电池荷电状态、健康状态、充放电限值。
- 连接或断开电池请求，或通知电池即将连接或断开。
- 测量数值，例如电池和电池组的电压、温度、电流和功率。
- 电池系统辅助部件（冷却风扇、泵等）控制指令。
- 系统中的其他设备状态。

在用于大功率并网频率调节的应用中，电池会遇到高充放电倍率（5～10C），能够在几分钟内给电池完全充电或放电。电池的电流可以在几秒钟内快速充放电之间变化。响应能力是电池管理系统在这类应用中的一个关键特性，能够每50～100ms计算一次电池容量。

3.4　变化与差异

在许多大规模系统中，不应该假设所有电池都是相同的。制造过程中的一些变化将导致容量、阻抗、自放电和其他参数的变化。这种差异可能会随着使用时间的增长而增加，这是由于随着时间的推移制造差异会逐步显现，也可能是由于单体电池运行方式不同。大规模电池系统的设计应尽量减少这两种影响。

因此，对于大多数大规模应用，应该做出以下假设：

- 所有电池的容量是不相等的。虽然现代电池制造商正在实现更高的一致性和质量，但没有两个电池是完全相同的。
- 所有电池的容量都不等于电池的额定容量。大规模系统通常会运行足够长的时间，在此期间电池开始出现容量损失。重要的是，并不是所有的电池都会以相同的速率衰减容量，这取决于电池老化的方式和电池之间的制造偏差。
- 所有电池的自放电速率均为非零。尽管锂离子电池的自放电速率比许多其他电池技术低一个数量级，但假设该速率为零是不安全的。
- 所有电池的自放电速率是不相等的。绝对不能假定电池以同样的速率失去电荷。因此，即使具有相同的容量，根据荷电状态的不同，荷电状态也会发生差异。

基于上述所有原因，我们建议假设处于相同电流曲线下的许多“相同”串联单体电池的荷电状态是不相等的。

大规模电池管理系统必须补偿这些不理想的特性，以防止单体电池间状态分散。电池系统可能会在不维护或不中断的情况下连续运行数年。单体电池的微小差异不能随着时间累积成巨大的性能变化。

这导致电池管理系统必须执行一些额外的功能。为了从电池系统中获得最大的性能，需要通过串联均衡来实现电池之间的荷电状态平衡。功率限值和荷电状态算法必须要考虑到，并不是每个单体电池都是相同的，这些外围的单体电池可能是第一批到达安全运行区域边缘的单体电池。受限电池可能随时间和运行方式而改变（充电受限电池可能不是放电时的最大限流电池）。由于这些原因，大规模电池管理系统能够将电池组作为一个不同单体电池的集合来管理。电池制造方面的差异必须得到控制和管理，以延长使用寿命。一般来说，这些差异很小，并且对于成本效益高的电池管理系统设计的挑战是在没有过多成本的情况下提供足够的性能水平。

3.5 应用参数

就像特定电池特性会影响电池管理系统的设计一样，应用场合也会在许多方面影响电池管理系统的设计。

电池系统的“规模”是需要了解的第一组参数。电池组由一系列电池单元组成，每个单元由一个或多个并联单体电池组成。系统的总能量和电荷含量是单体电池能量和电荷含量（由其几何形状、内部结构和化学性质来定义）的函数，乘以串联和并联单体电池的数量。在许多情况下，应用场合实际使用的能量会受到电池总能量的限制，这样做是为了增加电池系统的使用循环和使用寿命，或增加防止过度充电和过度放电安全裕度，或在紧急情况下提供备用容量。系统的电压是单个电池电压范围的函数，它主要取决于化学选择和串联电池的数量。对于给定的电池容量和串联数量，并联电池数量越多，充电容量越大，整体电阻越小，则功率能力越强。电池的化学成分、容量、串联/并联（通常缩写为 s/p 表示法）排列、系统电压范围、设计能量和可用功率是任何电池管理系统开发计划所必需的。如果电池管理系统打算服务于上述一系列参数，则必须完全定义预期的设计空间。一个设计良好的可配置电池管理系统，通过在内部执行简单的缩放计算，可以使配置过程简单，并直观地与物理参数（如串联和并联的电池数量）联系起来。

必须充分了解环境的类型。电池管理系统组件在高压下工作，必须保持清洁和干燥。如果环境不符合这些要求，电池管理系统将需要提供保护，防止水分和灰尘的入侵。运输应用将使电池管理系统组件暴露在机械冲击、振动和重力下。航空航天等应用对系统的质量有严格的限制。大多数商业和工业应用都需要考虑电磁兼容和干扰的要求。

可服务性需求是一个可能严重影响设计选择的因素。与笔记本计算机和手机电池不同的是，它们通常只会更换整个设备（因此管理电路也会更换），大规模电池系统的使用寿命可能会达到 10 ~ 20 年甚至更长。在此期间，由于电池模块成本高，可以合理地假设电池模块可以更换，电池管理系统组件也可以提供可服务性和互换性。虽然消费类电子产品常常为了更低的成本和更小的包装而放弃服务功能，但是关键应用中的大规模系统将需要具有可替换的电池管理系统组件。这些系统可能对允许的最大停机时间或最小可用性提出要求，因此电池管理系统和相关连接必须很容易断开，并以最小的工作量重新连接。对于任何大规模电池管理系统的设计，都要考虑系统的可靠性、正常运行时间和使用寿命。

高可靠性系统也将推动内部变革。连续运行多年的系统将面临与微处理器相关的特定设计挑战，这些微处理器将持续运行，不会出现典型电池动力系统所没有的数据或程序损坏。关键应用的备用电源电池在断电期间可能不会频繁运行，但预期系统将永远不会停止响应，因此可靠性仍然是一个主要问题。

特殊标准适用于大规模电池和相关管理系统的许多不同应用。用于不间断电源的电池系统、分布式和可再生发电源的集成以及其他类型的固定储能应满足 UL1973 要求。这一标准是为铁路应用而制定的，并且仍然适用于该行业。

高压汽车电池通常符合多个行业标准，以及来自特定制造商的严格要求。

如果在汽车应用中进行独立检测，应按照 FMVSS 305/SAE J1766 标准进行。

航空电池管理系统的故障模式可能会引发危险，从而危害飞机的适航性，因此需要符合 DO-178B 航空软件标准。

用于汽车的电池管理系统是电气/电子系统，属于 ISO 26262 功能安全标准的范围。

电池的放电和充电倍率可以从数小时充满电到短短几分钟完全放电。充放电速率对电池管理系统的要求有影响。快速的充放电速率会导致更高水平的极化和磁滞现象，这可能导致在低速率下准确的电池模型在更快的充放电速率下变得不足；相反，低速率会增加与安时集成相关的误差，这也要求更高的模型保真度。

不同的应用对荷电状态和健康状态估计的准确度要求不同。预计使用电池大部分可用能量的应用场合，将需要比充放电结束时具有较大余量的应用场合更准确的荷电状态估计。如果剩余能量估计是关键的，那么荷电状态和容量估计必须相应地更好。这将导致更高级的模型需要增加处理能力、更高的测量准确度和更快的测量频率。

第4章 系统描述

电池管理系统的黑匣子（仅输入/输出）视图是开发过程中的重要步骤。它应该描述电池管理系统与电池、所有其他电池组件（例如传感器和接触器）以及主机应用程序之间的所有接口。

包含最高信息量和信息率的外部接口是电池与负载设备（负载设备可以是对电池进行充电和放电的单个设备，例如并网储能系统中的双向逆变器）之间的接口，也可以是组合起来执行这些功能的多个设备（称为负载网络）。一个很好的例子是带有电动机、逆变器和电池充电器的电动汽车，如图4.1所示。模块化电池管理系统的实现（请参阅第5章）还将涉及各个电池管理系统组件之间的数据丰富的接口。

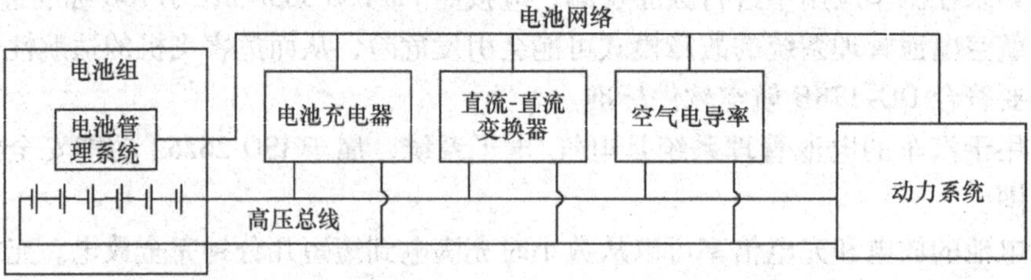

图4.1 典型电动汽车中的电池管理系统网络

为物理和逻辑接口绘制单独的图表通常很有帮助。每个逻辑接口或信号都包含一条流入或流出电池管理系统的信息。信号的示例可以包括电池组电流、电池电压或继电器的期望状态。

物理接口由一个或多个电路组成。在通信总线（CAN、RS-232、以太网）的情况下，单个物理电路可能会承载多个逻辑信号。在离散或模拟输入/输出的情况下，物理接口只能承载一个信号。故障安全或冗余控制电路可使用两个或多个物理电路实现相同的逻辑功能。

每个物理接口的电气参数应明确定义。例如，一个模拟输入应具有一个电压范围、输入阻抗和最大施加电压。一个数字输出应具有一个逻辑0和逻辑1状态的电压范围、可提供的最大电流以及从导通到关断的过渡时间。

信息隐藏的概念是软件工程中的最佳实践，也是系统工程中的一个有用工具。每个子系统应该只与其他子系统通信其操作所需的信息。在电池管理系统的上下文中，通常假定负载设备和网络上的其他组件需要电池管理系统所使用的所有信息来执行其内部计算，如电池的全部电压和温度。然而，有效的系统架构将仅提供每个设备所需的信息。

在大型电池管理系统的开发中，由于在整个系统中可能存在多个电隔离屏障，因此识别电信号的电压基准通常是很重要的。例如，特定的电压可以参考接地，也就是电池系统的底盘、外壳或高压电池组的电势，其中最低电压电池的负极端子通常被认为是参考电压，并且电势在许多情况下与机箱隔离。其他不与这两个电位相关的浮动电压也可能存在。对于接地参考信号，通常要区分模拟、数字和功率接地，它们参考相同的电势，但是需要分开，以防止敏感的模拟信号受到快速数字开关瞬变或大功率设备开关的干扰。

4.1 典型输入

输入可以采取测量值（电池管理系统正在测量的系统中存在的物理量）或命令（通常由电池管理系统必须解释为指令的物理信号所表示的逻辑量）的形式。表4.1列出了一些可能的接地和信号类型。

表4.1 接地和信号类型

接地类型	典型信号
模拟量	电流测量（隔离）、风扇速度的模拟输入、温度（隔离）
数字量	串行通信（RS-232、CAN）、带调制的脉冲（PWM）和定时器输入
电源	接触器和继电器控制信号

为了确定电池状态，电池管理系统需要测量电池的三个基本参数：电池电压、电池串电流和电池温度。

在大多数情况下，电池直接连接到电池管理系统，并且无需任何中间传感器的帮助即可直接测量电池电压。由于需要高准确度（总误差从1~10mV是一个共同的目标）并且需要进行同步测量，因此外部传感器设备（通常用于测量需要通过某些传递函数转换为电压信号的其他量）没有被使用。根据所使用的体系结构，如果将电压测量分为多个模块，为多种尺寸的可能具有更多电池的电池组设计电池管理系统，则具有 n 个串联电池的电池组的输入数量范围将从 $n+1$（每个电池需要正极和负极连接）到更高的值。这些输入端各自的电压相对较低，但它们组成了一个大的高压堆，并且经常在相对于电池组中其他电压和地电位的危险电压下工作。电池电压测量用于避免出现过电压和欠电压情况，计算SOC和

SOH（健康状态），计算并强制执行电流和功率限制以及检测电池故障。电压信号的逻辑和物理接口是电池电压本身。电池管理系统的设计和实现应旨在创建单位增益传递函数，以使在电池管理系统上测得的电压恰好是电池端子上的电压。当电池电压测量电路与电池平衡电路共享组件时，实现此目标变得更具挑战性。

完整的电池组串电压以及模块或子串电压的测量也很常见。如后面将要讨论的，这一额外的测量层在故障检测方面提供了巨大的好处。

电池电流通过电池管理系统进行测量的方法将在第6章中介绍。电流是双向的（在电池运行期间会发生充电和放电）。虽然可能有很多高压总线上的设备，但其中一些可能仅具备一项功能（充电或放电），电池电流的测量应在单个点上进行，该点应包括流向所有负载设备的电流。一般使用外部传感器将电池电流（通常非常大）转换为代表当前电流水平的电压信号。在某些情况下，物理接口可能涉及使整个电池组电流流过电池管理系统，但是这种方法在电流较小的小型电池中更为常见。逻辑接口是代表电流的信号，而物理接口是电压信号。根据所使用的测量技术，该信号可以参考高压堆栈或接地。预期信号的变化与电池电流一样快。

通常还使用外部传感器测量温度，这些传感器物理分布在整个电池系统中需要测量温度的位置。这些传感器的电阻或电压通常会随着所测温度的变化而变化。信号范围必须符合预期温度以及传感器在这些温度下产生的电压。温度测量可以参考大地、高压堆或悬空。

负载设备通常需要传达最低限度的信息，包括电池何时应与负载连接或断开连接。这可以采取离散信号或通信信息的形式，要求电池进入活动模式。握手机制通常在负载网络发出命令并且电池尝试连接到高压总线的情况下实施。如果电池状态正常且连接顺序正常进行，则将提供响应，指示电池已准备就绪；否则，将生成错误并返回否定响应。有关典型握手序列的示例，如图4.2所示。

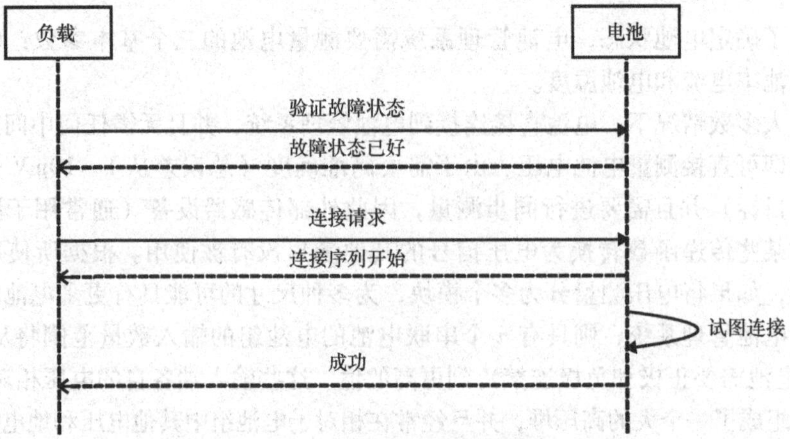

图4.2　电池连接顺序图

4.2 典型输出

电池管理系统通常负责计算电池状态参数，这些参数必须通过输入量的复杂函数来确定。

许多电池管理系统已被设计为向主机或负载设备输出大量电池电压和温度。在许多情况下，外部设备无法以有意义的方式处理此信息。其他设备可以用于冗余监视并提供额外的安全性，即使是在电池安全的部分也让电池系统外的一个组件负责，这也是一个糟糕的系统设计；电池管理系统应能够提供所有必要的保护。系统诊断有时可能需要这种类型的信息，但是通常不需要与外部设备连续地交换此类信息。输出信息应限于外部系统以有用的方式使用的信息。

荷电状态是指当前可供电池放电的电荷量与可存储的最大电荷量之比。它表示为0~1之间的分数。在许多系统中，它被转换为百分比，并且可以用1%~0.1%之间的分辨率进行计算。根据SOC计算的现有计算水平来看，远远低于这个标准通常是不切实际的。

健康状态（SOH）是描述电池原始性能保持多少的量。SOH受诸如阻抗和电容之类的参数影响，这些参数会随着时间而降低。理想情况下，新电池的SOH为100%，而由于无法满足应用程序要求而需要更换的电池的SOH为0%。SOH指标高度依赖于应用、化学性质和电池要求，但通常指容量下降、阻抗增加和自放电速率增加。对于大多数SOH分辨率应用，可接受1%的分辨率。

电池组的限制通常与负载装置相连。电池在充电和放电时具有最大允许电流和功率，这将确保电池保持在安全状态。这些限制会在一个周期内随荷电状态和温度的变化而产生动态变化，并且也会随着电池的老化和性能下降而变化。这些可以用绝对值（瓦特或安培）或最大额定值的百分比形式传达。

故障和错误代码通常与外部设备进行通信，不仅包括正常的负载网络，还包括用于排除和识别电池系统问题的诊断设备。这些故障代码不仅应识别问题的性质，还应识别确定受影响的组件、电池或子系统的最小级别。这些类型的诊断消息可能不属于常规输出集；它们只能在诊断设备请求时发出。

4.3 典型功能

电池管理系统负责维护大型电池系统中的电池平衡，确保所有电池在电池系统的整个使用寿命内都能提供和接受类似数量的电量，其中包括电池阻抗、容量和自放电的差异。电池平衡输出为电流形式，该电流可选择性地对高压堆栈中的各个电池进行充电或放电。这些电流由电池电压测量值计算得出，并受许多因素的影响，例如电池系统的工作模式。与整个电池组的满量程电流相比，平衡电流较小。

电池管理系统通常需要控制接触器和继电器，根据需要连接和断开电池与负载设备的连接，包括在电池不安全的情况下紧急断开连接、软起动或电容性负载的预充电功能以及出于安全目的的高压母线放电。这些信号可以是控制信号(仅适用于低功率逻辑)，也可以是具有足够大的电流和电压以直接控制这些设备的功率信号。后一种方法增加了电池管理系统的规模和功率要求，但在安全性方面具有许多好处。

通过先进的算法来估计电池的荷电状态、SOH 和极限值，这些将在后面的章节中进行介绍。电流、电压和温度的时间顺序测量值由复杂模型处理以获得这些输出。这些量将连续地传送到负载网络，以确保不会以不可接受的方式使用电池系统。通常使用串行通信（例如 CAN）来传递此信息，但模拟调制或脉冲调制（PWM）信号可用于替代或补充数字通信链路。

电池管理系统通常与旨在改善或保持电池系统性能的其他功能集成在一起。热量管理就是一个很好的例子。电池温度和其他测量值可用于命令泵、风扇、冷却器或加热器的驱动信号，这些信号用于将电池温度保持在最佳水平以延长电池寿命。这些信号可以是数字信号（仅用于开关控制）、PWM 信号或模拟信号，以调节输出或速度。通信信号也可以用于将信息传递到外部控制模块，而外部控制模块反过来将创建驱动信号。

4.4 总结

需要执行的输入、输出和处理定义了电池管理系统与外界之间的接口，以及需要由电池管理系统设计人员实现的功能。在此阶段，内部操作的描述是相对抽象的，几乎没有硬件和软件的区别或实现方法的描述。

一个好的电池管理系统将在预期的工作条件和环境的整个范围内从输入中生成准确的输出。有关外部环境的因素（例如温度、使用年限和零件之间的变化）可能会影响输出的准确度，这些因素被称为噪声因素。每个功能都有许多影响其性能的噪声因素。例如，电池电流测量可能（不希望地）取决于环境温度。

为了抵消噪声因素的影响，设计人员选择了控制因素以提高功能的鲁棒性。在上述情况下，用于测量电池电流的传感器类型将影响环境温度对电流测量的影响程度。

在开始设计过程前，必须先对所有接口进行类似于图4.3所示的简洁而完整的描述。不要忘记机械（安装和密封接口）以及热接口来完全指定电池管理系统环境。

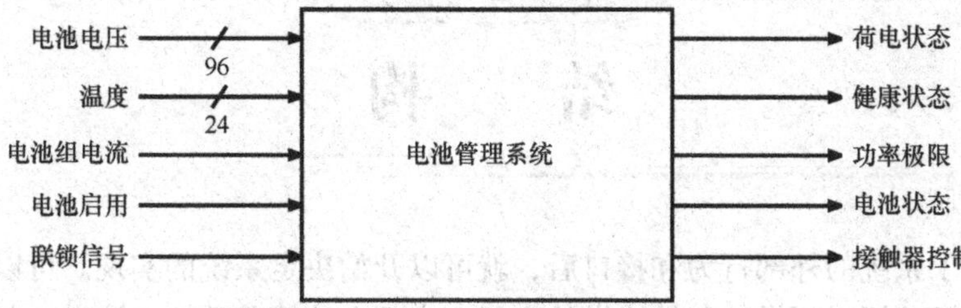

图4.3　电池管理系统示例界面图

第5章 结构

定义了系统的外部行为和接口后，就可以开始决定系统的实现。可以肯定的是，将通过使用通用微控制器或微处理器来实现电池管理系统，该微控制器或微处理器实现了支持测量和在一个或多个印制电路板（PCB）组件上的电源和控制电路，并进行控制、计算和分析微控制器软件中的功能。可以通过使用确定用途的集成电路（IC）来实现最简单的系统，但是这种架构在较小的系统以较低的电压运行于消费电子应用中时更为常见。

电池管理系统开发（与许多嵌入式系统一样）的一个常见的决策是所需的模块化程度。

5.1 单片式

最简单的解决方案是将所有功能都放在一个模块中。单片系统减少了对模块之间接口的设计、定义和成本的需求。图5.1显示了带有大型电池串的单片电池管理系统。

整体系统的可伸缩性受到限制。可以监视的电池数受安装的电池监视电路数的限制。在许多情况下，可能无法监视任意数量较少的电池。另外，由于无法减少电池管理系统组件的数量，因此无法实现较小电池的成本节省。

单片系统需要单个控制器来支持整个电池组电压和所有电池测量连接。由于电压较高，爬电距离和电气间隙必须更大。连接器和组件的额定值也必须适当，并且可能会限制给定应用程序的组件选择数量。虽然一个良好的单片设计将试图减少相邻组件选择之间的潜在差异，并根据需要建立足够的隔离栅，但在故障条件下，存在更高的电压和故障能量的可能性。

当将相同的电池管理系统用于数量众多且差异很小的系统时，单片架构是合乎逻辑的。对于大容量（体积较大）的情况，仅提供所需功能的电池管理系统将以灵活性和可伸缩性为代价提供最低的成本和复杂性。

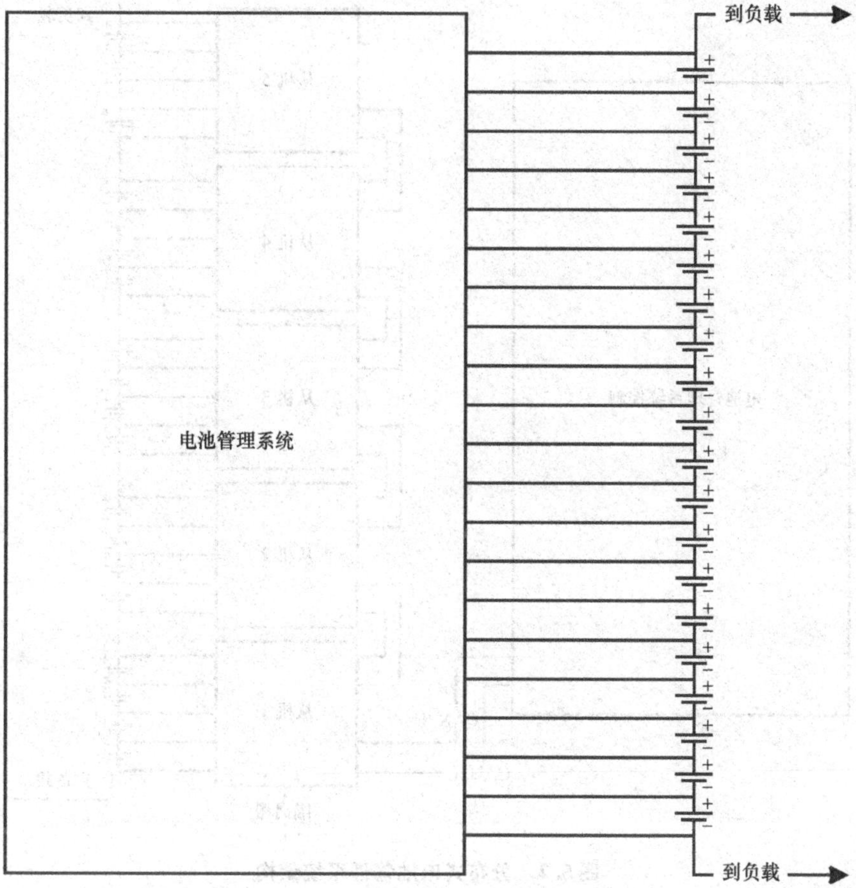

图 5.1 单片电池管理系统

5.2 分布式

分布式电池管理系统架构实现了高度的模块化。许多系统都建立在主从架构中。最常见的设计包含单个中央控制模块（有时称为电池控制模块（BCM）、电池组控制模块（BPCM）、电池电子控制模块（BECM）或电池管理单元（BMU）），其负责大部分计算需求，以及与电池/模块连接的许多相似或相同的从模块（有时称为电池监控电路或 CSC），这些从模块负责测量电池电压和温度并将此信息报告给主设备，还用于在主设备的指导下执行电池平衡。分布式电池管理系统架构如图 5.2 所示。

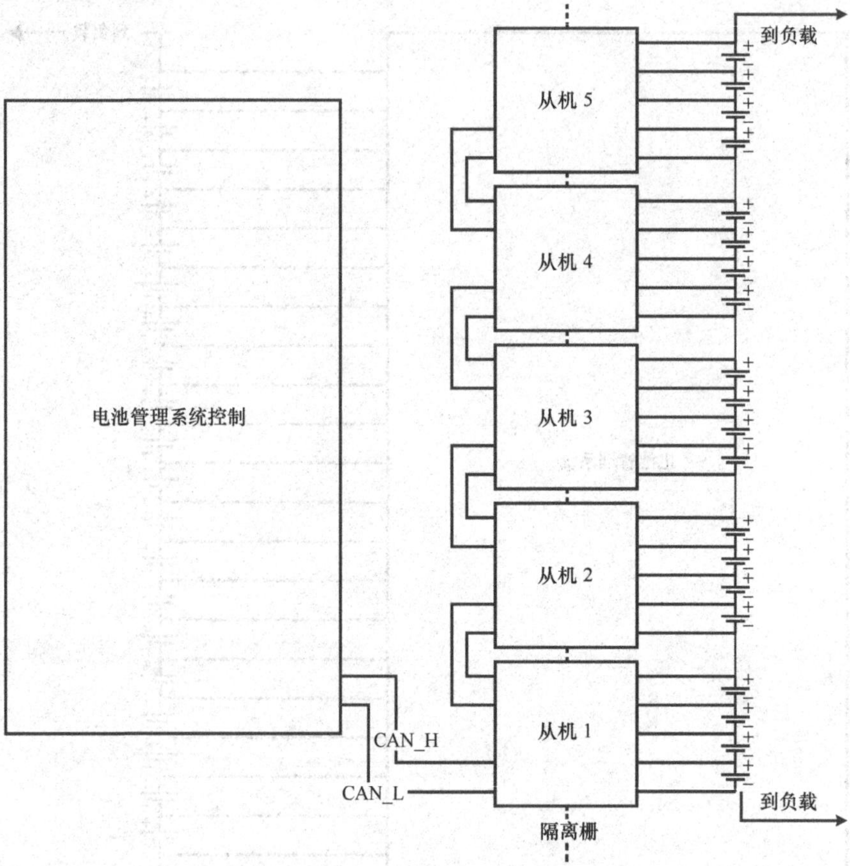

图 5.2　分布式电池管理系统架构

在分布式体系结构中，电池模块的数量和从属设备的数量之间通常存在着严格的对应关系。具有高度集成度的系统可能会将检测从电路直接合并到电池模块中。

主设备和从设备必须进行通信，通常使用通信协议。该协议可以是专有协议，也可以是通用协议，例如 CAN、RS-232 或以太网。

由于通信电路以及诸如微处理器、电源和隔离之类的支持电路数量众多，因此分布式系统的成本通常最高。与单片架构的类似实现相比，这些额外的电路还增加了电池管理系统的重量、尺寸和寄生功耗。在使用它们的应用中，这被上述优点所抵消。

5.3　半分布式

半分布式架构使用较少数量的传感电路，这些电路不与电池模块集成。如果电池模块的尺寸或外形尺寸发生变化，系统就可以更容易地进行缩放。该系统比单片系统更具扩展性，并且可以与不同大小或类型的电池模块一起扩展，而无需重新设计电池管理系统硬件，这与每个模块紧密集成的分布式系统不同。图5.3显示了半分布式电池管理系统架构。

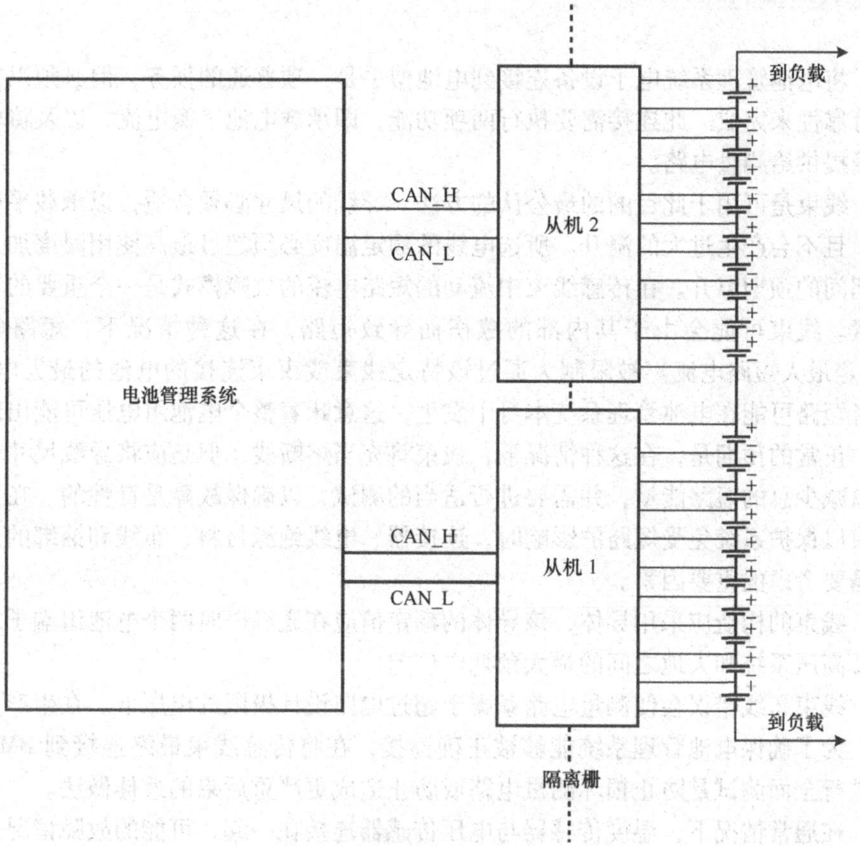

图5.3 半分布式电池管理系统架构

可以进一步分配功能。可能的架构涉及测量从设备，这些测量从设备在参考电池堆的电势下运行，并具有隔离的通信接口，该接口与相对于大地电势运行的仅低压主设备进行通信。这两个设备可以与高压测量和控制设备一起操作，高压测量和控制设备是电子系统中唯一暴露在蓄电池满电压下的部件。该模块可能包含高压测量、接触器或继电器、熔丝和电流传感器或分流器。高压模块还包含与主模块的隔离通信接口。这使处理高压所需的设备的尺寸和数量最小化，但增加了所需的隔离栅的数量、模块的数量以及在通信总线上传输的信息量。对于超高电压的系统（1000V或更高电压），这是一个很好的体系架构，在该架构中，需要特别注意高压元件，另外在这些电压下所需的功能尺寸、连接器和绝缘等级可能使高压部分难以与低压控制电子设备集成。

5.4 连接方式

将电池管理系统电子设备连接到电池似乎是一项普通的任务，但必须以很高的可靠性来完成。此连接需要执行两项功能，即承载电池平衡电流，以及将电压信号提供给测量电路。

线束是可用于此目的的最公认的方法。导线的尺寸必须合适，以承载平衡电流，且不会产生过大的温升。所选电线的额定温度必须超过最高使用温度加上平衡期间的预期温升。在传感线束中流动的短路电流的故障模式是一个重要的考虑因素。线束可能会由于其内部的擦伤而导致短路，在这种情况下，短路电压（决定最大短路电流）被限制为通过该特定线束或束束连接的电池的最大电压，或者短路可能在电池管理系统本身中发生，这意味着整个电池组电压可能出现短路。正常的预期是，在这种情况下，线束将充当熔断线，但是应将导线尺寸最小化以减少总的短路能量，并需要进行适当的测试，以确保故障是良性的。在设计线束以保护系统免受短路的影响时，连接器、电线绝缘材料、布线和捆绑的选择也是要考虑的重要因素。

线束的构造应采用导体，该导体的额定值应在充满电时两个电池组端子之间以及高压系统和大地之间的最大预期电位差。

线束布线错误会使测量电路暴露于超过电路设计极限的电压下。在生产系统中，为了确保电池管理系统能够被正确连接，在将传感线束最终连接到 BMS 之前进行全面测试是防止损坏测量电路或防止造成更严重后果的最佳做法。

在通常情况下，温度传感器与电压传感器连接在一起，可能的故障情况是电压和温度传感器导线之间出现不必要的连接。如果温度检测电路以电池堆为参考，则可能会限制短路时的电压；如果将温度传感器接地，则电压和温度导线的切断不仅会导致高压短路，还会导致隔离故障；如果使用浮动参考，则这种故障的安全风险会降至最低，但浮动参考与电池堆之间的隔离栅必须足够。

用于电池感应的连接器需要在额定温度下具有足够的电流（等于电池平衡电流），最重要的是具有足够的电压。将引脚分配给连接器时，应选择一种使相邻引脚之间的电压最小的布局。不要忘记，连接器引脚也必须遵守爬电距离和电气间隙。如果存在潮湿或粉尘污染的情况，未密封的连接器将需要更大的爬电距离和电气间隙。单片架构在同一连接器上具有最多的连接和最高的电压。

当发生平衡时，感测互连线会传导平衡电流。在许多系统中，平衡电流极低，且仅间歇性流动。没有连续电流的触点在端子处（包括与电池模块本身的连接处）会发生接触氧化，这会导致较高的接触电阻和潜在的测量问题，尤其是在平衡期间。重要的是，平衡电流足够高且流动频繁可以消除这种氧化物的生长（通常称为“润湿”电流），从而防止此问题的发生。防止这种情况的方法包括：

- 如果可以接受高成本，则可使用镀金触点。
- 使用密封连接器以防潮；水分增加了绝缘氧化物的生长速率。
- 最小化测量信号路径中的连接数。
- 确保平衡电流周期性地流过电池组中的每个连接，即使该特定电池不需要任何平衡。
- 将平衡电流设置得足够高以提供足够的润湿电流（这并不总是可取的，因为这会由于使用较大的平衡开关、电阻器和其他组件而增加成本）。
- 在测量信号通路或控制电池平衡的过程中，不要使用机械或机电开关。

其他更高级的集成类型也是可能的，包括将测量 PCB 直接连接到电池接线片或母线。这些方法通常看起来很简洁，并具有显著的优点：减少电缆的复杂性。然而，在许多应用中，由于线束易于构建和测试、成本低、安装正确可靠且易于维护，因此应仔细验证此说法。与柔性线束不同，母线和插片也可能导致从电池模块到电路板的机械载荷和振动的破坏。

将电池管理系统放置在靠近电池的位置通常意味着该位置温度适中，这是因为锂离子电池对极端高温和低温的耐受性有限，并且需要清洁干燥的环境。远程定位电池管理系统可能会导致对温度耐受性和环境密封的更广泛要求。

5.5 额外的可扩展性

用于其他参数测量（电流、电压和温度除外）的测量和控制电路的数量和类型也会影响系统的灵活性和可扩展性。对于旨在服务于各种应用的系统，通常包括许多多功能输入和输出，以及提供最大可能的电厂集成平衡（接触器和传感器的数量）。这虽增加了电子设备的成本但减少了必须开发、验证和支持的配置数量。

在选择系统架构时要回答的问题包括：

- 电池管理系统需要维护多少个电池？这个数字在应用范围内可能有多大的变化？最小电池数和最大电池数是多少，添加额外电池的预期步长是多少？并非每种架构都可以处理任意数量的电池。
- 电池系统中可以预期的电池化学类型是什么？电池将在什么荷电状态范

围内工作以及在什么电压范围内工作？

• 电池组的最大和最小预期电压是多少？

5.6 电池组架构

电池的组合方式多种多样，最常见的结构是单串结构。在这种结构中，为了满足电池所需的安时容量，电池单元被并行排列，构成所谓的“电池组”或串联单元。这样的配置实际上形成了一个大电池，其总容量是单个电池单元容量与并联电池数量的乘积。然后，根据所需的系统电压，将适当数量的串联单元进一步串联起来。

在电池包层面，还可以将由较少串联单元组成的电池串（小至单个电池单元）并联起来。这种多重并行串系统虽然需要更复杂的决策机制来判断所有串的工作状态，并增加了平衡各串之间荷电状态的难度，但如果每个串都能够独立为负载提供足够的功率和能量，那么即使在性能有所降低的情况下，也能提供一定程度的冗余。

采用多重并行串的拓扑结构还可以在电池内部发生短路时减轻潜在的重大故障影响。通过减少并联电池的数量，可以提高电池组的等效源阻抗，而多个并联的串仍然能够共同提供所需的总功率。在短路情况下，由于源阻抗的增加，其他并联电池串流入短路电池的电流会显著减少。通过使用接触器将各个串相互隔离，可以进一步提升低内阻电池的安全性。

电池组架构的选择将通过以下方式影响电池管理系统的设计：

• 增加串联元件的数量会提高系统中需要监控的电池电压数量。电池管理系统成本中有一部分与电池监控通道的数量大致成线性比例，因此，减少需要测量的电池数量将降低电池管理系统的成本。通常会有一些“离散化”效应；为了降低电池管理系统的成本，电池的数量必须减少一定最小的数量，以便可以省去多余的集成电路、模块或电路。

• 多个并行串将需要为每个并行串单独设置一系列监视通道，因此将大大增加电池管理系统的成本。

• 更高容量的电池需要成比例地更大的平衡电流才能实现相同的补偿能力。

• 增加串联元件的数量或使用更高电压的化学材料会导致更高的系统总电压，这将需要更大的爬电距离和电气间隙、更重的绝缘材料以及具有更高额定电压的隔离组件。其中一些影响是连续或半连续的，而其他影响则是离散的，最值得注意的是，许多类型的电子组件都需要符合规定的隔离电压标准。

• 多重并行串也增加了必须控制的接触器的数量以及需要进行的高压测量

的数量。

- 在多重并行串系统中定义总体限制、充电状态和健康状态比单一并行串系统更为复杂。

5.7 电源

电池管理系统的电源设计可来源于多种途径。该系统既可直接从电池堆中的电池单元获取电力，也可完全依赖外部控制电压供应。另外，无论是电池侧还是负载侧的高压总线，都可作为潜在的电源选项。同时，也可以考虑将上述多种方式进行有效结合。在选择电源拓扑结构时，需要进行周密的权衡。

采用电池单元对电池管理系统进行供电，可以确保在缺乏外部电源的情况下，管理系统始终能够与电池堆保持连接，执行必要的测量和控制功能。

若采用此拓扑结构，无论在有源还是无源模式下，都必须尽可能降低功耗，这一点与测量电流的降低同样重要，而测量电流本身也应控制在最低水平。此外，如果不同模块或电路的功率消耗存在差异，这将导致在所有电池上产生不均匀的功率负载，从而加剧不平衡现象。至关重要的是，不仅总功耗要低，而且所有电池的耗电量也应保持一致。在电池管理系统的实现中，电路设计的功耗一致性并非总是目标，这一点需要被特别考虑。由于电子设备的功耗通常与温度相关，因此系统内的温度不平衡可能会放大这些影响。电池电压同样可能对功耗产生影响，特别是在低容量系统中，必须谨慎确保电池单元为电池管理系统供电时不会超出系统平衡的能力。

由于电池管理系统电路持续消耗电力，这将增加电池的表观自放电率。电池管理系统的设计者面临的挑战是如何确保这种自放电率的增加不会过高。

如果低压控制电源最终是由电池通过电源转换装置提供，那么使用高压母线或直接从电池堆获取电力可以提高系统的整体效率。例如，在汽车应用中，使用DC-DC 转换器来维持传统的 12V 系统，该系统常用于为电池管理系统供电。在电动汽车中，所有的能量最终都源自高压电池系统。任何从 12V 系统获取的能量都需要通过电源转换设备，可能包括铅酸蓄电池和其他组件。当能量通过这种方式转换时，不可避免地会产生损耗。

5.8 控制电源

电池管理系统通常需要一个低压直流控制电源，用以操控辅助设备、接触器和传感器等组件。12V 的汽车系统便是一个典型例子，尽管系统也可能采用其他电压范围。

在车辆系统中，这个控制电源一般由启动、照明和点火（SLI）电池提供，该电池不仅为电池管理系统供电，还可能为其他车辆系统供电。特别是在混合动力车辆中，SLI 电池还可能承担为发动机起动等大电流负载供电的任务。这就要求设备必须能够适应宽广的电压变化范围。例如，那些从汽车 12V 系统获取电源的设备，必须证明它们能在低至 6V（冷车起动时）到高达 18V（使用未稳压的交流发电机充电时）的电压范围内正常工作。有时，也可能通过从高压电池堆转换功率来产生控制电源。

无论控制电源是内部生成还是外部供应，电池管理系统通常都需要实时监测这个供电电压，以满足多种操作需求。如果供电电压超出正常工作范围，可能需要禁用系统的某些功能。

在电池管理系统运行期间，如果控制电源发生故障，可能会带来不良事件的风险。例如，如果控制电源变得不稳定，接触器可能在负载变化或颤振情况下失控打开。由于电池管理通常要求在工作周期之间保持荷电状态和其他关键数据的完整性，如果在电源突然中断过程中丢失或损坏了大量数据，可能会导致在电池的下一个工作周期中出现错误。因此，通常的做法是至少为微处理器和相关电路提供板上备用电源，这样在电源丧失时，系统能够进行受控的关闭，并且能够有序地将数据保存到非易失性存储器中。这种做法有助于保护数据不受损失，确保系统的可靠性和安全性。

5.9 计算架构

电池管理系统的软件及其处理能力可以根据硬件的分布或集中配置而有不同的实现方式。硬件可以分散在多个模块中，或者全部集成在一个单一的设备中。

在采用单一处理器的单片硬件架构中，所有软件功能必须在单一的软件应用程序中实现，没有额外的处理器来分担决策任务。

而在分布式或半分布式的主从架构中，每个从设备通常（尽管不是绝对必要）都配备有一个微处理器，该处理器至少负责处理电压和温度测量以及电池平衡功能。虽然将额外的功能集成到这些微控制器中可以提供额外的计算资源，但这种做法存在一定的局限性。例如，从设备可能无法访问所有系统输入，如整个电池串的总电流，这在执行复杂的电池模型计算，如荷电状态（SOC）估计时是必需的。

对于电池管理系统的实现，以及所有嵌入式控制系统，推荐采用多层体系结构。软件功能可以划分为底层的设备驱动程序和硬件接口程序，中间层负责实现通信协议和对物理测量数据的解释，上层则负责高级电池计算，如SOC和功率限制的计算，而顶层应用层则基于下层提供的信息做出决策。通过严格使用抽象层和多层方法，可以最大化代码模块的可重用性。例如，决定电池连接或断开的应用程序并不需要知道SOC是如何计算的。实际上，在不同的应用中使用不同的SOC计算方法可能更为有利。因此，无需深入了解SOC计算算法的细节，只要知道如何处理其输入（如温度、电压、电流）即可。如果保持这种分层体系结构，就可以在修改任何一层时，对相邻层的影响降到最低。

大多数软件体系结构都会实现多任务环境，这可能包括从简单的循环任务调度程序到完整的抢占式多任务操作系统。在电池管理系统这类安全关键系统中，必须确保能够及时执行负责安全功能的任务，如电压测量、防止过充和过放、温度和电流测量、及时进行限值计算和接触器操作，以确保对潜在危险的快速响应。在多任务环境中，任务可能会因为执行其他任务而被中断，因此确保安全关键任务不被中断、跳过或延迟执行至关重要。

特别是在开发阶段，应考虑进行积极的性能分析，以确保任务不会因过载而延迟或丢失。

第 6 章 测量

6.1 电池电压测量

在了解了防止过度充电和过度放电的重要性以及对电池状态的准确信息的需求之后，准确的电压测量是电池管理系统运行的基石。

大型系统中可以测量许多电池电压，包括单个电池、电池组或电池模块，一直到整个串联的串。

已经明确的是，假设在相同的电池系统中，多个串联连接的电池不一定具有相同的容量或处于相同的荷电状态。这样的话，大多数实施方式要求对每个串联元件进行至少一次的电压测量。这与许多其他电池技术形成直接对比；例如，许多12V 铅酸电池由六个串联的电池组成，甚至没有用于测量单个电池电压的外部端子——假设通过观察电池总电压可以很好地确定电池的状态。

电池测量电路应向电池单元提供高直流阻抗，以最大程度地减少寄生功耗。给定的测量阻抗是否足够高取决于被测量的电池单元的容量。非常小的电池将需要更高的阻抗，以确保电池管理系统能够适当地增加视在自放电。除了保持较低的功耗外，不同电池之间的功耗差异不要太大也是很重要的，因为这会加剧电池单元的不平衡并降低电池性能。当多个从模块连接到不同的单元并且模块具有不同级别的功耗时，这尤其值得关注。测量电路的阻抗应在主动进行测量的主动模式和不进行测量的被动模式下进行表征。减少无源模式电流（也称为待机电流、静态电流或寄生电流）可确保在系统断电时，电池管理系统不会耗尽电池电量，并且电池将具有较长的待机时间而没有由于电池管理系统电流消耗导致电池过度放电的风险。有源模式电流预计会更高。根据电池系统和电池管理系统的总体占空比、电池的容量、预期的存储/待机时间以及电池可工作的最小荷电状态，可以确定有源和无源测量电流的要求。流经互连和各种设备的测量电流会在端子电压和测量电路之间产生电压降，并且还可能由于电池过电位而导致与真正的开路电压产生偏差（即使在非常低的电流下也可以看到这种情况），从而可能会干扰其他电池管理系统的功能。最后，由于电池系统的主要功能之一是存储能量，因此测量电路消耗的能量会对电池系统的效率产生负面影响（对于效率至关重要的可再生能源应用而言，这非常重要）。降低测量电路的能耗几乎是所有电池管理系统架构的共同目标。

对单个电池电压进行多次测量并不罕见。这些多个测量方案可以是对称的（精度和准确度相等的多次测量）或不对称的（精度比初级测量低的次级测量）。在最关键的系统中，可能需要两个以上的测量值才能为电池管理系统提供相对合理的测量值。确定两个相同量的不相等测量值表明故障是一项简单的任务，但是出现了经典的问题，即要使用哪些数据以及要丢弃哪些数据，这需要其他额外的信息。在仅通过关闭电池系统就可以避免与测量错误相关的危险的应用中，以及在测量的可靠性足够高的情况下，电池系统的整体可靠性可以满足其要求，因此可以采用非对称双重测量。

额外的测量会增加复杂性和成本。选择用于电压测量的方案应进行故障树分析，以获得对设计必须达到的风险和安全级别的理解。

单个电池电压的测量范围应涵盖正常条件下预期的电池电压范围。此外，在几乎所有情况下，都希望电池管理系统能够处理正常工作范围之外的电池电压，以确保在电池过度充电或过度放电的情况下，电池管理系统不会受到损坏并能够对事件做出反应，防止进一步滥用。对于许多将多个电池单元并联放置的大型系统，BMS 通常会对电池组中所有并联电池的电压进行一次测量。要考虑的重要故障模式是电池互连故障，它创建一个连接到测量电路但与串联串断开的子组。在这种情况下，所测量的电池电压将是恒定的，并不代表串联串中的实际电池电压。因此，过度充电和过度放电成为可能。为此的检测策略包括检查零电池阻抗或无穷大容量（电池电压随电池组电流和荷电状态不变）。

经常进行其他类型的电池电压测量，最常见的是完整的电池组电压。许多系统还测量单个模块或串联元件组的电压。这些测量之间的比较可用于检测许多可能的测量故障。简而言之，各个系列元素的总和应始终等于字符串或子字符串的总和。这可用于检测校准错误，其中所有电池测量值（或可能来自特定测量模块的所有电池测量值）都包含系统误差。它可用于诊断高压测量电路的接线故障。要使用这些测量来防止由于主要测量误差引起的过度充电和过度放电危险，需要仔细分析与不同测量电路相关的精度和准确度。

选择所需的单元测量准确度水平是另一个重要的决定。在使用电池电压来计算荷电状态的系统中，可以计算电压测量误差与荷电状态误差之间的关系。

假设存在一个测量误差 ΔV，使得对于一个测量电压 $V_{measured}$，真正的电池电压介于 $V-\Delta V$ 和 $V+\Delta V$ 之间。

$$V_{measured}-\Delta V<V_{true}<V_{measured}+\Delta V$$

存在给定电压下的 SOC 的函数 SOC（V）。因此，与此测量相关的可能的 SOC 范围是

$$(\mathrm{SOC}(V_{\mathrm{measured}}-\Delta V),\mathrm{SOC}(V_{\mathrm{measured}}+\Delta V))$$

可通过计算 dSOC/dV（该函数在关注点的斜率）来执行简单的线性化。SOC 的范围可以表示为

$$\left(\mathrm{SOC}(V_{\mathrm{measured}})-\Delta V\frac{\mathrm{dSOC}}{\mathrm{d}V},\mathrm{SOC}(V_{\mathrm{measured}})+\Delta V\frac{\mathrm{dSOC}}{\mathrm{d}V}\right)$$

这表明，荷电状态的最大误差与测量误差 ΔV 以及 SOC（V）的斜率均成正比。图形表示如图 6.1 所示。

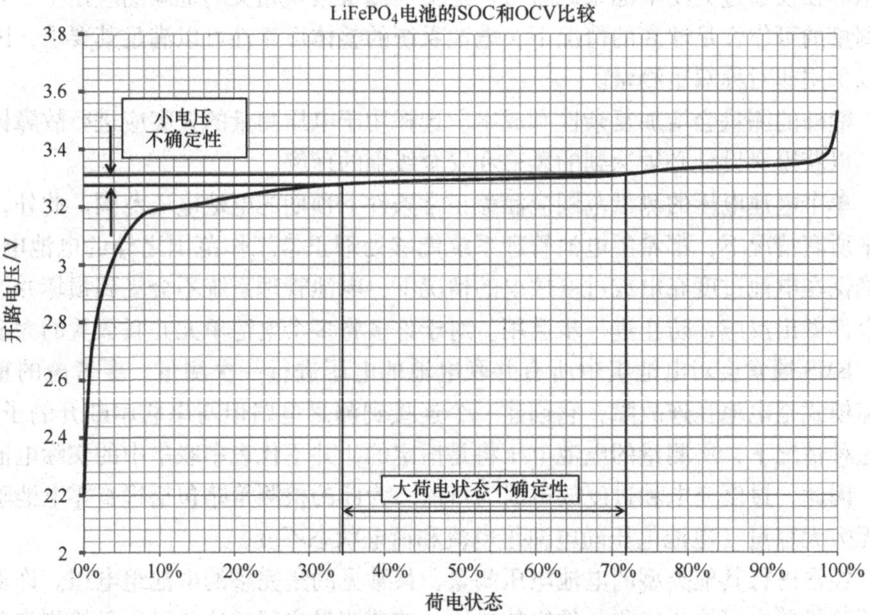

图 6.1　电压测量误差对 SOC 误差的影响

dSOC/dV 在电池化学性质之间以及荷电状态本身的函数上有很大的差异。因此，固定的测量误差可能会导致整个 SOC 范围内 SOC 的可变误差。

接下来，针对不同类型的锂离子电池并以不同的荷电状态值给出 dSOC/dV 的一些样本数据。图 6.2 显示了电池类型之间变化率的巨大差异。

为了简单地防止过度充电和过度放电，并在电池电压达到工作极限时强制执行无功功率限制，可以使用较低水平的测量准确度。25 ~ 100mV 之间的二次测量误差值并非不合理。如果主要测量有故障发生，并且允许系统继续运行，则应选择限制，以使最坏情况的错误不会导致重复的过度充电和过度放电事件。如果不需要实际测量，则最简单的策略是设置来自测量电路的警报信号，指示电池测

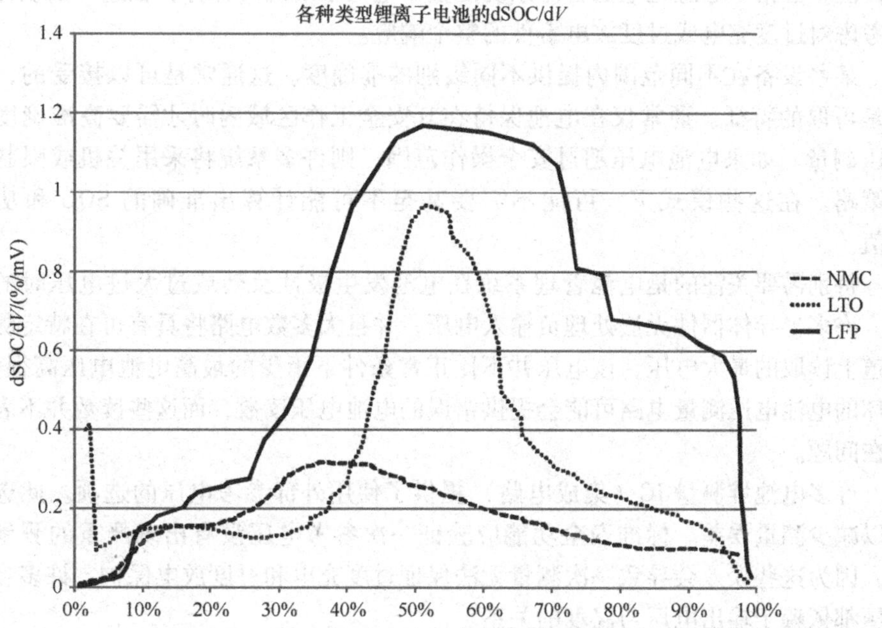

图 6.2 不同电池类型的 dSOC/dV 与 SOC 的比较

量值已达到某个极限。如果不知道哪个电池已达到极限，这些信号可以逻辑地一起驱动一个常见的故障响应。

因此，电池测量准确度的指标取决于期望的荷电状态准确度和电池 SOC/OCV 曲线的形状。

目前，市面上的测量集成电路的电池测量准确度通常为 1mV 左右，总误差小于 10mV。本书将讨论在设计中需要采取的适当措施，以确保在所有可能的操作条件下，在实际执行中都可以保持这些准确度水平。

如果使用非对称双重测量方案，则假定主测量丢失，SOC、SOH 和极限算法的性能将受到影响。在不能接受这种类型的性能下降的系统中，需要进行三重冗余的主测量。

在许多情况下，与电池过度充电和过度放电有关的危险都属于功能安全范围。因此，必须列举和仔细分析与过度充电和过度放电有关的风险。分析必须包括讨论电池管理系统可能出现的故障模式，在这种模式下，可能会发生过度充电或过度放电的危险，以及许多其他系统级因素，许多系统包括多个组件，其包括一定程度的保护（例如，电池充电器可以限制最大充电电压）。总体风险水平取决于电池管理系统之外的许多因素，包括电池化学成分和设计、电池组的架构和构造以及应用程序的详细信息。电池管理系统功能安全性的设计细节将在后面讨论，但中心指导思想是电池管理系统是整个电池系统的一部分，在适当的设计中应考虑对过度充电或过度放电事件的整个响应。

某些设备在不同范围内提供不同级别的准确度。这通常是可以接受的，甚至是可取的特征。通常仅在电池保持在其安全工作区域内时才需要高准确度的电压测量。如果电池电压超过安全操作范围，则许多系统将采用关机或限制操作策略。在这些模式下，可能不需要甚至不可能计算出准确的 SOC 和功率限值。

特别需要关注的是电池管理系统在电池发生极性反转或过大过电压时的响应。许多半导体器件无法处理负输入电压，并且大多数电路将具有可在特定测量通道上读取的最大电压，该电压并不比正常条件下承受的最高电池电压高很多。损坏的电池电压测量电路可能会提供错误的电池电压读数，而这些读数并不表示存在问题。

许多电池堆测量 IC（集成电路）提供了使用外部参考电压的选项。此选项可以减少测量误差。标准安全功能应验证一次参考电压没有出现严重的测量误差，因为这些误差会导致一次测量无法保证过度充电和过度放电保护。许多参考电压都依赖于输出电压与温度的关系。

应在所有系统上进行电池测量误差的详细分析和测试。

常见的错误包括以下几个方面：

- 没有考虑由于从电路组件和连接中的电池汲取平衡电流而导致的电压降。要求高准确度和大平衡电流的系统最容易受到影响。
- 没有考虑由母线和电池互连阻抗引起的电压降，这些阻抗可能因电池而异。
- 无法在预期的整个电压和温度范围内执行分析和验证。在这些范围内，许多测量电路将具有变化的准确度。

由于是防止过度充电和过度放电的方法，因此电池测量系统必须具有强大的抵抗能力，可防止电池电压超出正常电池限值但报告给软件的值看起来正常的故障。根据所选的组件和测量体系结构，应考虑以下可能的故障：

- 复用测量设备是否可能未测量所有电池，而对一个连接的电池中的多个电池进行了测量？
- 是否有可能报告了恒定但错误的电池电压测量结果？
- 对于并行寻址的设备，是否考虑了芯片选择线路的“卡死”故障？这些可能会导致错误的设备报告，从而导致无法测量某些电池单元。

这些类型的故障特别危险。如果这些事件长时间发生并且未被发现，则电池可能会严重过度充电或过度放电。

冗余的测量架构可防止单点故障引起许多此类情况。应该遵循良好的设计规范，以最大程度地减少多点故障的数量，如果已知具有共同根本原因的故障，则会导致两个测量电路的损耗。

6.2 电流测量

串电流是电池管理系统通常测量的另一个基本电池电量。由于所有电池串联连接，因此一次电流测量将提供在每个电池中流动的电流。

由于与上述电压测量相同的原因，可能需要执行多个冗余电流传感器测量。

- 如果需要精确的电流感测来实现令人满意的荷电状态，并且荷电状态是确保针对单点故障的鲁棒性的关键因素，则可能需要第二个电流传感器。
- 如果存在的电流范围超过电池限制，但没有其他方法可能检测到（例如，由大电流引起的极端电池/电池组电压）或阻止（例如，无源过电流保护装置，如熔丝）这些过大的电流则需要使用第二个电流传感器。
- 如果外部设备将电池电流的准确报告用于安全关键功能（即应用程序无法承受电池管理系统的电流误差），则应使用两个电流传感器。

接下来讨论几种传感器类型。多个传感器可以是相同或不同的类型，并且可以一起使用。在上述第二个原因的情况下，确定电池在安全范围内工作的准确性大大低于荷电状态和其他算法所需的准确性。对于这种类型的应用程序，非对称冗余方法将是明智的。由于将要讨论的原因，有时也使用多个传感器来提供更高的准确性。

在分析电流传感器的准确性和可靠性时，必须考虑整个信号链。通常包括以下几个方面：

- 传感器或传感器本身。
- 传感器和测量设备之间的模拟信号连接。
- 模拟预滤波器。
- 放大器（仅限分流信号）。
- 模/数转换器。
- 数字滤波。
- 数字集成。
- 隔离栅。

6.2.1 电流传感器

无论选择哪种电流传感器，都会应用许多基本参数。

传感器的范围必须足够大，以覆盖充电和放电过程中电池电流的整个预期范围，请记住，许多电池系统可能在两个方向上均没有相同的电流能力。优良做法是确保传感器测量范围内有足够的净空。

许多电池系统在应用电流中会经历很大的动态范围。典型的汽车电池系统放电可能比充电快得多。由于某些类型的测量误差（包括非线性、离散化、偏移）的大小取决于所用电流传感器的满量程，因此通常很难以相同的相对准确度测量大电流和小电流。在某些应用中，这不是问题，因为小电流误差的影响要小得多。然而，当长时间存在小电流并且使用电流积分来确定 SOC 时，小电流中的误差会变得很明显。

电池管理系统可以直接测量传感器的模拟输出，或者传感器可以包含模拟测量电子设备，并使用数字接口与电池管理系统接口。对于模拟传感器，必须将电池管理系统的模拟测量电路设计为最小化测量误差。

传感器的带宽和频率响应通常被忽略。在许多应用中，电池电流会快速变化，传感器必须足够快才能捕获动态电流变化。在设计电池管理系统时，应该知道最大预期的转换速率（双向）。传感器、采样率和相关的电路都受此影响。通常，与电流测量相关的安培小时误差比可能的最快的负载转换速率慢，且安培小时误差小并在正方向和负方向上通常相等。

6.2.1.1 分流器

分流器只是一个阻值非常低的精密电阻。分流器两端的电压降与电池电流成正比。分流电阻足够小，使得在电池系统的大功率电流路径中该电压降可忽略不计，但也大到足以被电池管理系统测量。

分流器采用四线或开尔文连接（见图 6.3）。在这种布置中，分流器的载流端子和电压感测端子是分开的。

分流器价格便宜、种类繁多。许多分流器在最大测量电流下具有 50mV 或 100mV 的输出。它们的简单性使其具有非常高的可靠性，并且不需要外部电源。

除低成本外，分流器通常还非常精确（0.1%~0.5%的准确度并不少见）。分流器有多种尺寸，但是用于非常大的电流的分流器可能变得非常大和沉重。

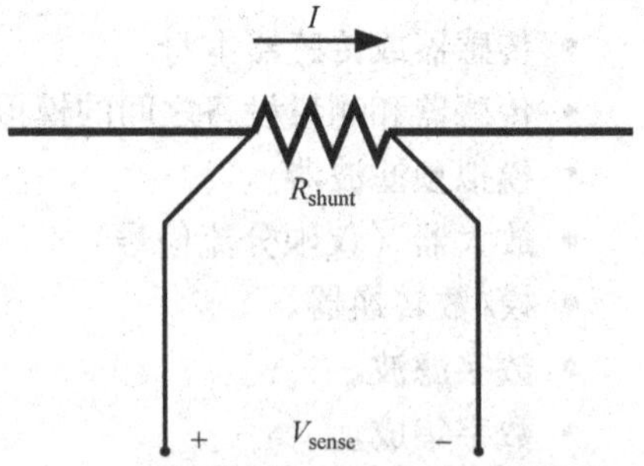

图 6.3　分流器的开尔文连接

小并联信号必须在测量之前进行放大，并且用于测量并联电压的电路必须具有很高的阻抗。分流器放大器电路需要有许多特性才能达到良好的测量准确度：

- 高共模抑制比：并联放大器电路必须同时抑制交流和直流共模误差。
- 直流偏移低：大多数电池系统必须测量正负两个小电流。直流偏移可能会特别成问题，并导致将充电电流误认为放电电流，反之亦然。分流器本身具有固有优势，即没有明显的固有直流失调。

- 准确、高增益：并联放大器必须经常提供100或更高的准确增益。增益误差转化为当前的测量误差。
- 良好的热稳定性：分流器和放大器电路都可以在不同的温度下工作，并且放大器电路可能具有取决于温度的增益和偏移误差。

对于必须在宽温度范围内运行的系统，电池管理系统必须考虑分流器电阻随温度变化的情况。典型的分流器（见图6.4）可能具有80×10^{-6}/℃的电阻热系数。分流器也会因电池电流而自热。

图6.4 用于电流测量的分流器

分流器具有很高的测量带宽，因为它们被设计为非感应式。因此，它们可以测量电池电流的非常快速的变化；但是，这也意味着来自负载的传导发射（与包含功率电子器件的负载设备一样）将毫不减弱地进入分流放大和测量电路。在大多数情况下，最好把它们过滤掉。

在大型系统中，重要的是要注意分流器是参考电池组的电压。尽管分流器本身的电压很小，但分流器与其他电池组件之间的电压可能很高。因此，用于处理、放大和测量分流信号的电子设备也必须参考电池组。在需要隔离的应用中，分流测量必须通过隔离栅进行传输。

缺乏隔离还会由于共模电压而导致潜在的测量误差源。当负载电流增加时，共模电压（$V_{S+}+V_{S-}$）/2随$\Delta I/R_{load}$的增大而增大。这不会在差模信号$V_{S+}-V_{S-}$的放大中产生误差。这种影响可以通过在低端安装分流器来减少，在低端共模电压会小得多。仅当分流放大器和/或整个BMS指向高压电池的负极时，才会出现这种情况。隔离的并联放大器可解决这个问题。

6.2.1.2 霍尔效应传感器

霍尔效应是在磁场存在下产生与电流成比例的电压。

原始霍尔效应器件具有明显的温度依赖性和其他不良影响。商用霍尔效应电流传感器（见图6.5）产生电压信号，该信号由集成信号处理电路处理，从而消除了大部分此类误差。

图6.5 典型的霍尔效应电流传感器（由TDK提供）

霍尔效应传感器的优势是信号电压与大电流路径隔离。在许多传感器中，传感器没有大电流端子载流母线或电缆穿过传感器主体。霍尔效应传感器的安装是定向的。如果安装不正确，传感器将读取到负值。

霍尔效应传感器必须由外部电源供电，在大多数情况下，外部电源将是电池管理系统的电子设备。必须验证电子设备的电流供应能力。在某些情况下，该电压源还定义了测量输出的满量程电压（即对于给定电流，输出电压是电源电压的恒定部分，而不是恒定电压）。这被称为比例传感器，可防止由于参考电压不同而引起的电流测量误差。比例感测技术通常是首选，因为它具有更高的准确度，并减少了对高准确度绝对参考的需求。由于电源电压也定义了缩放比例，因此应由稳定的精密基准电压源提供电压，并与接受外部基准电压的比例模/数转换器一起使用。最后，参考电压设备的电流供应能力必须足以驱动具有足够裕量的电流传感器。许多精密基准器件仅设计用于提供具有有限电流能力的模拟参考电压。

霍尔效应传感器的读数可能会被磁场干扰。霍尔效应传感器的安装必须保护其免受外部磁场的影响。

霍尔效应传感器有开环和闭环两种类型。闭环型在磁心周围包括一个额外的线圈。通过控制线圈中电流的大小和方向，磁心中的总磁通可以设置为零，而使电池电流产生的磁通为零，所需的电流大小与电池电流成正比。闭环传感器具有更高的准确度和反应时间，不易产生磁饱和，但体积更大、成本更高、功耗更大（由于需要驱动二次线圈）。两种类型都可以在大规模系统中找到应用。由于成本敏感性，汽车应用倾向于使用开环传感器。

霍尔效应传感器可提供单极性或双极性输出。单极性霍尔效应传感器将整个电流范围映射为一个正输出电压，而双极性霍尔效应传感器具有用于正电流的正电压和用于负电流的负电压。双极性霍尔效应传感器需要双极电源电压电路，而其他几种类型的控制电路通常都需要双极电源电压电路。

此外，霍尔效应传感器的输出应连接负载电阻，以确保满足最低负载条件（由传感器制造商指定）。这对于确保输出的稳定性是必要的。

大多数霍尔效应传感器都存在零偏移误差（有时称为"电偏移"）。可以将其定义为零电流流动时的传感器输出。该偏移量在整个电流测量范围内通常是恒定的，最好通过对电流测量值加一个常数误差来建模。该误差的符号可以是正号或负号。它随温度而变化，也可能随设备的不同而变化，并且随着时间的流逝，单个传感器也会随时间变化。当集成电流测量值用以评估电池荷电状态时，这种类型的误差会极大地导致测量误差。由于无论电流的方向如何，误差都具有相同的符号，因此在符号相反的电流期间不会消除误差。如果对包含这种类型的常加性误差的电流信号进行积分，则积分误差会随时间线性增加，对于运行周期较长的系统，即使很小的误差也会变得非常大。在连续工作状态下，这种类型的偏移误差等于0.001C的电流传感器（这是一个非常精确的传感器），在运行一周后会累积16.8%的SOC误差。

因此，在可能的情况下，希望在霍尔效应传感器中使用零漂移补偿和零电流消除。许多电池系统看不到与其负载设备的连续连接。当通过继电器或接触器断开电池时，无论电流测量如何，电流必定为零。因此，无论传感器信号如何，都应在电池管理系统内部将电流信号设置为零。同样地，这提供了一个机会来测量传感器的零偏移并调整后续测量以使用此新的零点。该值可在下一个操作周期内使用，以实现更好的性能。这将提供一定程度的温度补偿以及自适应校准，以解决传感器的老化问题。

其他类型的误差包括磁滞误差（由磁心的磁化引起）、增益误差（传感器的灵敏度在规定值和实际值之间的差异）以及非线性度（与电流和传感器输出之间线性响应的偏差）。磁滞误差和增益误差通常相对于零电流点对称（即误差的符号与被测电流的符号相同）。在这种情况下，如果电池的电流分布大致对称（相等的充电和放电时间长度、幅度大致相等），则积分误差的大小将相等，符号相反，并且往往会相互抵消。分析电流传感器误差时，应考虑电流分布中预期的对称度。增益误差也与电流成正比。不经常在电池峰值电流下运行的系统更能容忍电流检测中的误差。

对称电流曲线的示例包括混合动力汽车中的电荷保持驱动周期、频率调节或储能应用中的削峰。

非对称电流曲线的示例包括电池电动车或备用电源系统，它们通常充电比放电慢得多。

6.2.1.3 磁致伸缩传感器

与前面讨论的其他两个选项相比，磁致伸缩传感器是一种相对较新的技术。这些传感器根据磁致伸缩原理工作；电流会产生磁场，从而在材料中产生应变。用应变计测量应变，并且与电流有关。

6.2.2 电流感测

大量的重点放在用于将电流传感器的测量值转换成数字信号的模/数转换器的分辨率上。尽管这是一个重要的属性，但仍有许多上游决策会影响此度量的实际用途。

- 与电池管理系统的连接：在分流情况下，电流检测信号为低电压，必须将其连接至高阻抗输入。这种类型的连接对噪声非常敏感，应使用适当的屏蔽和接地技术进行屏蔽。
- 使用双绞线连接可最大程度地减小电流模式干扰。
- 确定转换器和传感器的带宽和采样率，以及负载电流的预期频率含量。应该使用一个模拟预滤波器来去除高于转换电路奈奎斯特频率的频率成分。
- 有源滤波器必须设计为零直流偏移。尽量地将换能器中的失调误差最小化是很容易的，只需通过在测量电路的滤波器和放大器级中增加直流偏置来重新引入相同的问题。
- 为电流检测电路考虑一个单独的精密电压基准。
- 如果可能的话，使用比例传感器和转换器消除参考电压误差。
- 测量电路，尤其是与分流器一起使用时，必须提供高共模抑制比。适当定位分流器以降低共模电压。

电流传感器可以在电池管理系统模块的内部或外部。如果它们在内部，则整个电池电流必须流过电池管理系统组件。在高电压和大电流的情况下，由于大电流痕迹和高压隔离所需的 PCB 空间，使用内部传感器可能效率低下。然而，包含传感器和分流器的小型 PCB 安装板可以提供非常紧凑的封装。

有时通过使用具有不同测量范围的多个传感器来解决在宽动态范围和长积分时间下保持良好积分准确度的问题。具有两个或多个范围的霍尔效应传感器可通过商购获得。当超出较小的范围的最大测量范围时，较小的范围就会饱和，然后使用较大的范围。应当注意低量程和高量程传感器之间的切换点。图 6.6 显示了用于电流分流器的典型接口电路。霍尔效应接口电路相似。

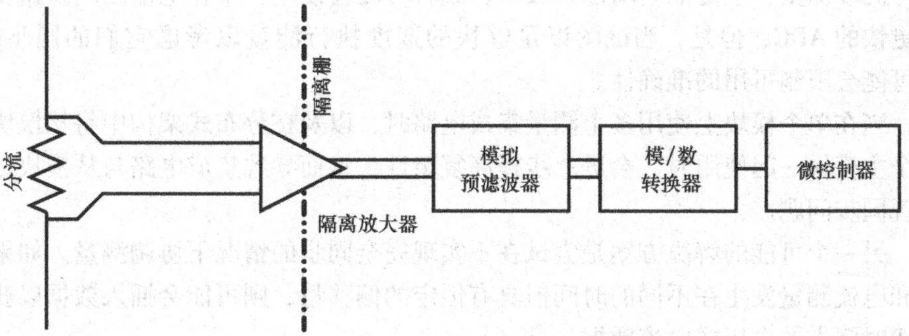

图6.6 电流测量电路框图

6.3 电流和电压同步

电流和电压测量的准确度和采样率很重要，但是了解两个测量之间的时域关系也很重要。

出于以后将更全面开发的原因，对于大型电池管理系统的许多高级功能而言，能够获得电压或电流的同步或协调测量非常重要。

测量电池阻抗需要确定电压和电流之间的瞬时关系，因此必须以某种方式协调电流和电压采样。

因此，所有测量设备必须及时确定。可以这样说明问题：设备必须接受外部触发信号进行测量，必须有最短的时间开始测量，并且必须有最长的时间结束测量。测量区间的总宽度必须足够短，以便在此期间可以近似地将被测量的量保持恒定。开始测量的最短时间必须足够短，以免降低系统的实时特性。

可以使用多种方法来触发测量。最简单的是使用电平或边沿起动测量时序的数字逻辑信号。一些设备将在控制该设备的串行通信流中，在命令消息的最后一位的最后边缘开始转换。如果已使用中断（在 I^2C 和 CAN 之类的总线中很常见）并以异步方式发送了此消息，这个边缘发生的时间可能很难确定，因为它不会在正常程序执行的给定点发生。可能需要详细的时序分析。

从概念上讲，最简单的方法是在时间上非常紧密地同步所有测量，以使差异可以忽略不计，并且所有测量都被认为是同时进行的。这种方法提供了最简单的软件解决方案。但是，在硬件实现上可能更具挑战性。许多电池测量 IC 供应商提供的 IC 可以在几微秒内完成所有电池测量，对于大多数系统而言，可以认为这是同时进行的。这些芯片可能会为每个单元使用一个模/数转换器（ADC）来进行同步测量，这可能会增加其成本，或者可能会使用一个在电池之间多路复用的更快的 ADC，但是，当试图以足够快的速度执行测量以考虑它们的同步时，这可能会限制可用的准确性。

当在单个模块上使用多个测量集成电路时，以及在分布式架构中将从模块与单个主模块一起使用时，会进一步提高复杂性，从而导致集成电路与从模块之间出现同步问题。

另一个可能的解决方案是尝试在不实现完全同步的情况下协调测量。如果电压和电流测量发生在不同的时间但具有恒定的偏移量，则可能会插入数据以获得中间时间点的电压或电流数据。

第三种可能性是允许异步进行电压和电流测量。由于不需要连续进行这两项测量的许多测量，因此，当同时进行电流和电压测量时，可以对单个电池进行机会计算。这不需要硬件或软件中的任何特殊工作即可同步测量。但是，需要对数据进行仔细的后处理，以识别在何处进行了同步测量。这可能不会高频率发生，从而为确定准确的电池状态提供足够的保真度，但它提供了一种简单的实现方式。

通常，测量电压通过通信总线以固定长度的数据包或消息形式传输。传输将在发出许多消息之后发生，并且可能在完成测量后以不确定的时间间隔发生。因此，消息到达接收设备的时间对于确定何时进行实际的测量并没有用。好的策略是将时间戳附加到从设备进行的测量中。可以在主设备上起动主时钟，并定期地将所有从设备同步到主设备。不必以从设备发送数据的时间间隔为绝对时间参考，并且时间间隔是可以变化的，只要满足主设备足够长的滚动计数器就足够了。如果同时或在很短的时间内进行所有的测量，则一个时间戳就足够了。如果以固定间隔进行测量，则可以使用开始时间（可能还有测量间隔）。主时钟和时间戳可用于同步在不同设备上进行的电压和电流测量，以确保准确的电池状态估计。

6.4 温度测量

电池性能和行为与温度有很大的关系。此外，防止在电池的安全温度范围之外操作也是至关重要的。由于这些原因，大多数电池管理系统将结合一个或多个温度测量值。

温度测量范围应涵盖电池系统中预期的最宽工作范围，再加上足够的裕度以应对在工作范围极限处可能出现的测量误差。大多数锂离子电池的最低工作温度在－30～－10℃之间，最高工作温度在45～65℃之间。

可以使用许多不同类型的传感器来测量温度。

热电偶在两种不同金属的结点上产生很小的电压，这取决于结点与金属体之间的温差。热电偶通常可用于测量较大的温度，并且经常在实验室应用中使用。由于信号极小且抗噪声能力较低，因此在嵌入式系统中的使用不太常见。热电偶也不经常在适合锂离子电池的温度范围内进行测量。由于这个原因，其他类型的温度传感器更为常见。

热敏电阻在包括汽车在内的许多行业中广泛用于带有嵌入式控制系统的温度测量。热敏电阻的电阻值随温度变化而变化，其特性如图6.7所示。它们具有不同的标称电阻（通常在25℃下引用）、不同的温度相关系数以及负温度系数（NTC）或正温度系数（PTC）类型。NTC热敏电阻的电阻值随温度降低而增加，而PTC热敏电阻的电阻值随温度升高而增加。

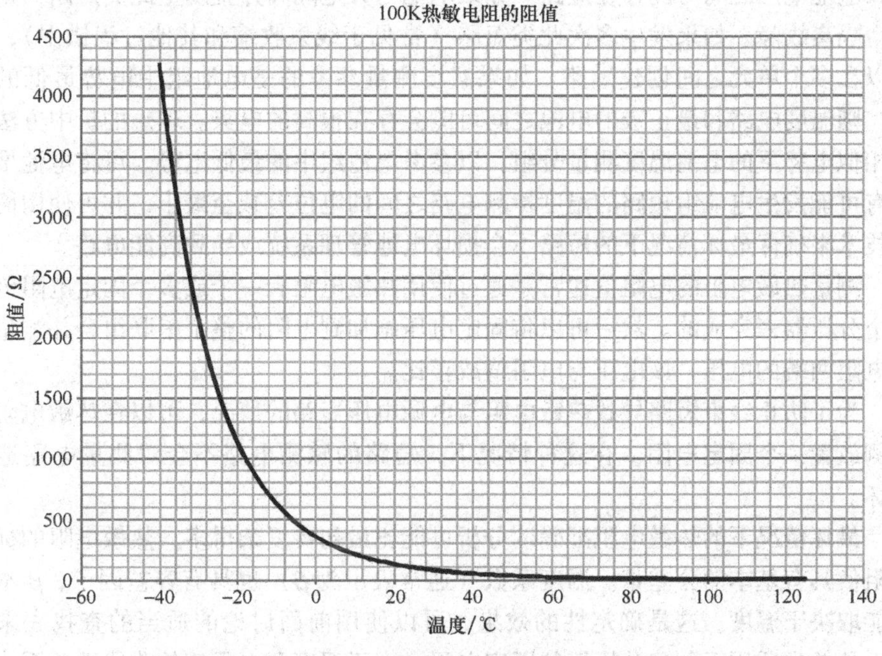

图6.7 100K NTC热敏电阻的电阻值与温度的关系

应该选择温度系数以针对所关注的测量范围优化热敏电阻。大多数锂离子电池不会在－30～－20℃下工作。50～65℃以上的温度被普遍认为过高。超出此范围的温度通常不需要很高的准确度，因为会抑制电池运行。在0℃以下的温度下，如果没有镀锂的话，许多电池将无法充电。在低于25℃的温度下，由于电池阻抗增加，充电和放电性能可能会降低。因此，优化测量电路以在－5～30℃

的范围内提供最佳准确度适用于大多数电池类型。

在目标温度范围内，热敏电阻的电阻值与温度之间的关系是复杂且非线性的。在许多应用中，热敏电阻的电阻近似为温度的线性函数。这会在准确性上产生重大损失。存在许多非线性的热敏电阻模型，但对于大多数电池管理系统应用，可以使用带有线性插值的简单一维查找表来提供可接受的准确度，而不必执行复杂的计算或依赖于数值模型。

选择 NTC 或 PTC 热敏电阻的后果，除了成本、性能和尺寸的标准工程约束之外，还受到解释极端温度值的方式的影响。由于锂电池有可能进入热失控状态并产生大量的热量，因此与非常低温的情况相比，它更有可能遇到（而且更重要的是要发现）高温偏差。

热敏电阻的参考电压是另一个考虑因素。由于热敏电阻位于非常靠近电池的位置，并且通常在同一导管和线束中布线电压和温度检测导线，因此温度检测电路和电池电压之间可能存在短路。如果电池与大地隔离并且发生此类短路，则会产生隔离故障。如果发生多次此类短路（常见于线束收缩和其他过程错误），则可以在多个单元之间创建短路。如果温度测量参考的是电池组中电势最低的电池，则温度电路和最正极的电池之间可能会存在很高的电势。理想的折中方法是将相似电势下的电池温度测量分组，以参考电池组中的最低电势。可将电池堆与最有可能发生电池组短路的温度检测电路之间的电位差减至最小，并可使用简单的技术来确保最坏情况下的短路不会损坏电池管理系统或导致高能电路。

测量热敏电阻的电阻值通常是通过使用热敏电阻和一个或多个固定电阻创建一个分压器来完成的。然后可以将固定电压施加到电阻的整个串联组合并测量热敏电阻两端的电压，该电压与电阻值成正比。

为了防止线束短路导致热敏电阻与电源电压短路的情况，可以在热敏电阻的两侧放置一个固定电阻。在这种情况下，短路的感测电路不会对测量电路造成损坏。

最坏情况下的热敏电阻准确度分析可能比最初要复杂得多。热敏电阻的标称电阻值具有基本的公差带。温度系数（通常表示为β）也具有容差因子，β本身可能取决于温度。这是确定性的效果，可以使用前面讨论的适当的查找表来补偿。公差也适用于创建分压器的固定电阻。由于温度和电阻值的非线性关系，电路的准确度通常会在感兴趣的范围内发生很大的变化。

如果热敏电阻的尺寸设计不正确，以至于在工作期间流过大量电流，它们可能会自行发热，从而导致读数错误。热敏电阻感测电路应确保将热敏电阻电流保持在最小值，以使自热忽略不计。

温度测量准确度具有许多要素，其中一些要素位于电子设备和传感器信号链的外部。请记住，传感器测量的是传感器的温度，但是电池管理系统正在尝试确定电池内部的温度。传感器的安装会影响电池盒外壳和传感器之间的热阻，从而导致测量错误。为了准确测量，需要良好、一致的接触，但这可能与电气隔离的需求相冲突。

根据电池的大小，电池本身可能会经历热梯度，特别是在使用主动加热和冷却的系统中。使用数值模型计算电池的 Biot 数值是确定是否值得关注的有效方法。低于0.1 的 Biot 数值表明可以假定电池的所有区域处于相同的温度。可以使用数值方法、计算机模拟或经验方程式进行计算。

温度传感器的位置也是一个重要因素。在大型电池系统中，通常会期望温度梯度。如果系统以较宽的坡度运行或在安全操作区域（SOA）的边缘附近工作，则未测量温度的单个电池可能会超过安全操作区域，而所有温度测量值仍保留在交流电内部可接受的范围。另外，如果电池发生自发的热事件，则传感器与该电池的距离越远，检测到高温的可能性就越低，检测时间就越长。

电池管理系统设计人员必须意识到这些热量限制，并且必须采取多学科的方法来获得令人满意的结果。必须有系统的验证方法。在温度测量的设计中，以下注意事项很重要。

• 电池系统中，被测温度最高/最低的电池与实际温度最高/最低的电池之间的最大误差是多少？这应在电池、环境温度负载和热管理输入（其中梯度最大）的极端情况下进行验证。

• 在最大热负荷下，测得的温度比电池芯温度低多少？在温度测量表明存在问题之前，电池的内部温度是否可能超过安全操作区域？如果存在这种情况，则可以通过将热量产生和排出的简单模型合并到电池管理系统中来改善性能。该模型可以在给定电池电流、电池电阻、散热和热容量的情况下预测电池内部温度。这种模型的长期准确度当然不能满足温度传感器的需求，但是在剧烈的热瞬变情况下，它可以提供比测量数据更准确的峰值电池温度估算值。

• 如果电池发生热失控，在检测到异常高温之前，最坏情况下需要多少时间？测量准确度随被测温度范围的变化而变化是可以接受的。在高温和低温下，电池性能已经受到限制，甚至完全无法发挥作用，而且高温保真度并不能带来太多的好处。

要考虑的一个重要情况是，单个电池（不一定是单个串联元件）就可能会发生内部短路，并开始温度升高甚至进入热失控状态。如果可以检测到这种情况，则可以采取许多对策。在大多数应用中，由于成本和复杂性，在每个单独的电池上放置温度传感器是不可能的，但是如果确定特定电池的准确度和位置并不重要，则可以使用许多成本较低的方法。在许多情况下，知道哪个电池已经达到很高的温度并不重要，只需要知道它已经发生了就行了。

在阈值温度附近电阻值增加显著的廉价 PTC 元件可用于检测高温电池。熔线在其熔点调整到与超温阈值相对应的温度的情况下，也可以使用。检测到电线上的开路表明电池已达到该温度。

使用并联安装的紧密匹配的二极管的技术也可以用于提供廉价的最高温度检测。根据公式，正向偏置二极管两端的电压降是结温的函数。如果将多个二极管并联放置，则最热的二极管两端将出现最低的电压降，从而可以通过一套非常便宜的传感器来测量最高温度。

此方法可能对热点检测有用，但有许多缺点，特别是目标温度之间的二极管电压差异非常小，需要精确测量，并要特别注意由于连接器、走线和导电路径的其他组件而引起的其他电压降。

6.5 测量不确定度和电池管理系统性能

工程系统中的所有测量都包含一定程度的不确定性。应将最大可接受误差确定为系统要求的一部分。应将使用规定的元件公差和极限值进行最坏情况的电路分析作为实施和验证过程的一部分。应该对最坏情况电路分析的输出提供所设计硬件功能的完整的工程分析。最好在超过预期的温度范围和其他环境变量的工作范围的条件下，对许多样品设备进行测试，以表征典型的测量误差。掌握了典型和最坏情况下的测量误差的情况下，系统设计人员可以着手确保测量误差的影响对损害电池管理系统的性能方面是在可接受范围内。

6.6 互锁状态

许多在危险电压下运行的电池系统都采用了互锁系统。互锁的目的是确保在给导电部件通电之前，使处于危险电势下的人员与导电部件（电线、母线、端子）隔开的屏障保持完整。互锁功能对于最大程度地降低电击风险至关重要。由于电池是电能来源（但通常不是唯一的能源），因此电池管理系统经常监视互锁的状态，以确定是否应采取措施。互锁环路的设计方式是，如果绝缘屏障受损，那么环路信号源和检测器（接收器）之间的导电路径会被中断。如何完成此操作的示例包括以下两个方面：

- 卸下门、盖或面板即可激活开关，以方便接触载流部件。
- 高压连接器未配对时，高压连接器中的其他低压端子将断开连接。这些端子应采用先断后合的设计。

互锁环路应通过所有设备和互连来保护所有合理的接入危险电压的点。

互锁环路的操作原理很简单，但是由于其关键性质，应注意避免可能导致电池系统无法操作（在错误的“开路”情况下）或对人员的保护降低的故障（在错误的“完整”的情况下）。

环路可以具有单个信号源和接收器，也可以使用多个信号源和接收器。如果环路使用单个信号源和接收器，则可以将它们放置在同一设备或不同设备上。分别放置信号源和接收器可提供连接所有组件的最短和最简单的路径，但会带来许多麻烦。如果信号源已知，则可以收紧完整环路的检测阈值。如果将同一设备用作信号源和接收器，则信号源的测量会容易很多。

第 7 章 控　制

7.1　接触器控制

在许多系统中，接触器控制具有重要功能，必须认真执行。接触器（见图7.1）和断开相关的硬件形式构成了保护电池系统的最后一道防线，并且在每次电池系统投入运行时也会使用接触器。如果接触器无法正常工作并且无法断开电池连接，那么防止过度充电和过度放电的重要方法就失效了。

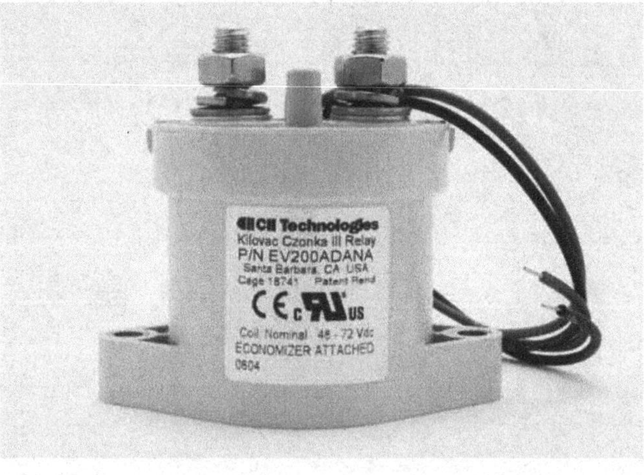

图7.1　大型电池接触器（由泰科电子公司提供）

大多数电池管理系统都需要诊断接触器故障，包括无法打开（在某些情况下触点可以焊接）和无法闭合的接触器。某些接触器在吸合和保持时需要不同的电流水平，而在闭合后降低电流的“节能”功能通常是电池管理系统所需要具备的。

接触器和继电器是机电开关，其中电磁线圈由低功率电路通电以机械地闭合高功率电路的触点。与固态半导体开关相比，由于物理分离了初级和次级电路，接触器提供了可靠的隔离，高水平的放大（非常小的线圈驱动功率可用于切换非常大的电流和电压），并且不需要电平转换和栅极驱动电路。与半导体开关不同的是接触器总有一些漏电流并且通常有更高的导通电阻，在闭合状态下电阻很低，断开状态下电阻很高。

直流电路的接触器是专门设计用来熄灭电路断开时可能形成的电弧，特别是在感性负载下。接触器通常是高度可靠的，但是它们确实有一些敏感性，系统设计者必须意识到这一点。因为接触器系统的主要功能是在需要时将电池连接到负载或从负载上断开，所以最关心的故障模式是接触器无法闭合和无法断开。

在许多情况下，将接触器短路会导致次级触点的焊接。电容性负载会发生这种情况，其会在接触器关闭时产生巨大的浪涌电流。

如果接触器暴露在高于额定电流的条件下，也可能发生接触器的焊接，从而在电磁线圈仍处于通电状态时将触点断开，这会立即迫使触点再次闭合。

控制电路不稳定会导致接触器线圈快速闭合和断开（有时称为“颤振”）。触头彼此弹跳经常导致触头焊接。如果线圈电流没有足够快地归零，则触点也会焊接，从而形成“软”断开状态，在断开过程中触点会重新闭合。

焊接而无法断开的接触器会造成潜在的危险情况。可能无法断开电池与负载的连接，这意味着无法切断电流，并且电池管理系统也无法再防止过度充电和过度放电的危险。断开电池连接后，通常预期处于安全状态的连接可能始终保持带电状态，从而可能导致潜在的电击和火灾危险。

同样有问题但危险性较小的是接触器无法闭合。这将阻止电池与负载的连接，并使系统无法使用。

接触器可能因过载（长期过载或短路）而受到损坏。过电压还会导致过多的电弧能量，并可能导致接触故障。高温会导致接触器由于电枢的热损坏而无法闭合。

所有的接触器均具有最大额定寿命。这些寿命将考虑接触器在各种断开状况下可以承受的最大循环次数。在大电流下断开接触器会大大地缩短其使用寿命。

接下来将讨论解决所有这些潜在的接触器损坏原因的方法。

7.2 软起动或预充电电路

许多电池管理系统需要控制具有软起动功能或预充电功能的电路，以允许将电池连接到较大的电容负载。如果电池直接连接到未充电的电容性负载，则涌入电流将仅受电池负载和互联的内部阻抗的影响，这通常不足以防止很大的潜在破坏性电流。

这种不受控制的软起动方法可能会导致接触器触点焊接，因为触点会在较大的电压下闭合并承受非常大的电流。在闭合过程中，即使触头两端的电压适中，额定电流和工作电压较高的接触器也容易受到此类损坏的影响。因此，接触器应在较小的电压下闭合，并且直到触点完全闭合后才应流过电流。

解决此问题的最常用方法（见图 7.2）是使用一个软起动电路，该电路包括一个电阻与一个附加继电器或接触器串联，并联安装在一个主接触器上。

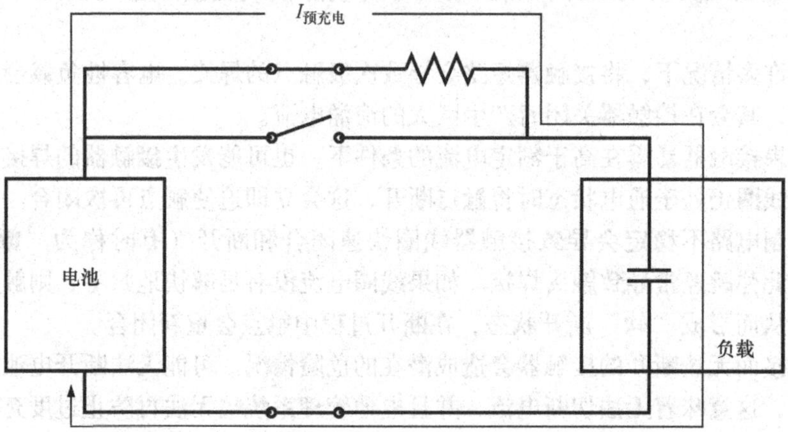

软起动或预充电电路可避免在连接电池时将大浪涌电流排入放电电容负载

图 7.2　软起动电路原理图

当电池连接到负载时，适当的接触器会闭合，以通过预充电电阻器与负载建立连接，从而将电流限制在 $V_{batt}/R_{precharge}$，并使电容性负载上的电压呈指数上升。当负载上的电压足够高时，可以忽略主接触器两端的电压，则可以闭合主接触器，有效地使预充电电路短路。然后可以打开预充电接触器，并将电池连接到负载后准备运行。

确保预充电完成的最基本方法是简单地确定接触器的激活顺序，以便预充电在闭合主接触器之前，电路会闭合一段适当的时间，以使负载电容器完全充电。尽管这种方法很简单，但它有很多缺点，因为它不允许进行任何故障检测或诊断，也不能潜在地解决负载两端的电阻、电容或泄漏电流的意外变化。同样地，在关闭预充电接触器后的给定时间内，主接触器两端的电压差将取决于电池电压。这些影响中的任何一种（其中一些都会随着组件的老化而自然发生）可能导致主接触器闭合而产生大的浪涌电流，从而可能导致灾难性的后果。因此，通常需要对此功能进行更多的注意。

最直接的方法是简单地测量负载电压并将其与电池电压进行比较。这将确定接触器端子之间的电压。当电池电压和负载电压之间的电压差小到足以操作接触器而没有任何损坏时，应闭合主接触器。这将解决由于电池电压的正常变化，可能导致的故障产生，例如负载电容和预充电电阻的变化，并处理负载电容器两端的小电导。

如果在预充电过程中负载汲取了大电流，则负载电容器将永远不会完全充电或充电非常缓慢。在预充电期间产生的任何电流都将流过预充电电阻，该电阻的大小通常仅适用于浪涌应用，并且在预充电期间的短时间内无法承受较大的负载电流。良好的预充电控制序列将验证负载电压以正确的速率上升，并且如果负载电压上升太慢或没有足够快地达到所需电压，则打开预充电接触器以中止该序列。通过防止快速连续尝试多次预充电来限制预充电电阻器的占空比也可能很重要。这些控件将保护预充电电阻免于因过热而损坏。图 7. 3 显示了预充电过程中的电压、电流和功率。

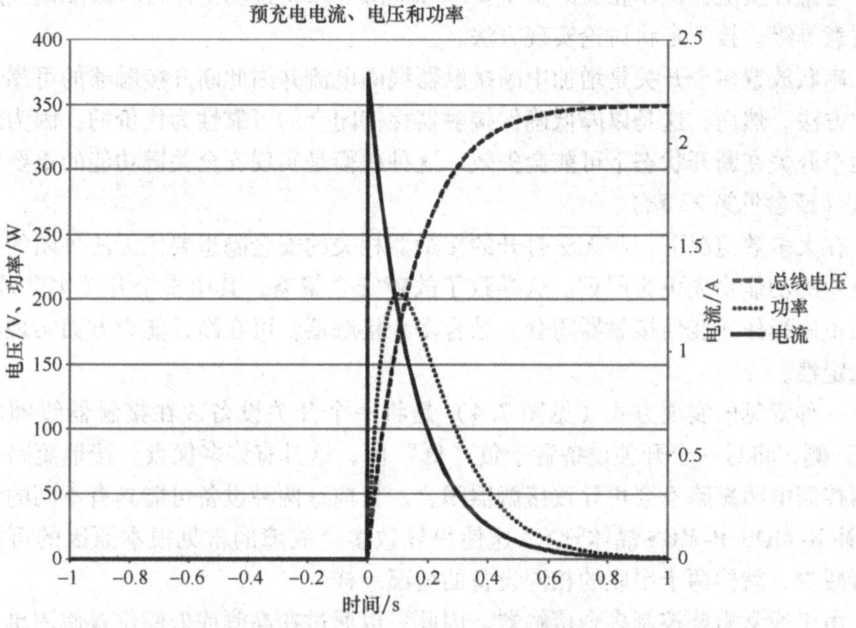

图 7. 3 预充电过程中的电压、电流和功率

负载电容的值可能会发生很大变化。许多电容器具有宽容差范围，尤其是考虑到器件老化和温度影响时。另外，许多设备可能需要来执行“热起动”，其中期望电池在负载电容完全放电之前重新连接到负载。在这种情况下，需要修改电压/时间关系的可接受范围，以解决部分充电的负载的问题。

如果负载电压迅速升高，则可能表示未连接任何负载，或者电池可能以非预期方式工作。在某些应用中，这可能是不希望的，因此也应结束预充电序列。

7.3 控制拓扑

基于前面讨论的原因，必须使电池系统能够从负载上断开电池的连接，以防止发生危险情况。由于控制接触器的开关设备可能会在不同模式下发生故障，包括开路、短路或介于两者之间的任何位置。

在开发接触器控制电路的原理图和布局时应解决的主要故障模式为：

- 防止导致接触器从断开到闭合的故障。
- 防止导致接触器从闭合到打开的故障。
- 防止会导致电池在放电的电容性负载之间连接的故障。

与意外接触器操作相关的安全要求和危险等级将推动上述每种故障模式所需的注意等级。接下来将讨论实现方法。

串联放置多个开关是增加中断接触器线圈电流并因此断开接触器的可靠性的有效方法。然而，这是以降低确保接触器保持闭合的可靠性为代价的，因为现在有两个开关在断开状态下可能会失效。这种权衡是实现安全关键功能的重要考虑因素（请参见第 22 章）。

在大多数情况下，与无法打开的接触器相关的安全隐患要比无法关闭的接触器发生的功能丧失更为严重。这导致了故障安全策略，其中多个开关串联放置，必须正确操作才能使接触器闭合。结合多个接触器，可在断开能力方面实现高度的稳定性。

一种常见的实现方式（见图 7.4）是将一个开关设备放在接触器线圈的正“高”侧，将另一个开关设备置于负“低”侧，这具有许多优点。接地短路或接触器控制电源短路不会再导致接触器闭合。目前这两种设备可能具有不同的设计（互补 N-MOS/P-MOS 晶体管），这使得导致多个故障的常见根本原因的可能性有所减少，就像两个串联的相同设备的情况一样。

由于通常需要控制多个接触器，因此可以通过在高侧或低侧位置使用单个设备来控制所有接触器，并结合位于另一侧的独立设备来单独控制每个接触器，从而降低复杂性和成本。

除了这个重要的功能之外，由于接触器吸合和保持电流的大小，接触器控制通常是必须由蓄电池管理系统控制的较大负载之一。

许多应用都需要使用所谓的智能半导体开关（通常称为高端驱动器或低端驱动器）进行接触器控制。这些开关包括防止短路、过热、静电放电（ESD）

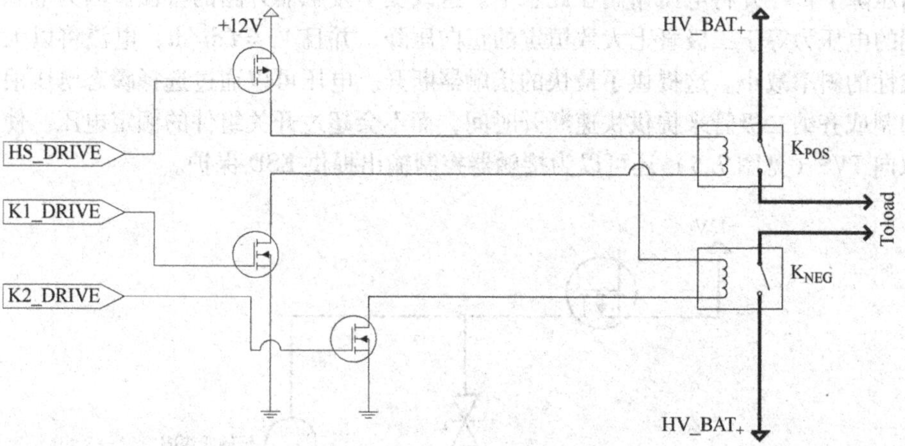

图 7.4 双接触器驱动电路原理图

和过电压的保护，并且无需外部组件就可以消除电感性开关负载。半导体开关中的这些类型的故障可能导致短路情况下的故障。

7.4 接触器分闸瞬态

继电器和接触器的机电特性意味着它们是感性负载，当接触器闭合时，其内部磁路中具有大量的能量存储。如果没有适当地耗散，这种能量会损坏开关电子器件，并会增加接触器断开时间。由于电弧持续时间延长和触点腐蚀增加，增加的断开时间会损坏接触器。

使用标准的续流二极管将保护开关电子设备免受损坏，但是接触器线圈中的能量仅通过接触器线圈、二极管和相关互连的内部电阻来耗散。这有效地导致了*RL*（电阻器-电感器）电路的电流呈指数衰减，因此将显著延长接触器的断开时间。二极管应具有低的正向压降和快速但“软”的反向电压恢复特性。肖特基二极管通常是完成此任务的理想选择。

电阻器可与续流二极管串联以降低电路的时间常数。电阻将耗散接触器线圈能量，并应为此应用提供适当的功率/能量等级。由于它是浪涌应用，因此将电阻器的连续功率额定值与电阻器中预期的峰值功率相匹配可能会导致设备很大。但是，如果电阻器无法连续工作，则必须注意确保接触器的反复循环不会损坏电阻器。

更好的选择是在续流电路中使用瞬态电压浪涌抑制（TVS）或齐纳（Zener）二极管。TVS/Zener二极管将允许一定量的反电动势（EMF），但将在规定的正向压降下传导并将电压钳制在此水平。这改变了接触器开路的特性。因为电感两端的电压为等于二极管上大致恒定的正向压降，并且 $V_L = L\mathrm{d}i/\mathrm{d}t$，电流将以大致线性的斜率减小。这提供了最快的接触器断开。电压可以通过选择瞬态电压浪涌抑制或齐纳二极管来提供快速断开时间，而不会超过开关组件的额定电压。使用双向 TVS（见图 7.5）还可以为接触器控制输出提供 ESD 保护。

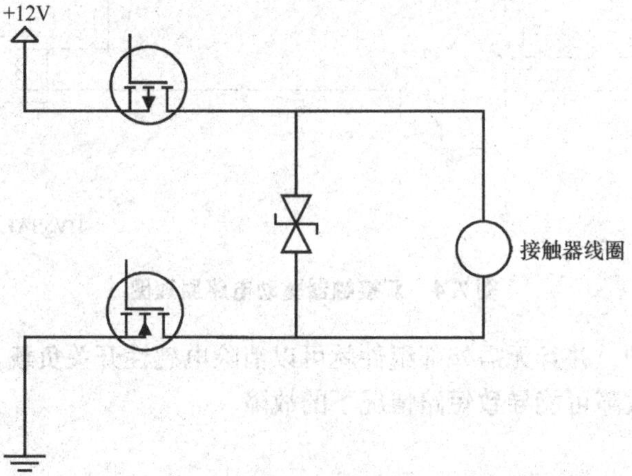

图 7.5　用 TVS 二极管抑制接触器 EMF

7.5　颤动检测

接触器“颤动”或接触器电枢的反复打开和关闭可能有多种原因，其中浪涌电流过大和接触器焊接这两个原因，几乎总是导致接触器损坏，从而造成不安全条件。应使用可靠的方法来防止发生颤动，以确保不会发生这种情况。

由于接触器提供的负载曲线与激活它的电源之间的动态交互作用，因此会产生颤动。

控制电源电压低会导致接触器颤动。确保接触器闭合的最低电压应由接触器供应商提供，并应在预期的全部工作温度范围内通过测试进行验证。应增加安全裕度，以解决接触器控制电压测量中的误差。还建议使用磁滞带，以确保电压在足够长的时间内上升到可接受的水平，以防止接触器在临界状态下动作。

接触器颤动的另一个可能原因（即使电源电压足够）是通过接触器线圈的高阻抗电流路径。发生这种情况的原因可能是半导体开关出现故障，导体尺寸不佳，线束或连接器有缺陷，或者是高阻抗电源。这可以产生足够的电压来激活接触器，该电压会由于接触器的浪涌电流而迅速下降，导致接触器断开，从而减小浪涌电流并恢复电源电压，最终导致振荡。

如果选择的接触器在完全控制电源电压下工作，则必须采取许多预防措施。首先，必须限制可接受的电源电压范围，以确保在触发接触器之前为电池管理系统提供足够的电压；其次，必须对接触器控制电路中存在的压降进行分析。通常，这由高端和低端控制开关的导通电阻决定，但如果使用的话，可能包括连接器、PCB 走线和电流感应电阻。此分析必须表明，接触器将连接到足够高的电压以正确闭合它们。在多个接触器共享驱动电路的某些组件的情况下，所考虑的最坏情况必须包括保持电流和引入电流的最坏情况组合。通常好的做法是限制同时闭合的接触器的数量，以减少峰值电流和电压降并降低发生颤动的风险。接触器的激活可以错开，以便高浪涌电流不会重叠，并且对电池功能的影响很小。

使用额定电压低于标称电源电压的接触器，允许使用简单的降压转换器或 PWM 驱动电路，以确保尽可能低的电源电压仍可为接触器充分供电。另一种选择是使用 buck-boost DC-DC 转换器。这样可以防止由于低电压而导致颤动或接触器无法起动，但会增加成本和复杂性。这两种解决方案都增加了电磁干扰的风险。

由于施加物理振动或冲击，某些接触器可能会机械颤动，从而导致机械地打开接触器的电枢。然后，接触器通常会立即再次闭合。如果触点之间存在电压差，这通常会导致触点焊接。接触器损坏可能还有其他内部机械或电气原因引起颤动。在这些情况下，检测与闭合相关的电流瞬变可以防止永久性损坏或危险情况。

对于带有辅助触点的接触器，如果辅助触点显示间歇性连接，则可能会检测到抖动。这可能是由于接线不当或其他系统故障而引起的，并导致错误的诊断。

动态测量线圈电流是防止接触器颤动的有效方法。如果由于上述任何原因而检测到与接触器重合闸相关的浪涌电流，则可以在颤动造成重大损害之前关闭接触器。为了使这种方法有效，应该以足够的准确度测量电流，以确定是否发生浪涌，并且采样频率应足够频繁，以便可以动态分析整个接触器闭合事件。在整个关闭过程中，至少应获取 10 个采样点。

接触器的恒定电流将随接触器的温度而变化，这将受到环境温度的影响，并且在大多数情况下会因接触器线圈电流而随时间自加热。如果使用简单的最大阈值检测颤动瞬变，则需要谨慎。可能需要使用适应稳态电流变化的动态调整的检测范围。

闭合瞬变只应在响应闭合接触器的命令时发生。如果在另一个时间检测到闭合瞬变，则可能会导致接触器颤动。打开接触器驱动电路将最小化或防止抖动。然而，如果颤动检测电路错误跳闸，则在电池系统运行时接触器将断开：这是非常不希望出现的结果。

7.6 节能器

与保持触点闭合相比，大多数机电继电器需要更大的电流来闭合接触器。这是由于接触器线圈的感应效应以及由于接触器内部电枢移动而产生的瞬变机电效应的结果。在接触器闭合之后，使用一种称为节能器（有时称为线圈节能器）的电路来减少接触器线圈的电流供应。在某些情况下，节能是可选的，以减少功耗并由于减少的热量而提高接触器的可靠性，而在其他情况下，则需要防止接触器因热应力而损坏。

通过以脉宽调制模式操作开关晶体管，可以使用简单的斩波策略来节省接触器。最简单的方法是使用开环 PWM 控制为接触器线圈提供可变电流。可以使用简单的时序在接触器闭合时控制电流。但是，该策略未考虑接触器电流的变化或与温度相关的接触器闭合要求，因为线圈电阻增加，需要更高的电压来实现吸合并保持接触器闭合。节约成本的接触器可能没有足够的保持力，并且在振动下会断开，而节约成本的接触器可能会过热。

节能器也不得干扰快速断开的要求，以允许接触器快速打开。

PWM 节能器是电磁干扰的潜在来源。PWM 信号的频率分量将决定辐射和传导发射的频率和幅度。这不仅涉及基波（开关频率），而且还涉及 PWM 信号的边沿速率。快速边沿速率具有高频成分，会增加发射发生的幅度和整个频率范围。

如果需要节能器来防止接触器过热，则接触器线圈电流测量策略可有效地检测出无法实现节能器的接触器以及其他节能器故障。

7.7 接触器拓扑

许多电池系统涉及使用多个接触器以改善安全性和功能性。由于电池管理系统检测到的最严重故障的反应将是断开接触器以保护电池系统，因此可靠的断开手段至关重要。

最小断开拓扑是在电池组中安装单个接触器（见图 7.6）。接触器可以位于正极、负极或中间包装位置。这将断开电池连接，但不会将电池单元与负载完全隔离。如果接触器被焊接，则电池将保持永久性连接至负载，而无法二次断开。

这种布局可能没有软起动功能。这种布局虽然成本最低，但安全性和功能性也最低。如果将电池系统以最低电位接地，则在正极端子上使用单个接触器是较安全的选择，因为负极端子不会造成严重的电压危害。

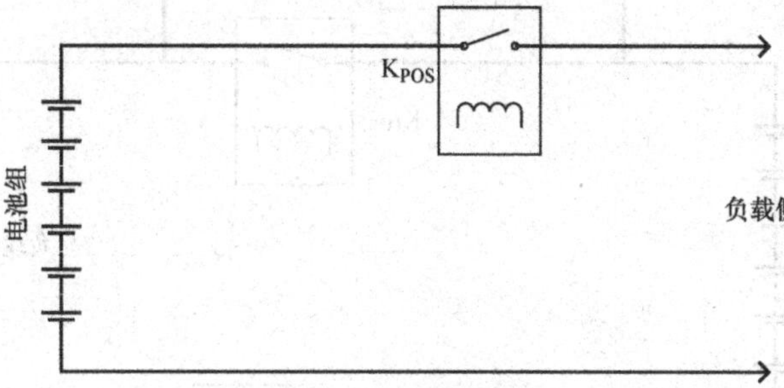

图7.6 单正接触器

许多电池系统在两个电池端子上都使用一对接触器（见图7.7），尤其是在电池组与地面完全隔离的情况下（如大多数电动汽车）。当两个接触器都断开时，这提供了与负载和潜在接地故障的完全隔离。如果一个接触器被焊接，则第二个接触器可以提供一种有效的隔离方式。

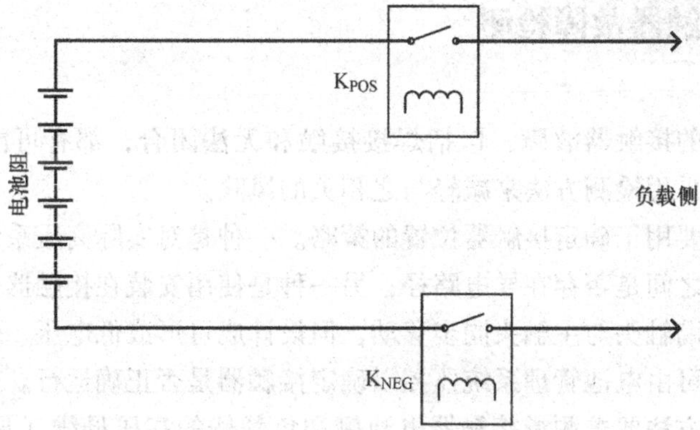

图7.7 双接触器布局

接触器可以位于中间包装位置。如果将电池组分成两半，则可以使用一对中型接触器（可以一起操作或分别操作）为子组提供有效的断开装置。

为了实现软起动功能，通常会增加一个附加接触器（见图7.8）。该接触器与一个电阻器并联安装在一个主接触器上，该接触器通常较小，在闭合时可能呈现不同的瞬态特性。预充电/软起动接触器可以位于电池系统的正极或负极上。

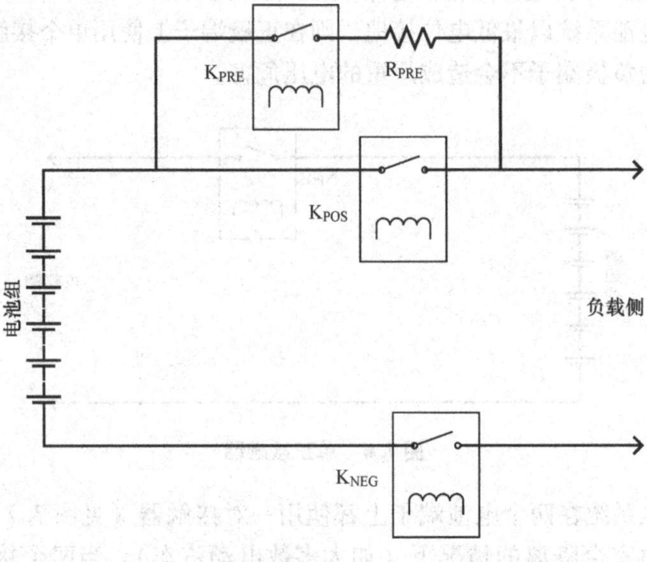

图 7.8　正/负/预充电接触器布局

7.8　接触器故障检测

前面讨论的接触器故障，包括焊接接触和无法闭合，都有可能产生危险状况，通常需要采用检测方法来减轻与之相关的风险。

有两种主要用于确定接触器位置的策略。一种是对实际高压系统进行测量确定接触器两侧之间是否存在导电路径；另一种是使用安装在接触器中的辅助触头的位置，该辅助触头与主触头同步移动，但设计成可形成低电压、低电流的控制电路，该电路可由电池管理系统监控以确定接触器是否正确运行。

高压测量方法要求测量接触器电池侧和负载侧的高压母线（见图 7.9）。如果系统要求将此测量用于其他目的（这是经常的情况），则这并不构成新的要求。该方法可以确定地表明接触器上是否存在导电路径，因此，无论接触器的状态如何，都可以可靠地检测出焊接或断开的接触。有一些挑战将被讨论以确保使用容性负载可获得可靠的结果。辅助触点的主要缺点是增加了接触器的成本，并需要额外的数字输入来监视其状态。从辅助触点的测量状态不能可靠地指示主触点状态的情况下，还会产生新的故障模式。如果辅助触点由于过大的电流而燃烧或由于氧化而没有闭合（许多辅助触点为“湿”触点，闭合时需要最小电流），或者是由于布线故障或接触器损坏，则会发生这种情况。

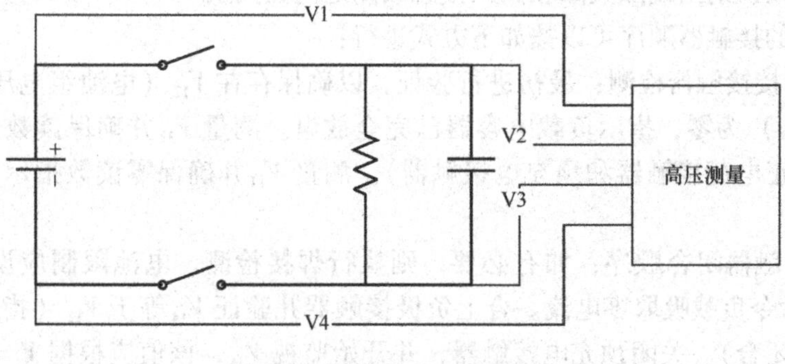

图 7.9 故障检测的测量拓扑

通常，辅助触点策略需要额外的输入和接线，并导致与辅助触点操作不当相关的更多故障模式。高压测量方法可以直接检测接触器电路的当前状态，并且具有更高的容错能力。

考虑在电池的负极和正极使用接触器的两接触器拓扑。在这种情况下，需要四个高压测量位置来提供接触器故障检测，其中两个用于电池电压，另外两个用于负载电压。

触点焊接通常在接触器闭合期间发生，但也可能在接触器保持闭合状态下发生。接触器焊接测试应在系统起动时（以确保在制造或维修过程中未安装有缺陷的部件）以及尝试打开接触器之后执行。

接触器焊接故障可能是间歇性的，因为在运输系统进行维修期间可能会因机械振动或冲击而释放轻微的“黏性”焊接。曾经焊接过的触点通常会表现出更高的再次焊接敏感性，因此可能需要禁用电池系统，直到更换接触器并清除故障状态，而不是在不再检测到焊接条件的情况下使系统恢复正常工作。

如果在具有冗余接触器的系统中起动时检测到单个焊接接触器，则可能不会立即出现安全问题，但可能无法在保持软起动功能的同时闭合接触器（例如，对于 POS-NEG-PRE 拓扑，如果正接触器被短路）。如果无法维持适当的软起动，则负载装置可能会受到严重损坏并可能引起火灾，并且在任何情况下均不应将电池连接到负载。如果发生第二次接触器焊接故障，则电池将永久地连接到负载，并且电池的端子始终带电。在大多数情况下，应禁止使用单个焊接接触器操作电池，直到修复故障为止。至少应将服务需求告知系统操作员，以便快速修复接触器系统。

接触器无法闭合可能是由于线束故障、内部接触器线圈断路、触点损坏或高压端断开。无论接触器是否闭合，或者电池管理系统是否正在主动监控系统，这些故障都可能随时发生。因此，应在发出命令关闭后以及运行期间检查已命令关闭的接触器是否确实已这样做，以确保它们保持关闭状态。将此与线圈电流测量相结合可以识别出线圈故障和高压接触故障之间的区别。

典型的接触器顺序可以按如下方式进行：

• 焊接接触器检测：最初进行验证，以确保存在 V_{12}（电池组电压）和 V_{34}（负载电压）为零，指示负载电容器已完全放电。测量 V_{32} 并确保读数为零（指示未焊接正电荷接触器和预充电接触器）。测量 V_{14} 并确保零读数指示负接触器未焊接。

• 接触器闭合顺序：如有必要，则执行焊接检测。电池限制应设置为零，并/或应命令负载吸取零电流。合上负极接触器并验证 V_{14} 等于 V_{12}（指示负极接触器正确闭合）。关闭预充电接触器，并开始监视 V_{34}，该值应根据 $V=...$ 指数增长。如果 V_{34} 不在期望的公差范围内上升，或者 V_{34} 没有上升到 V_{12} 的 $V\Delta C_{max}$ 范围内，则应中止关闭顺序。在某些情况下，如果负载电压立即上升，则该顺序也应中止，因为这表明未连接正确的负载。当 $V_{34} > V_{12} - V\Delta_{max}$ 时，正极接触器可以闭合。预充电接触器可以留出足够的时间以使正极接触器物理闭合后立即打开。

第 8 章 电池管理系统功能

8.1 充电策略

在许多大规模应用中，电池管理系统至少部分负责控制电池的充电。控制权限可以是以电池管理为中心的观念，即电池管理系统决定所有充电指令，电池充电器只执行所需的电力转换；也可以是以充电器为中心的观念，即电池管理系统开启充电器，然后在充电过程中由充电器负责大部分的决策。

电池管理系统必须做出的重要决策包括：优化系统使用效率（更快的充电可以使系统更快放电）的充电倍率、电池的寿命、整体效率、何时停止充电等。

8.1.1 恒流/恒压充电方法

恒流/恒压充电（见图 8.1）通常被认为是锂离子电池充电的首选方法。按照这种方法，电池应该在恒流状态下充电（依据特定电池、温度和其他因素），直到达到充电截止电压。当达到该电压时，切换到恒压充电，此时电流随着电池充电逐渐变弱。当电流逐渐减小到预定水平时充电完成。

虽然这种方法对单个电池的充电是有效的，但在对大规模系统充电时存在许多局限性。大多数大规模电池组采用一个充电器为所有电池充电。因此，不可能控制施加在单个电池上的电压或电流。唯一可能的电压控制是整个电池组的电压。此外，单体电池可能处于不同的荷电状态，这意味着单体电池将在不同时间达到截止电压，因此每个电池需要不同的电流。

基本上，恒流/恒压法不能直接应用于大规模电池组。要想取得成功，需要一种与以往不同的方法控制充电。

因为大多数化学反应的电压曲线在 SOC 接近 100% 时斜率很大，所以需要精确的电压调节以防止过度充电发生。正如前面所讨论的，即使是轻微的过度充电也会造成危险情况。

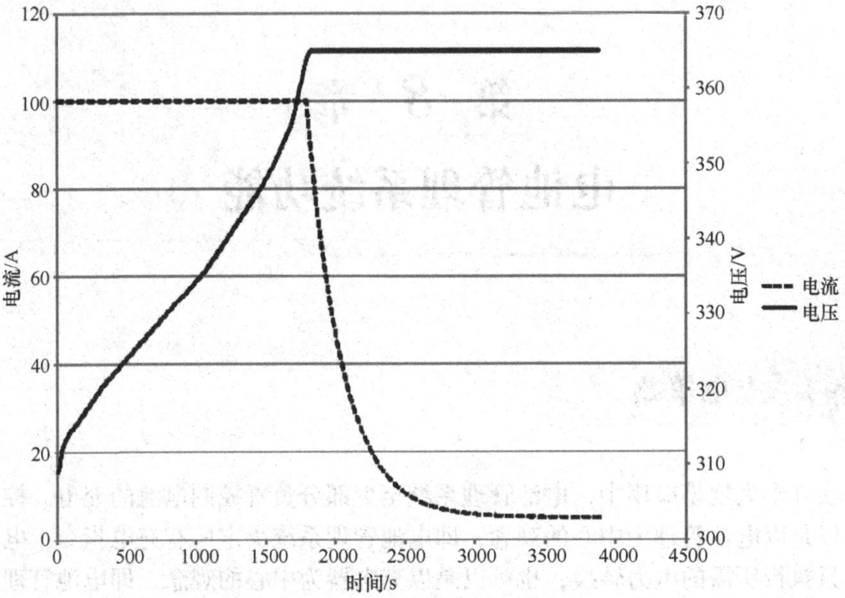

图 8.1 恒流/恒压充电方法

8.1.2 目标电压充电方法

目标电压充电方法（见图 8.2）可用于大规模电池组的近似恒流/恒压充电，而无需精确的电池动力学模型，同时可避免过度充电。选择略低于推荐恒定电压的目标电压作为初始目标电压。电池组以电池充电器的最大容量或电池的最大推荐充电电流（以较低的为限）充电，直到电池组的最高电池电压达到目标电压。然后减小电流增加目标电压并重复这个过程。目标电压应逐渐接近恒定电压（成功地采用了“一半最终恒定电压”策略），且电流逐渐减小。

如果目标电压非常接近最终的恒定电压，当达到目标电压时电流没有足够地减少，电池电压可能会超过恒定电压，造成轻微的过度充电状态。这可以通过将电流削减到接近零以实现暂停，并允许电池电压在恢复充电前稍微释放来防止过度充电。

8.1.3 恒流充电方法

对于许多简单的电池系统，电池充电是在恒定电流下进行的。这在低成本、高功率电子产品的应用中并不常见，但变目标电压法可以在没有电流调节的情况下，为锂离子电池系统安全充电。图 8.3 显示了恒流充电方法。

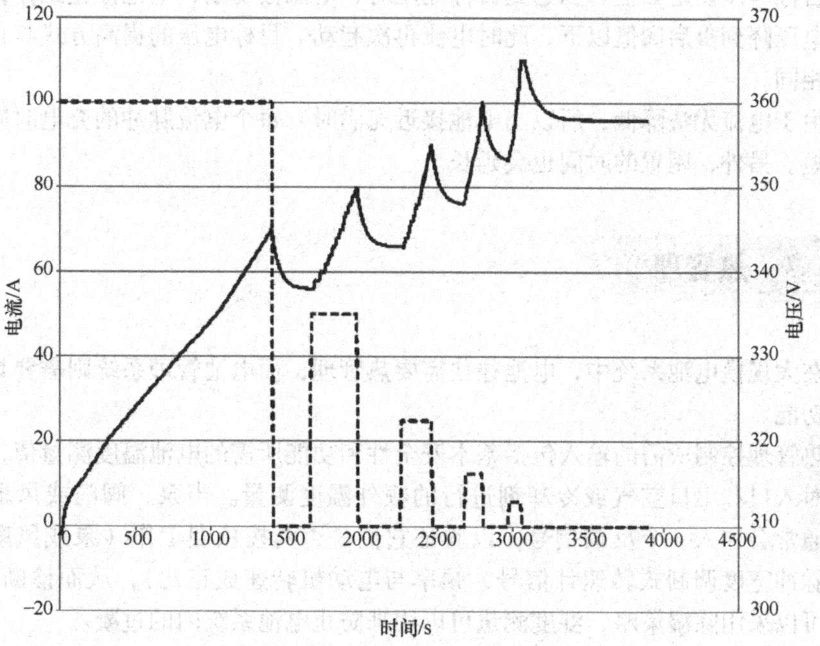

图 8.2　目标电压充电方法

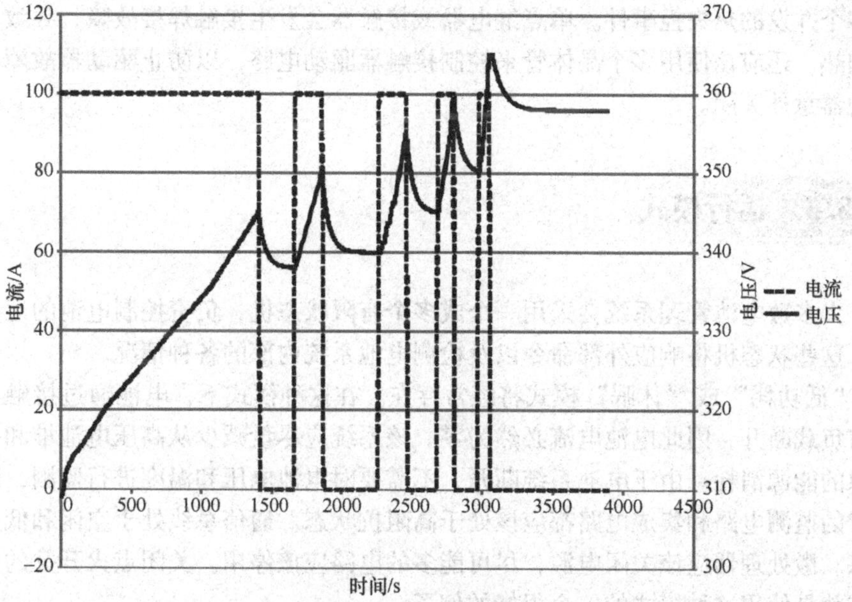

图 8.3　恒流充电方法

目标电压设定如上。当达到目标电压时，电流被切断，电池停止工作，直到最大电压降到重启阈值以下，此时电流再次起动。目标电压的提高方式与目标电压法相同。

由于电流无法降低，所以当电池接近充满时，每个电流脉冲的充电时间会依次变短。另外，闲置的时间也会延长。

8.2 热管理

在大规模电池系统中，电池往往需要热管理，而电池管理系统则需要具有热控制功能。

热管理控制所需的输入包括基本安全性和功能所需的电池温度测量值，以及可能对入口和出口空气或冷却剂进行的额外温度测量。当泵、阀门或风扇受控时，通常会加入一个反馈信号，以验证它们是否能按预期工作（泵或风扇通常采用脉冲宽度调制式转速计信号，频率与电动机转速成正比），从而诊断故障。如果可以采用除湿策略，湿度测量可以用来防止电池系统内的过凝。

当涉及电池加热时，需要保证多重安全，以防止加热元件导致电池进入热失控状态。这是一个非常危险的情况，因为过热将在整个电池组内扩散，并可能导致多个并发的热失控事件。单点继电器或接触器会发生接触焊接故障，导致不间断加热。还应该使用多个晶体管来控制接触器驱动电路，以防止驱动器故障导致接触器意外关闭。

8.3 运行模式

大多数电池管理系统会采用一个或多个有限状态机，负责控制电池的运行状态。这些状态机将响应外部命令以及检测电池系统内部的各种情况。

“低功耗”或“休眠”模式将经常存在。在这种模式下，电池通过接触器开路与负载断开，因此电池电流必然为零。该系统应尽量减少从高压电池堆和控制电源的能源消耗。由于电池系统断开，不需要对电池电压和温度进行监测，因此所有的监测电路和集成电路都应该处于高阻抗状态。通信总线处于空闲和低功耗状态。微处理器应该关闭电源，尽可能多的电路应该停用。关闭点火开关的电动汽车就是使用这种模式的一个很好的例子。

即使电池系统没有被激活，从睡眠模式定期唤醒也有很多好处。随着单体电池动态闲置，更精确地估计荷电状态和电池均衡变为可能。电池管理系统具有自检功能，可对电池进行各种缺陷检测。要实现这一点，硬件中需要一个实时时钟或计时器电路。设备具有非常低功耗的“警报时钟”功能，可以使用诸如 IC（集成电路）或串联外部接口（SPI）之类的串行总线在主处理器设置该功能。

在某些情况下，电池均衡可以在这种睡眠模式下进行。如果是这样的话，应定期唤醒以确保均衡正确进行。许多电池系统将在这种状态下度过相当长的一段时间。

通常还存在“空闲”或“备用”状态。在这种模式下，电池仍然与负载断开，但是监控电路是活动的。电池电压和温度被测量，故障检测算法运行，荷电状态、极限和其他状态估计算法运行。这个状态下允许监测电池状况和整个系统性能，电池系统断开连接避免充电或放电。此状态可在起动和关闭时使用，以确保在关闭接触器之前系统是安全的。如果需要的话，可以在这种状态下执行电池均衡。通信总线通常处于活动状态，电池与负载和网络上的其他设备交换信息——允许接收命令和检索故障状态等数据。与高压母线连接的高压设备不应期望出现高电压。

如果电池执行预充电或软起动，可能需要一种特殊的操作模式。在这种模式下，高压母线上的其他器件应需要母线电压上升到电池电压，但不能消耗母线上的任何电流，以防止预充电失败。接触器关闭序列将在这种模式下触发，由外部命令起动连接电池。接触器关闭序列成功完成或在尝试期间检测到故障时状态结束。

电池连接到负载或充电设备时可能有多个在线状态。许多应用中，如电网储能和混合动力汽车使用相同设备对电池进行充电和放电，因此没有区分充电模式和放电模式。其他带有独立负载和充电器的系统可以使用不同的模式连接每个设备（纯电动汽车就是一个例子）。

错误状态即电池处于空闲状态，接触器打开，但由于电池系统出现问题而没有响应某些命令。在这种模式下，可以询问系统的故障代码和执行诊断例程，但是在执行一个明确的命令以离开错误状态之前，系统不能关闭接触器。其他可能的实现将允许连接，但禁止充电和放电。重要的是要避免陷入错误状态与试图连接电池之间无休止的循环，如果某些电池故障自动清除，触发试图返回活动状态，就会发生这种情况。

对于含热管理功能的电池系统，如果电池的温度需要调整到一定的目标温度才能使用，则可以在电池上线前进行预处理循环。在这种模式下，主动测量电压和温度，热管理元件（风扇、泵、加热器/冷水机）主动改变电池温度，接触器可以保持断开状态，以防止电流流入超出允许工作温度范围的电池。这种类型架构显然阻止了电池能量被用于加热或冷却，并需要一个外部电源。图 8.4 显示了一个示例状态图。

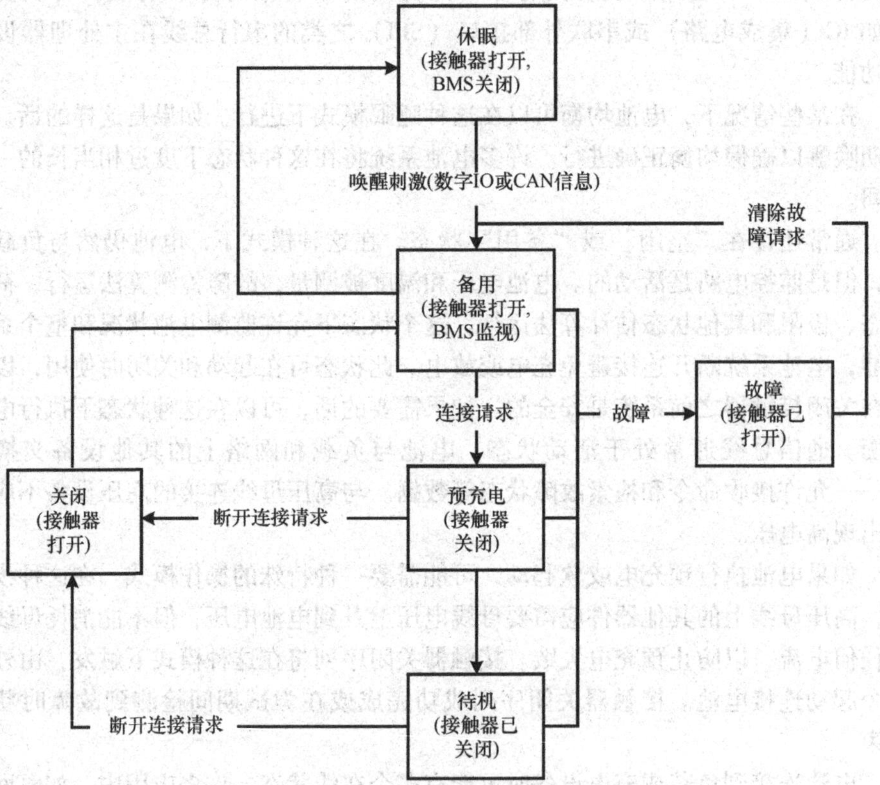

图 8.4　典型电池管理系统状态转换图

第 9 章 高压电子的基本原理

9.1 高压直流故障

在几乎所有商业和工业中，都有大量关于高压交流系统安全故障的文献和专业知识。随着现代电池系统和电力电子技术的出现，高压直流系统越来越普遍。电池管理系统的设计者应该意识到交流和直流高压系统在安全方面的重要区别。

高压系统中直流电流的中断比交流电流的中断更具挑战性。由于电流不会像交流那样在每半个周期内变为零，所以产生的电弧不会自动熄灭。直流继电器和接触器本身有专门的标记，通常具有充满氢气的密封外壳、磁弧抑制/灭弧的特征。直流断路是专门设计来切断直流电弧。切勿使用非直流专用的接触器、断路器或继电器来中断直流。

电解质迁移或“枝晶”生长是导电材料在电场驱动下传输通过绝缘表面造成的。这种现象会导致短路（枝晶穿过绝缘屏障并接触到其他导电部件）或开路（导电材料被从导电路径中去除）。枝晶的生长速率取决于施加的电压，而使用高压直流时枝晶的生长更为显著。枝晶的生长过程（见图 9.1）需要表面水分和离子污染来起动。因此，高压电子印制电路板（PCB）组件在制造、处理和安装时应尽可能地小心，以防止过多的水分和污染。

图 9.1 枝晶生长

9.2 高压电子安全性

“普通”嵌入式控制系统（一般采用5V和28V直流低压控制信号）与高压设备如大规模锂电池管理系统在实现上有重要的区别。

大多数低压嵌入式控制系统对于介质击穿或触电引起的电弧具有相对低的潜在危害。高压电子必须同时考虑这两个潜在风险。即使在低压电子设备中，也存在发生热失控或起火的可能性，并且随着最大电压的上升，这种可能性会显著增加。

高压电子最明显的问题是两个电位差较大的导电部件之间的介质击穿。这种问题可能发生在PCB的内部，例如在导电路径、组件引线、连接器引脚或安装材料之间。介质击穿也可能发生在PCB之间、PCB和外壳之间、连接器引脚之间或任何两个导电部件之间，并非所有这些部件都有电流流经。

简单地应用介质材料标准的击穿值是危险的。锋利边缘附近的局部磁场强度可能要高得多。随着湿度和污染的增加，击穿电阻会降低。

防止击穿危害最适当的方法是在产品设计过程中确保适当的爬电距离和电气间隙。

爬电距离定义为沿介质材料表面测量的两个导电部件之间的最小路径长度。爬电距离是为了防止由于跟踪（在绝缘体表面形成导电枝晶）而引起的击穿。图9.2所示为两个导电部件间爬电距离与电气间隙的对比。

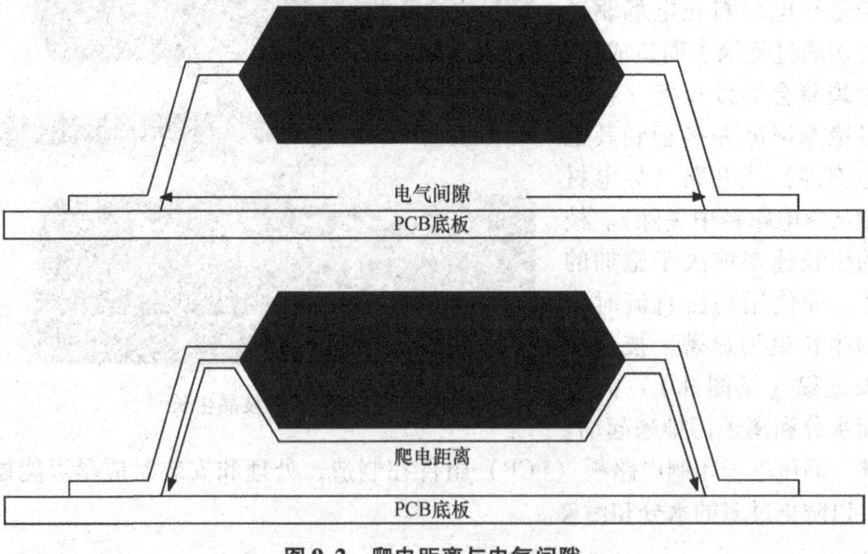

图9.2 爬电距离与电气间隙

爬电距离可以通过在 PCB 基片上开槽来增加。材料的相对漏电起痕指数（CTI）是对材料表面的电击穿敏感性的指标。对给定材料的 CTI 试验测量是确定在标准试验条件下引起漏电所需的电压。在给定的工作电压下，绝缘材料的 CTI 会影响所需的爬电距离。

以下因素会增加漏电的概率：

- 高的环境湿度。
- 存在污染物或腐蚀性物质。
- 低压环境是一种有点违反直觉的现象，但在高海拔环境中很常见。地面运输可能会遇到 12000ft[⊖] 的高度。航空可能遇到 50000ft 以上的高度。航空航天应用可能需要在真空下运行。

电气间隙定义为通过空气测量的两个导电部件之间的最小路径长度。

现有一些标准规定了给定工作电压和污染程度下的最小爬电距离和电气间隙。IEC 60950 和 IEC 60664 是最常见的。

污染程度决定了设备运行环境的特征。下面是 IEC 60950 和 IEC 60664 定义的污染程度的概述。

本标准定义了不同的绝缘等级。基本绝缘是建议提供基本绝缘以防止介质击穿和电击的最低绝缘水平。双绝缘指的是在高压部分和用户可接触部分之间需要两个独立屏障。增强绝缘是由单个屏障提供的绝缘级别，该绝缘级别在击穿电阻上与双重绝缘等效。一个好的指导原则是，在正常运行和单点故障情况下，高压部分与用户能接触部分之间不应有任何导电路径。IEC 60950 等标准对如何满足并网和其他类型电气设备的这些标准提供了明确的指导。这些标准并不适用于所有的应用（汽车高压电池系统是一个例外），目前还没有提出等效爬电距离和电气间隙标准。因此，在其范围之外的应用中使用这些标准时，应该伴随着良好的基本原则设计和大量的测试。

IEC 60950 和 IEC 60664 提供给定材料等级、工作电压、污染程度和绝缘水平的最小爬电距离和电气间隙值。接下来讨论有效使用该标准的方法。

涂层的使用可以提高抗击穿性。尽管保形涂层具有很高的击穿强度，但在使用高电压涂层 PCB 时，仍有许多领域需要注意。

涂层的使用效果可能不佳或不一致。为了达到最大的均匀性，建议在机器上使用涂层。涂板的检验可以在紫外线下进行，以检测未涂区域。检查频率的选择取决于应用，可能从随机抽查到 100% 检查最安全关键部件。IPC-A-610D 标准定义了涂层缺陷的验收等级。保形涂层自动检测设备可以提高检测过程的速度和

⊖ 1ft = 0.3048m。——编辑注

可重复性，检测涂层的覆盖范围和厚度。当依赖涂层来满足爬电距离和电气间隙要求时，必须制定适当的计划以确保涂层的质量和性能。

组件封装的选择应考虑爬电距离和电气间隙要求。最小封装可能无法提供足够的间距。在某些情况下，即使是 UL 半导体器件，也需要对引线引脚间距进行双重检查。

在大多数情况下 BMS 是在 PCB 上实现的，大多数高质量的 PCB 布局软件都可以对最终的布局图形进行设计规则检查。这是验证爬电距离和电气间隙的重要步骤。有些软件只能对印刷好的导线和垫片执行这种分析，这只是部分解决方案。PCB 布局软件和三维建模工具的其他包或组合可以提供 PCB 导线、组件导线、连接器、安装硬件和外壳之间爬电距离和电气间隙的完整三维分析。这一对产品安全的重要贡献被正确实施是任何高压电子系统都应该遵循的最佳实践。

以下是关于高压电路板爬电距离和电气间隙安全的最佳实践建议：

- 参阅 IEC 60950、IEC 60664 或类似有关爬电距离和电气间隙要求的标准。
- 确定应用中的安装污染程度。密封外壳可以提供较低的污染程度，从而减少爬电距离和电气间隙。
- 选择所需的绝缘类型。
- 确定系统各个元件的电压等级和参考值。根据电压等级和参考电压隔离电路板的部分区域。
- 尽可能地使用自动化方法来确定部件之间的最小距离，以评估爬电距离和电气间隙。

9.3 导电性负极细丝

导电性负极细丝（CAF）的危害也是高压电子需要关注的。导电性负极细丝是 PCB 上两个镀通孔（通道或垫片）之间在潮湿和高电压条件下由于铜离子的电迁移形成的玻璃纤维，产生导电长丝可导致存在巨大电势差的两点之间的意外导通。为了防止 CAF 危害的发生，在设计和制造高电压下的 PCB 时应该遵循一些实践。

铜丝导电是由于铜离子存在于潮湿的介质中。不像金属枝晶是电子导电，CAF 是离子导电。

由于细丝沿弯曲和填充方向形成，因此要注意防止玻璃纤维与通孔对齐。如果玻璃纤维不接触不同电位下的多个通孔，则相互抵消的孔洞有助于避免 CAF 的形成。

层压板的质量也会影响对 CAF 危害的敏感性。CAF 的形成需要玻璃和环氧树脂的分离，环氧树脂为铜离子的进入和 CAF 的生长提供了通道。层压板吸水会增加这种现象的易感性。高压应用的 PCB 制造规范应明确规定适用于该应用的层压板材料。IPC-4101B 规定了 PCB 基材的要求，包括质量等级和测试方法。

与生长在 PCB 表面的枝晶不同，CAF 位于 PCB 表面以下，且不易被发现。CAF 从负极生长到正极，而枝晶从正极生长到负极。

IPC 提供了一个测试程序（在 IPC-TM-650 中有描述），该程序应用在高压应用使用的 PCB 上。

9.4 浮动测量

设计用于测量不参考大地和箱体接地的电压测试电路有一些重要的特性。从理论上讲，在一个孤立的电池堆中选择任何一个特定的点作为进行电池测量的参考电压与其他任何参考电压一样好。然而，在现实中，许多带有绝缘高压元件的系统中，绝缘元件与接地/箱体接地之间存在寄生电容和电导。

这些寄生元件为大规模电池管理系统的设计、分析和测试带来了许多复杂性。

9.4.1 Y 型电容

Y 型电容通常用来描述有意放置在电源交流输入端和机箱接地端之间的电容（见图 9.3）。在电池系统中，Y 型电容是指在高压系统和接地之间存在的有意或寄生电容。

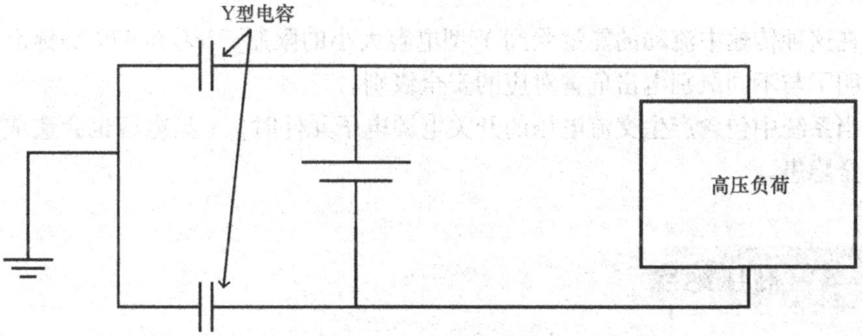

图 9.3 带 Y 型电容的电池系统

虽然这些电容器通常被认为是为了有益的原因而放置，但它们也会产生一些问题。如果它们变得太大，Y 型电容就会对安全构成威胁。

考虑以下隔离电池系统及其隔离负载，在负载和接地的两个端子之间存在 Y 型电容。

假设故障是由一个人无意中接触到部分高压系统和接地引起的，如图 9.4 所示。该故障的电阻为 R_{fault}。假设电容器 C_2 是不带电的，在暂态分析中，它可以用短路代替。由此产生的电路表明，故障电阻将通过放电电容与高电位连接。

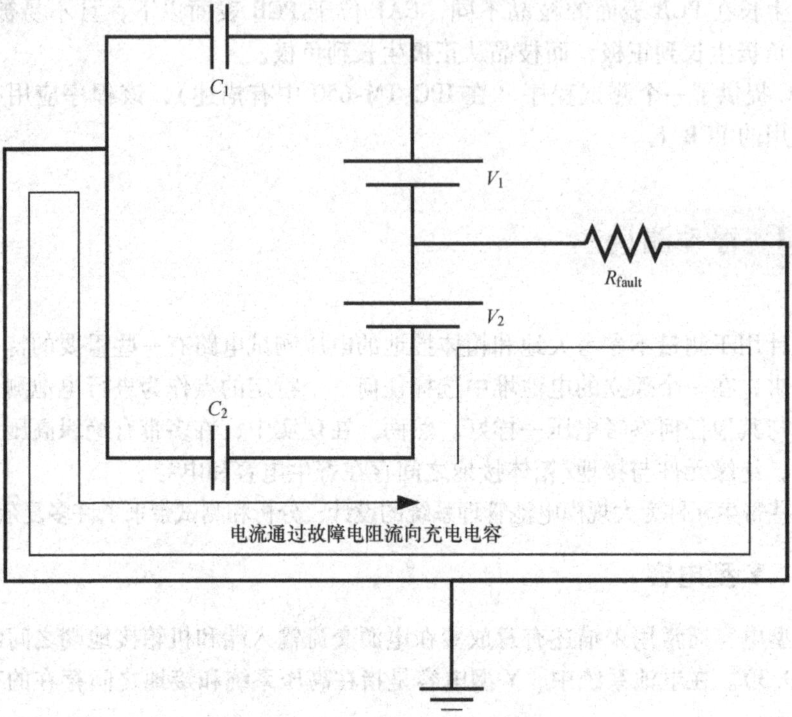

图 9.4　Y 型电容引发故障

在这种传输中流动的能量受到 Y 型电容大小的限制。IEC 60479 等标准详细地说明了与不同级别电击危害对应的安全级别。

当系统中包含产生交流电压的开关电源电子元件时，Y 型电容也会造成类似的安全隐患。

9.5　高压绝缘

在许多大规模系统中，直流电池电压不参考任何接地或底盘接地。在 EV 和 HEV 电池系统中，高压电池与 12V 底盘接地系统完全没有关系。这提供了一个额外的安全措施，高压系统接地的一个单点故障不会产生大的故障电流。

因此，连接到电池上的电子系统需要在电池和地面之间提供电绝缘屏障。电力和信号需要跨越这些绝缘屏障，而不损害它们的绝缘。

在绝缘屏障的两侧，信号被参考到没有电气连接的不同接地电位上。因为没有固定的电势可以用来测量这两个系统的电势，所以这两个系统之间的电位差是任意的。人们常说这两个电力系统相对于另一个是“浮动的”，这样两个系统的参考（或“零”）电势之间可能存在显著的电位差。

信号可以用不同类型的信号隔离器传送。这些可分为光学光隔离器（信号转换为光，然后通过透明绝缘另一侧的设备检测到）、电容式光隔离器（高频信号通过阻断直流的小介质传导）和磁光隔离器（电信号转换为磁场穿过电绝缘屏障）。

数字隔离器适用于跨隔离障碍传输高速数字信号，如 RS-232、RS-485、SPI、I^2C 或 CAN 通信。每个隔离电路通常只能在一个固定的方向上传输信号，但是设备具有多种不同方向组合的信道，以适应不同的通信策略。

如果没有遵循适当的布局准则，高速数字隔离器可以产生高辐射排放。使用类似 ADuM™系列数字隔离器，需要在隔离器的两侧电容耦合，以克服绝缘屏障两侧产生的寄生偶极天线。

低速信号通常用光学隔离来隔离。最常见的光隔离器是一个发光二极管（LED）与一个普通封装中的光电晶体管结合。两个部件之间使用绝缘介质。因为光隔离器的开关侧使用晶体管器件，所以开关侧的电流只能流向一个方向。这适用于隔离信号，但不能提供许多电力应用所需的双向功率流。

光隔离器有不同的隔离等级。通常有两种等级：工作电压是指正常工作区间的一次侧和二次侧之间的最大电压；绝缘耐压是指没有介质击穿风险的最大允许外加电压（有时间限制，经常到 1min）。工作电压额定值应用于设备正常运行中遇到的最大电压，耐压额定值应用于必须承受的最大故障或异常情况。这些额定值是基于爬电距离和电气间隙以及用于光隔离器封装的材料。电气间隙通常是组件内部的，在设备的两侧之间测量。爬电距离将从封装外测量。

由于开关侧有一对互补的晶体管，光隔离继电器允许双向电流流动。当晶体管被打开时，存在一个双向低阻抗连接，类似于机械继电器中的一对触点。光隔离继电器有多种电流额定值和电压额定值。继电器的额定电压为二次侧的最大电压阻滞额定值以及绝缘屏障的最大电压差。

在开关应用中使用的光隔离器和光隔离继电器将具有在许多情况下不相等的指定的开关时间。

所有光学隔离元件都需要对驱动电路进行仔细的分析。LED 必须接收足够的驱动电流，以确保光电晶体管完全打开。理想的开关数字信号光隔离器具有无限的电流传输比（CTR），但实际上开关电流取决于驱动电流。随着设备老化，CTR 下降，达到给定的二次电流的驱动电流增加。在较高的温度和较高的工作电流下，LED 的降解情况更糟。光隔离器必须设计成在器件的整个寿命中能够提供足够的性能。一些光电耦合器有一个输入驱动 IC，这是导致 LED 输出下降的原因。

光隔离器还引入了一次侧和二次侧之间的寄生电容。如果使用大量的光隔离器，则必须在 Y 型电容设计中考虑这种电容。

在电池管理系统硬件设计中，隔离元件的选择是一个关键问题。根据电池系统的应用情况，许多组件都符合各种监管机构制定的标准要求。隔离元件是为了防止危险电压到达用户接触表面和低压电路，这些电路没有足够的绝缘和高压保护。在选择任何旨在跨越绝缘屏障的组件时，请确保以下信息明确：

- 预期通过屏障障碍的最大工作电压。
- 预期绝缘屏障两端的最大击穿/过载/测试电压。
- 设备必须达到的标准。
- 绝缘屏障的爬电距离和电气间隙要求。

9.6 绝缘设备静电抑制

大多数电子模块需要通过测试来证明它们能够抑制静电放电（ESD），静电放电可以在使用或处理过程中产生。

ESD 由一个有效的高压 *RC*（通常在 4～25kV 之间）放电到有问题电路。如果它们受到高压，即使 ESD 中的能量很小，半导体器件尤其是 MOS 晶体管，也可能被永久损坏。在 ESD 中产生的电压，无论是在工作中还是在测试中，都应用于所述电路与接地之间，并且可以是任意极性。

防止损坏的标准方法是使用电容器、二极管或安装在连接器插脚附近的瞬态电压浪涌抑制器（TVS）设备，这些设备为 ESD 事件的接地提供低阻抗路径。该电路通常安装在某种类型的保护外壳中，防止 ESD 通过其他不以这种方式保护的路径到达敏感元件。

如果电子设备中包含了与不参考大地电压的隔离电路（见图 9.5），则 ESD 事件产生的能量不会向地面耗散。高电压会作用于绝缘屏障造成故障，电路很容易被损坏。

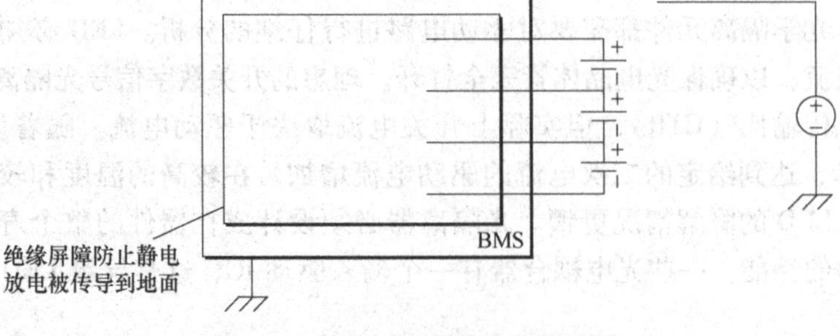

图 9.5　阻挡 ESD 路径的绝缘屏障

有必要为 ESD 提供一条到达大地的路径，但同时又可以将电池堆与地面绝缘，如何做到这一点呢？

高压 TVS 设备的使用提供了一种可能的解决方案（见图 9.6）。TVS 设备可以放置在高压输入和接地之间。TVS 的击穿电压必须大于输入端所期望的电压，以确保正常操作 TVS 时不被击穿，但该电压必须足够低，以保证下游元件得到适当的保护。TVS 和电容器的级联组合可以减少所需的 TVS 数量。

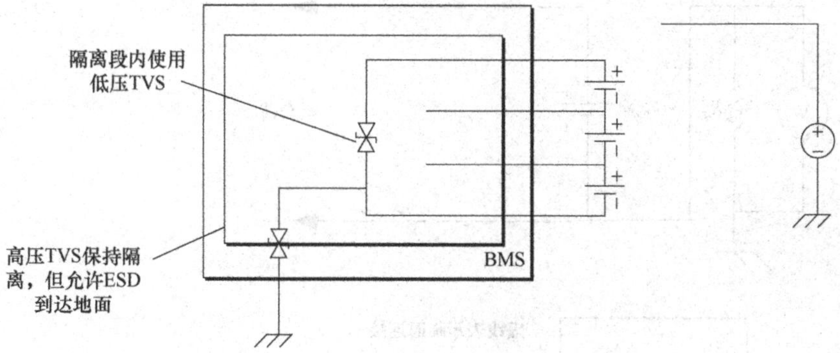
隔离段内使用
低压TVS
高压TVS保持隔
离，但允许ESD
到达地面
BMS

图 9.6　ESD 解决方案

高压电容器是另一种选择。与通常用于静电抑制的低压电容器相比，这些电容器的成本要高得多。这些电容器需要安装在高压和低压系统之间，从而有效跨越绝缘屏障，以增加系统的 Y 型电容。由于 ESD 抑制所需的电容通常是最小的，所以添加的 Y 型电容在很多情况下是可以接受的，但也值得考虑，特别是这种策略用于每个电池电压测量输入端的时候。

9.7　绝缘检测

在具有绝缘电池堆的系统上，检测绝缘故障或接地故障（电池堆与组件之间在地电位或与地电位有关的无意电流路径）是一个重要的特性。因为如果电池断开，系统的其余部分可能无法通电，所以将此功能放在电池系统中是有意义的。

下面将详细介绍最常用的绝缘故障检测方法。根据美国联邦汽车安全标准（FMVSS）305 对电池驱动汽车进行的测试，该方法用于绝缘的静态测量。

假设电池系统与地面之间存在电阻 R_{fault} 故障（见图 9.7）。这种故障可以发生在电池系统的任何电位。假设一般情况下，故障发生在电池的两个端子之间，有效地将电池组划分为两个子电池组，并创建如下等效电路。

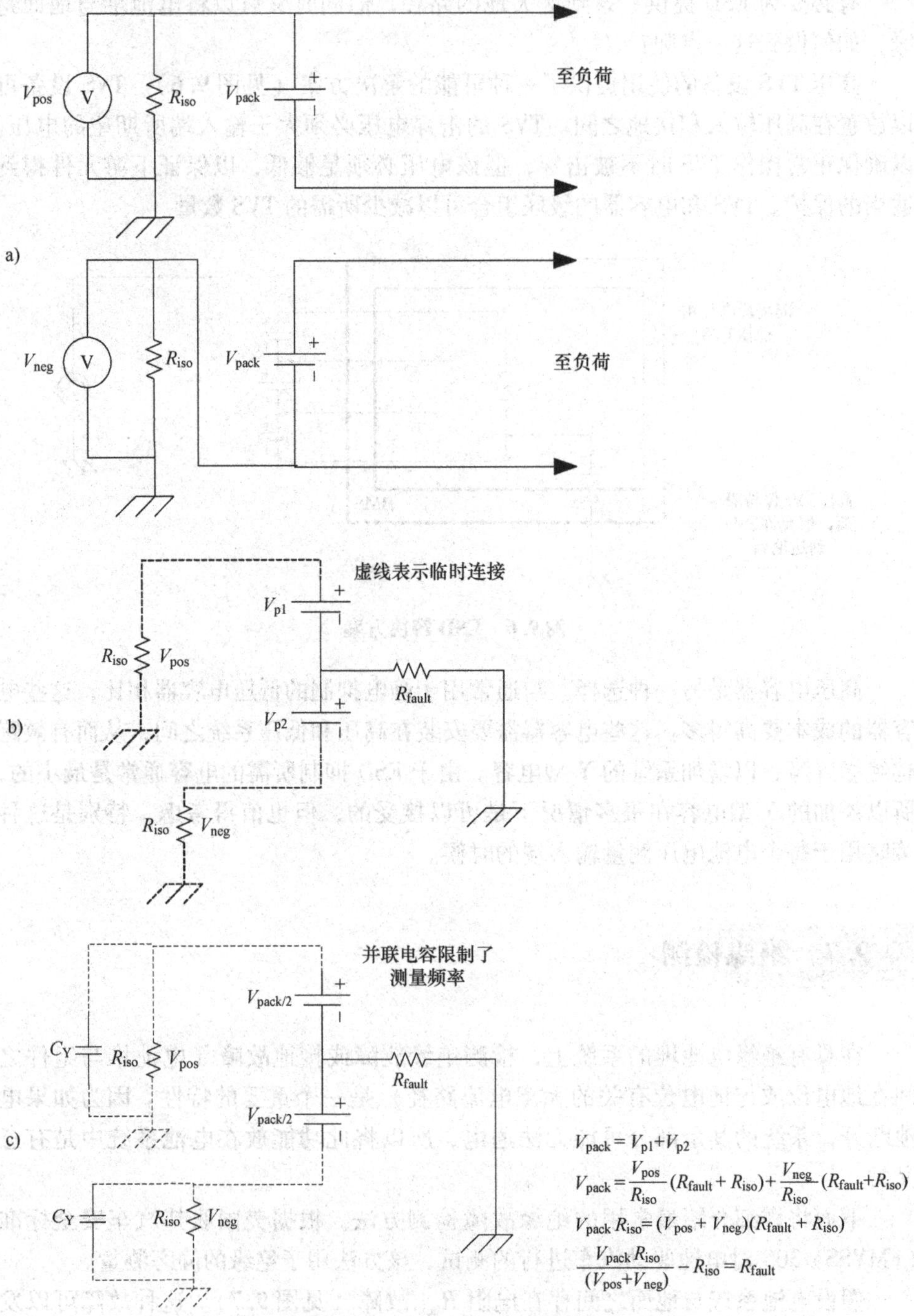
V_pos
V
R_iso
V_pack
+
-
至负荷
a)
V_neg
V
R_iso
V_pack
+
-
至负荷
虚线表示临时连接
V_p1
R_iso
V_pos
R_fault
V_p2
b)
R_iso
V_neg
并联电容限制了
测量频率
V_pack/2
C_Y
R_iso
V_pos
R_fault
V_pack/2
c)
C_Y
R_iso
V_neg
$V_{pack} = V_{p1}+V_{p2}$
$V_{pack} = \frac{V_{pos}}{R_{iso}}(R_{fault}+R_{iso})+\frac{V_{neg}}{R_{iso}}(R_{fault}+R_{iso})$
$V_{pack}R_{iso}=(V_{pos}+V_{neg})(R_{fault}+R_{iso})$
$\frac{V_{pack}R_{iso}}{(V_{pos}+V_{neg})}-R_{iso}=R_{fault}$

图 9.7　隔离电阻测量

通过两次测量可以计算出 R_{fault} 的值。对于每次测量，将已知电阻 R_{iso} 接入接地与电池的正极或负极之间，并测量电阻上的电压。

这种绝缘测量可以定期进行。通常采用连续绝缘测量来提供这一重要安全参数的持续监测。然而，了解这种电路的时间限制是很重要的。考虑相同的电路，但包括高压母线和接地之间的 Y 型电容。

当测量电阻 R_{iso} 接入时，它和 Y 型电容一起形成一个 RC 电路。电容器必须充满电之后才能进行测量。这就决定了进行这种测量所需的最小时间，从而确定了进行这种测量的最大频率。

绝缘故障可由以下原因引发：水分进入电池或电子系统入口、异物（导电碎片）将电路板导电部分连接（见 8.1 节和 8.3 节）、内部绝缘组件故障、绝缘击穿和其他危害。绝缘故障对从事电池系统工作的人来说是危险的，多个不同电位的分布式绝缘故障会造成短路危险。因此，许多应用禁止不良绝缘下的操作，或者必须向用户发出警告。电池管理系统本身就是高压和不同参考电位下的系统发生近距离接触和故障的场所。

绝缘检测可以在电池连接和断开的情况下进行，以提供故障定位。如果绝缘故障在电池外部，断开电池接触器将使系统进入安全状态；如果绝缘故障发生在电池内部，即使接触器断开，也有可能出现危险情况。

第10章 通信

10.1 概念

许多电池管理系统使用串行通信链路与负载设备进行通信，而不采用多离散或者模拟的信号。

电池管理系统还将使用串行链路在电池组内的主设备和从设备之间进行通信。

这些通信协议的优点众所周知（所需的线数较少，连接比较经济且具有较高的数据传输速率，以及对消息丢失的高鲁棒性），相关的风险也同样有很好的记录（数据丢失或损坏的可能性，以及对EMI的高度敏感性）。

下面是对通常使用的各种网络技术，以及通过通信总线传输的信息类型的概述。

10.2 网络技术

开放系统互连（OSI）模型通常用于将通信系统中的功能划分为各种抽象层。每个抽象层是总连接的一个特定子集，从物理信号（电压电平和时序）、寻址、流控制、数据表示和最后应用。OSI模型中总共有七层。

每层都存在各种通信技术。这里将介绍一些最常见的。

10.2.1 I^2C/SPI

这些协议被用于单个PCB上的集成电路之间通信的开发。尽管它们确实能够实现上述任务，且功能强大足够来处理短距离通信问题，但不建议将I^2C和SPI用于电路板之间的通信。

值得讨论的是许多IC制造商都提供用于电池监控器件之间通信的“电平转

换”通信总线。这些总线是我们熟悉的总线（如 SPI 或 I^2C）的电平转换版本，或者是特殊设计的总线。多数制造商宣称这种通信模型适用于长度在 1m 或更长距离的多个 IC 连接，以实现分布式 BMS 架构。如果要采用这种方法来代替传统的模块间通信技术，如 CAN、RS-232/485 等，则要进行适当的验证和分析。

一种更加强大且经过验证的分布式架构将在单板/模块上少量的电子元器件之间使用电平转换总线，同样在使用 CAN 总线或者其他通信总线的主从设备之间也要使用这种电平转换总线。这种总线需要使用隔离器件，可能的架构如图 10.1和图 10.2 所示。

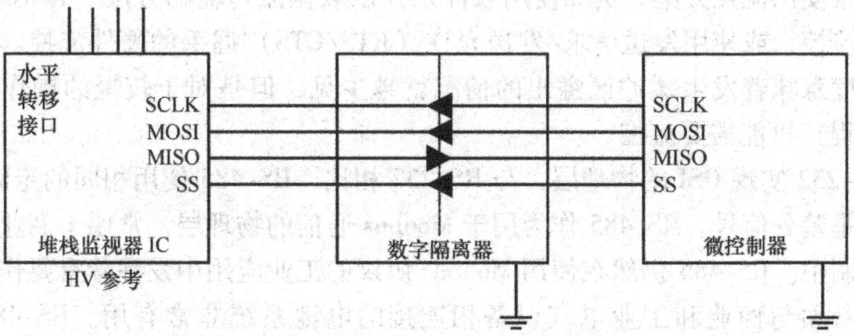

图 10.1 电平转换 SPI 到隔离 SPI

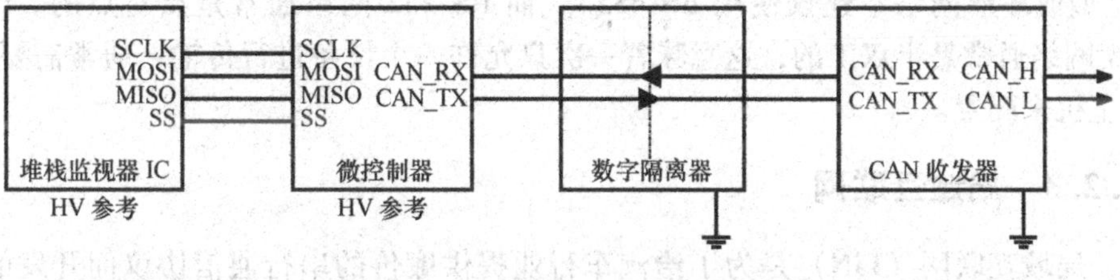

图 10.2 电平转换 SPI 到隔离 CAN

10.2.2 RS-232 和 RS-485

RS-232 走的不是差分信号，与总线或星型拓扑不同，它是为了点对点通信而开发的。该总线最初常用于计算机外围设备互连，很少用于工业、汽车或商业应用中。除非使用特殊的低电容电缆，否则最大传输距离限制在 15m（50ft）。

许多微控制器具有支持 RS-232 的 UART，并且存在许多用于嵌入式控制器和 PC 之间通信以便进行开发和调试的资源。昂贵的硬件通常不被采用，虽然大多数 PC 已经不再使用早期的 RS-232 端口，转而采用 USB 和其他更新的连接技术，但是 RS-232 仍然是目前一种流行的通信技术。

发送和接收方向都需要专用的线路。RS-232 使用单端命令，这意味着信息包含在通信线路和地之间的电位差中。这使得 RS-232 无法抑制信号线上感应的电压，并且易受地线电位偏移的影响（接收器和发射器之间的地电位不同）。为了克服这些挑战，可以使用高电压信号线（12V）。在许多工作电压为 5V 或更低的嵌入式系统中，这些电压由 MAX232 等收发器产生，使用电荷泵转换器输出 12V 电压。

RS-232 缺少 CAN 拥有的低级错误检查功能，并且单端信号增加了对噪声的敏感性。RS-232 应始终与更高层中的附加服务相结合，以确保能够检测到传输错误。

通常使用流控方案，例如使用软件来控制数据流传输的方法（XON/XOFF）的软件流控，或使用发送请求/发送允许（RTS/CTS）握手的硬件流控。设备的更高速度意味着发生缓冲区溢出的情况就越少见，但是对于较慢的操作（例如闪存编程）可能需要流控。

RS-232 实现 OSI 的物理层，与 RS-232 相比，RS-485 使用相同的定时参数，但走的是差分信号。RS-485 作为用于 Modbus 通信的物理层，常用于商业和工业系统控制中。RS-485 仍然在使用 Modbus 协议的工业应用中发挥着重要作用，并且对于必须与商业和工业电气设备相连接的电池系统非常有用。RS-485 上的 Modbus 协议通常用于并网存储领域的许多电池系统。与 RS-232 相比，它具有更高的抗噪性和更长的通信距离。与 RS-232 网络相比，RS-485 允许构建线性网络（星型或环形网络不建议使用 RS-485），而 RS-232 网络通常是点对点的。RS-485 网络通常是半双工的，这意味着一次只允许一个设备进行传输，通常需要一个主机来配置。

10.2.3 局域互联网

局域互联网（LIN）是为了给汽车行业提供廉价的串行通信协议而开发的，其中 CAN 总线对于所有希望增强网络能力的原型设备制造商（OEM）而言过于昂贵。LIN 需要主/从拓扑，其中从设备通常是专用集成电路（ASIC），不需要微控制器核心或者软件。数据传输速率相对上限为 19.2kbit/s，但是它却保证了延迟时间和其他功能的稳定性，使其可以应用在电池管理系统的主/从通信中。

LIN 一直是简单、低带宽传感器中的常见选择。如果直接使用模拟接口则不方便，本地互联网络对电池管理系统相关的应用，如集成电流和温度传感器非常有用。在 LIN 上运行的传感器正是因为此目的而出现的。

10.2.4 CAN

控制器局域网（CAN）由博世公司于 20 世纪 80 年代开发，已在汽车行业得到了广泛采用，也用于工业系统中，特别是与网络模型的最高层 CANopen 协议一起使用时。

在OSI模型中，CAN指定物理和数据链路层。附加的CANopen堆栈通过应用层组建网络。CAN对多种类型的信号有着较高的实时性能、高传输速率，并有着较强的抗电磁兼容性能。

当用在控制系统或汽车系统中时，CAN网络通常以大地为参考。这使得CAN节点在与其他总线上的节点的地线存在电压偏移的时候，仍然可以正常工作。

CAN使用消息ID来指定在网络上传输的每条消息的相对优先级。在总线外接设备很多的情况下，这种机制可用于解决与其他干扰消息之间的冲突。在诸如电源模式和安全互锁之类的重要通信链路中，应设为高优先级，以确保它们不会被低优先级信息打断。

CAN总线通常应以线性方式布置，每端都有一个终结器。如果电池管理系统位于总线的末端，则可能需要有终端方案，每一个单独的终端器要对地连接一个电容来给对地噪声提供一个低阻抗路径。

CAN总线上的每个节点都能够传输消息，并且消息由所有节点物理接收。大多数微处理器能够使用CAN的过滤功能，即根据消息的ID，使用一个或多个位掩码删除消息。在大多数网络中，消息由所有节点连续发送，其速率取决于搭载信息数据的变化率。

许多微控制器支持使用一个或多个CAN端口；但是收发器需要在微控制器级别使用的物理层和电子模块之间使用的物理层之间进行调整。微控制器接收和发送CAN消息通常由硬件、低版本固件和中断来完成，这使得报文接收的精确时间戳和发送的确定性时序变得困难。

汽车系统使用复杂的网络管理系统以允许设备进入断电状态，并且具有唤醒CAN功能，其中CAN消息的接收将导致控制器重新上电。专用收发器具有此功能。但是使用网络唤醒策略（使用CAN或任何其他通信协议）需要在系统范围内协调唤醒/休眠策略（通常称为网络工作管理），以防止附加功耗。

ISO 11898标准规定了汽车应用中最典型CAN网络的要求。

10.2.5 Ethernet和TCP/IP

以太网（Ethernet）是指定物理层和数据链路层的最常用协议，用于住宅和商业计算机网络，并且在工业控制的使用也在增加。以太网已成为带宽密集型的理想选择，但也是一种不安全的通信方式。

以太网实现数据链路层，通常与10/100/1000BASE-T一起作为物理层。计算机网络中的较高层通常使用传输控制协议（TCP）和因特网协议（IP）来传输，并且已经应用到工业以太网，将与工业电池系统具有一些关系。

TCP 最初并不打算用于实时系统中，因为传输的准确性和优先性是第一位的，其远远超过对速度的要求（数据包必须在没有错误以及按发送顺序排列的情况下）。当首选实时性时，应当首选用户图协议（UDP）。在需要几十到几百毫秒响应时间的电池系统中，应当优选实时通信拓扑结构。

10.2.6 Modbus

Modbus 是一种应用层消息传递协议，用于描述两个设备之间的通信。Modbus 协议可以通过多种方式实现，最常见的是 RS-485 和 TCP/IP/以太网。

Modbus 用于许多工业和商业产品网络和控制系统中。Modbus 允许通过网络执行有限数量的操作。使用 Modbus 寄存器传输 Modbus 链接系统中的信息。

Modbus 需要主从设置，因为它对所有消息使用请求/应答结构。事务由称为客户端的设备起动，响应设备作为服务器。

10.2.7 FlexRay

汽车总线（FlexRay）是一种专为汽车应用开发的相对较新的协议。它旨在提高速度并克服与 CAN 相关的许多限制，即缺乏确定性、冗余、容错和时间触发等行为。较高的数据速率对电池应用的有用性有限，但其他的改进措施增加了稳定性，并提高了电池系统的安全系数。目前，FlexRay 的使用尚未被用于汽车行业。另外，电池管理系统还不需要像 FlexRay 的高级传输协议。

10.3 网络设计

除了用于分布式架构的主设备和从设备之间的通信之外，网络设计还必须包括电池管理系统和负载设备之间的数据传输，以及其他的许多系统。

选择一种特定的通信方法（或多种，多种电池管理系统将包括多种通信技术）将影响硬件选择（通常微处理器支持所需的通信端口优于外部实现）以及其他决策，如时钟速度、各种总线类型所需的精度和准确度。需要考虑电池管理系统内部和外部的网络布局和节点数量。这些因素也会影响总体系统成本。通常，与用于计算机应用的网络相比，电池管理系统内以及电池管理系统和其他设备之间的电池数据的传输不需要高数据带宽。然而，网络的可靠性是至关重要的，并且电池电源需要在理想的环境条件下，运用消息不易于损坏或丢失的网络技术，因为电源系统网络故障的后果比计算机或电信网络中的故障要严重得多。对于重要的信号，例如主要的错误状态，使用次要的、更简单的方法进行冗余忽略是可取的。网络延迟还将限制对命令的响应时间；对于时间要求较高的输入

（例如前面讨论的车辆碰撞情况），必须了解这些延迟的影响，并且分析所选择的网络拓扑能否满足时序要求。

如前所述，许多电池系统参数不需要与外部通信，只需要在主设备和从设备之间发送。诸如电池电压和温度的信息通常由电池管理系统处理以产生对外部有用的信息。如果可能的话，应将数据的传输保留给内部数据总线，因为对于大量单元来讲，这将构成大量的数据。根据要求进行特殊诊断，对于电池电压和其他单元的测量参数非常有用。为了增加信息传输的路径，可以采用多个通信端口或总线。它们可不必使用相同的物理层或者通信协议。在电池系统的开发和测试期间，提供包含大量诊断数据的专用总线非常重要，该专用总线可用于对系统进行故障排除。

主设备和从设备之间的通信包括电池电压测量、温度测量和电池平衡命令。通常报告中的电池测量准确度约为1mV，一般相当于测量设备中的ADC采样准确度，每片电池电压测量位数需要达到12~14位。在数据传输之前不需要将其转换为物理单元。可以使用非线性压缩技术（相当于压扩）将范围在0%~100%SOC压缩为更少的位（正常工作范围之外的电压不一定需要以相同的准确度来表示）。为了确保同步，在测量的时候，每个提供给主设备的单元电压测量值要有一个时间戳。温度测量的范围通常在-40~80℃之间，为了达到0.5~1℃的测量准确度，采样位数需要7~8位。同样地，非线性压缩方案也可以用于极端温度，或者可以用特殊代码表示不在范围内的读数（主设备要能在测量数值很高的情况下，判断该值是正确的读数还是代表着硬件问题）。电池单元的平衡命令可以以不同方式传送；这种通信方式要求的高低取决于平衡电路的复杂性。对于简单的耗散平衡系统，主设备可以简单地为每个单元传播一个比特，它能够实时地表示平衡开关所需的状态。单元平衡的速率不必每隔几秒就更新一次。或者，通过发送要从每个单元移除的电荷量并且要求从设备对耗散的电荷进行倒计数，这样也可以减少平衡指令的通信频率。这对那些连续运行且不会停机的系统有着巨大的帮助。

网络要具有在主设备和从设备之间传输大量的数据的能力，以确保当数据要以采样速率进行更新时，电压、温度还能够被准确地传输。

对于由100个电池组成的电池组，每个电池组每40ms以12位准确度测量，最小的数据要求为：$100 \times 12 \times 1/0.040 = 30\text{kbit/s}$。

所有通信总线都将具有头部、开始位、停止位以及校验位。这样可能会使数据量翻倍。时间戳和温度测量值将有额外的数据要求，并且采样率可能更快。上面的例子可能需要高达60kbit/s。这对中长距离传输的RS-232或RS-485来讲是高数据速率，但是对CAN总线来讲并不算高传输率。这种基本的计算方式将有助于确定所需的最低数据传输速率，从而帮助选择合适的数据总线。

在电池组内部，由于包含了许多类型的系统负载设备，包括开关电力电子设备，因此母线可能具有包含最低几百赫兹到几千赫兹的谐波电流。这些频率相对来说还是比较低的，但由于电池的电流很大，导致场强可能非常高。这些频率可能会干扰某些特定的数据速率的数据，单端（即 RS-232）总线特别容易受到影响。内部电池组通信线束应使用价格低廉的双绞线来降低辐射的敏感性，同时避免母线或电源线与通信线的同轴运行。

与负载的通信内容几乎总是以电流或功率表示的电池充放电极限参数。为了防止操作违反规定，通信内容要经常更新，尤其是在安全操作区域边缘附近使用高放电率的电池系统。在许多应用中，常见的更新速率从 50~100ms，采用较慢的速率对于那些更保守的电池使用或更低的充电/放电速率来讲更为可行。

在任何情况下，都应该存在一种有效的方法，能够向负载发出电池将立即断开的信号或者是命令电池系统必须立即断开。系统安全通常依赖于这两种方法，通信网络应确保能够始终对这些消息做出正确的响应。例如，在发生碰撞事故的时候将电池与电动车辆断开连接，或者一直存在自身无法解决的安全隐患时，电池管理系统将断开负载接触器。

随后的通信问题将适用于以下类型的信息交换：

- 电池电压测量：带宽（由于大量电池、高准确度和相对较高的采样率）、延迟（在 10~100ms 范围内通常需要快速响应过电压和欠电压，具体取决于应用）、网络可靠性、协调电压、通过特定协议采样的电流值、外部同步信号、主时钟。
- 电池温度测量：受限的带宽，但是网络要有高可靠性以确保温度测量值不会丢失。
- 电流测量：由于测量数量较少，带宽较低，但需要低延迟性和严谨的确定性。模拟接口通常对电流传感器来讲有意义，但也可以使用串行通信。另外，需要把离散同步信号考虑在内。
- 冗余测量/过电压或欠电压/温度信号：这些测量不需要带宽很宽，但是可靠性对保持系统的安全性至关重要。

如果基本层不包括校验或循环冗余校验（CRC）（例如，在 CAN 和 FlexRay 协议中有，但 RS-232 或 RS-485 协议中没有），则应在应用层验证消息完整性，以防止在错误信息上进行操作。

此外，对于关乎安全的关键信号，这样的信号在电池管理系统中可能有很多，通常需要进行额外级别的完整性检查，以防止出现以下类型的故障：

- 防止“胡乱”失败模式：在模块开始传输格式正确但数据不正确的时候，确保系统采取适当的措施（例如，在正确的时间以正确的格式报告电池电压，但由于在应用程序部分出现错误，重复相同的消息而不更新电压值，尽管实际电池电压正在发生变化)，实施策略确保不报告“陈旧”数据或者将其作为新值。一个简单的方案是“滚动计数器”，其中计数器值附加到每个消息上面。该计数器以可预测的方式随每个新消息递增。如果计数器未能多次递增，则可以假设测量设备的动作不正确。这种方法需要特殊的技术来处理丢失的消息，或者在网络中不能保证接收到的信息与发送的一致等可能性（可能使用某种类型的缓冲和重试策略)。或者具有更强鲁棒性的其他方法。

• 检查数据格式、数据长度、最小值和最大值：接收到的数据格式不正确或者丢失、额外增加数据都是不可靠的；考虑丢弃数据并使系统进入安全状态。特别是在现代系统中，低级软件驱动程序和基于模型的代码块之间是高度抽象的，在通信网络上传递的值通常使用物理单元来表示可能从一个网络节点到下一个网络节点不同的数量。特别是在开发过程中，要根据最小值和最大值来检查关键数据，以防止出现危险情况。对于“位填充”错误，通常在固定结构的消息中插入或删除位字段，将会很轻松就能检查出来错误数据。

• 消抖或滤波对可能导致状态快速变化的信号很有用（电池的连接和断开)：连续多次接收具有相同指令的相同信号将最大程度地降低状态转换的风险。

在设计中，处理丢失的消息是一个重要的考虑因素。许多网络并不能保证在收到消息之前一直在尝试，有些网络不能保证消息的传输顺序与它们想要的传输顺序相同。如果网络不能保证在收到消息之前重试消息，则不应该使用单个消息来实现与电池系统之间的安全关键指令。CAN 网络是一种更强大的方法，其中所有消息都包含准实时数据，并且传输是连续的。重要状态转换的故障模式分析应考虑丢失或消息不可读的可能性。

电池连接请求信号的有用参考设计如下。这可以解释为电动车辆中的点火开关信号或能量存储系统的通电请求。

电池管理系统通过串行通信总线接收电池系统所需状态的主要指令，以及使用其他装置接收次要状态信号。最基本的实现可能是单个数字信号，但这无法检测丢失的连接。一种更好的方法是一个信号有着多个模拟范围，尽管在某些情况下这可能容易产生 EMI，并且需要仔细分析以确保在所有条件下都能正确地解释信号，或者对于不同的状态请求 PWM 信号有着不同的频率或占空比。可以使用冗余电路生成次级信号，以验证电池系统的连接是期望的和安全的，并且可以建立物理上独立的路径，切断两个信号路径来降低公共互连故障的可能性。

如果完全失去通信，可能需要立即将系统设置成安全状态或采用有限操作策略（可能是暂时的)，并等待重新建立通信。在某些情况下，完全失去通信被认为是危险故障（汽车碰撞经常导致网络连接丢失)，如果这种故障持续超过几百毫秒，则电池断开。在其他情况下，特别是如果结合了冗余信号，电池可以采用有限的操作策略，其中存在至少一条已确认电池的期望状态的信息。

第11章 电池模型

11.1 概述

在电池组中发生复杂的电化学和物理过程时，会导致一系列外部可观察到的行为。这些行为与电压和电流（在某种程度上也包括温度）存在着联系。由于锂离子电池的主要目的是在电路中存储能量，所以将这些行为表示为等效电路通常是有意义的。其他类型的模型可以用在基于发生在电池内部的基本物理和电化学过程中。

等效电路建模的一个基本假设是存在一个可观测状态变量（或一组可观测状态变量），它是荷电状态的函数。在大多数情况下，完全松弛的开路电压和荷电状态之间的关系就是所使用的关系。通常假设这种关系与温度、年龄和循环寿命等因素是不变的。

可观察性在控制理论中有所应用。通常，可观测系统指的是系统的内部状态可以在有限时间内（不一定立即）通过系统的输入和输出完全确定。

由于本节中讨论的方程和模型经常在离散时间系统中实现，因此给出了许多基于离散时间的想法的概念。对于仅适用于离散时间的概念，将省略对连续时间的解释。

在电池管理系统的实现中，电池建模的目的是创建能够将容易测量的量（电流、电压和温度）转换为精确表示不易测量的内部状态（例如荷电状态）的方法。许多技术用于其他电池类型的荷电状态的确定，例如用于简单应用的简单电压查找表和负载概况。但在大型锂离子系统中，以这种方式执行荷电状态计算是不合适的，因此需要更先进的电池模型。

假设开路电压是定义为 V_{oc}（SOC）的荷电状态的函数。这种关系是单调的，并且定义为使得唯一的 SOC 映射到唯一的 V_{oc}。该关系不需要是线性的、指数的，甚至可以通过闭合形式的数学关系方便地表示。这意味着如果已知 V_{oc}，那么 SOC 也是已知的。此外，如果 V_{oc} 中的误差是有界的，则 SOC 的误差也是有界的。

等效电路电池建模的目的是计算动态过电位（在开路电压和实际测量的端子电压之间的差）。如果过电位等于 V_{oc}，那么 $V_{oc}=V_t-V_{ab}$ 就能够从测量的电压和计算的过电势计算 SOC。但基于物理学的模型不能利用经验的 SOC-OCV 关系。

11.2　戴维南等效电路

在最简单的分析中，电池可以建模为理想的电压源。理想的电压源是两端装置，该两端装置没有内部阻抗，并且跨两个端子具有固定的电压，与电流流动或任何其他参数无关。

在许多大型系统应用中，电池以高放电或充电速率使用，使得理想电压源的假设不再有效。当在高电流下操作电池系统时，首先要考虑的非理想效果是电池的内部直流电阻。

戴维南等效电路可以用作简单的电池模型。对于理想的电压源，其电压等于电池的开路电压，且与等效于电池的直流电阻的电阻串联。因此，这个等效电路的端子电压不再是恒定的，它将取决于电池电流。实际上，简单的直流电阻可能无法模拟观察到的所有电流/电压关系（见图 11.1）。

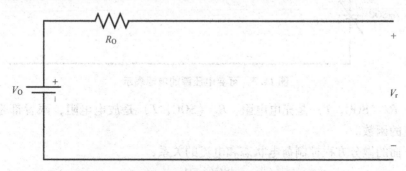

图 11.1　串联电阻的电池模型及其电流/电压关系

- 电阻可能是温度和荷电状态的函数，并且可能随着电池老化而改变。
- 充电和放电过程中电阻可能不同（见图 11.2）。

考虑到这些因素，可将一对理想二极管引入等效电路，并且电阻可用两个可变电阻代替，这两个可变电阻是温度、荷电状态和寿命的函数。

此外，许多大容量电池系统在广泛的荷电状态下工作。因此，必须考虑荷电状态对电气行为的影响。

因此，等效电路变得“依赖于状态”，也就是说，它有许多影响其行为的内

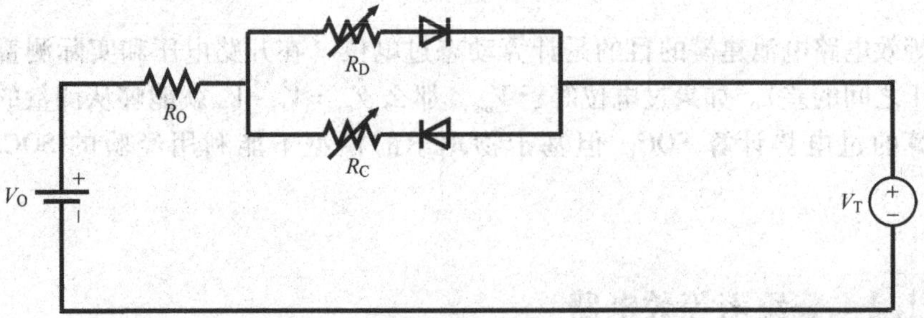

图 11.2　具有充放电电阻的电池模型

部状态；系统呈现“存储器”，这意味着响应不能仅从系统的输入来预测。

所以，理想的电压源可以用可变电压源代替。电压源的值等于电池在给定荷电状态下的开路电压。荷电状态和开路电压之间的关系不一定是线性的。

所有的电化学电池都表现出轻微的温度依赖性，这可以用能斯特方程来预测。在大多数应用中，在所关注的温度范围内，这种效应的影响很小。但对于具有非常平坦的 SOC-OCV 曲线的化学电池来讲，结合这种可预测效应可以增加准确性。

因此，这个版本的电池等效电路如下所述：

- V_O（SOC，T）是开路电压，它随 SOC（还有温度）变化（见图 11.3）。

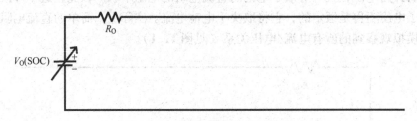

图 11.3　可变电压源的电池表示

- R_C（SOC，T）是充电电阻，R_D（SOC，T）是放电电阻，两者都是 SOC 和温度的函数。

下面的微分方程控制荷电状态和电流的关系：

$$\frac{\mathrm{dSOC}}{\mathrm{d}t}=\frac{1}{C}I$$

式中，C 是电池的容量。很明显，SOC 的变化率等于电流除以电池容量。

终端电压、电流和 SOC 之间的关系由下式给出：

$$V_T = V_{OC}(\mathrm{SOC},T) + IR(\mathrm{SOC},T)$$
$$V_T = V_{OC}(\mathrm{SOC},T) + I_C R_C(\mathrm{SOC},T) + I_D R_D(\mathrm{SOC},T)$$

式中，如果 $I<0$ 且不为 0，则 $I_D=I$；如果 $I>0$ 且不为 0 则 $I_C=I$。该模型考虑了电池开路电压随 SOC 的变化以及充放电电流中的欧姆电阻。

虽然这个模型可能适合于某些情况下，但是它无法捕获电池的动态响应。图 11.4显示了实际电池响应与欧姆电阻模型结果的比较。

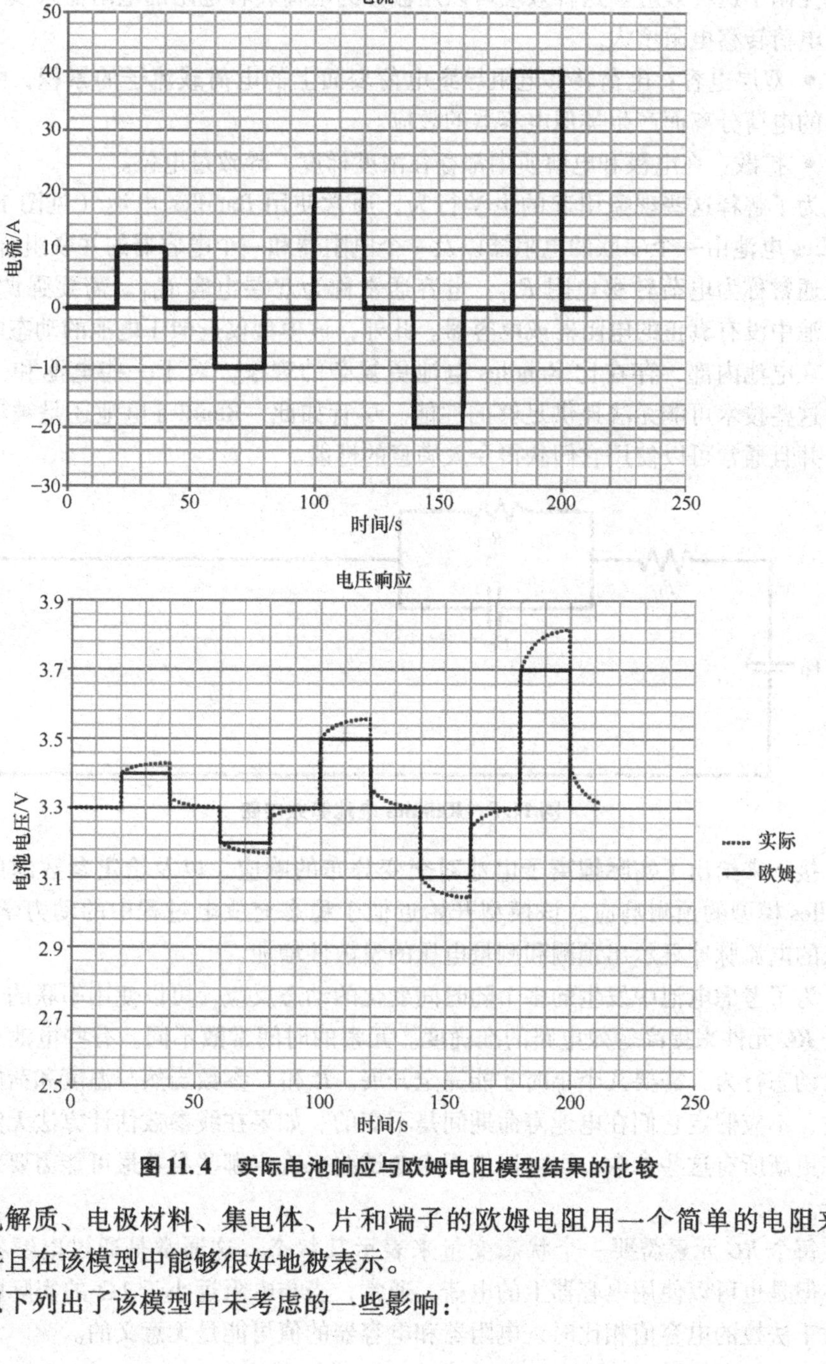

图 11.4　实际电池响应与欧姆电阻模型结果的比较

电解质、电极材料、集电体、片和端子的欧姆电阻用一个简单的电阻来描述，并且在该模型中能够很好地被表示。

以下列出了该模型中未考虑的一些影响：

• 极化或电荷转移电阻：电化学反应的速率（在这种情况下，锂离子插入负极和正极材料）是有限的，并以取决于外加电压的速率进行。巴特勒-沃尔默方程控制了这种效应。这种效应可以用被称为电荷转移电阻的电阻器来模拟。低温下电荷转移电阻增大。

• 双层电容：电荷转移电阻导致电荷表面上的电荷载流子的累积，由于短距离的电荷分离而产生类似电容器的效应。

• 扩散：在电极和电解质中都存在浓度梯度，导致过电位。

为了解释这些现象引起的电学行为，通常使用 Randles 电池（见图 11.5）。Randles 电池由一个串联的电阻器以及一个电阻器和一个电容器的并联组合而成。电阻通常称为电荷转移电阻 R_{CT}，电容通常称为双层电容 C_{DL}。需要强调的是，在电池中没有真正的电阻器或电容器。此外，该模型仅近似于电池的动态电学行为。在电池内部，存在比 Randles 电池更复杂的现象。对于一些电池和一些应用，这些技术可能无法提供足够的性能。尽管如此，Randles 电池还是被广泛使用，并且通常可以使用它们获得令人满意的性能。

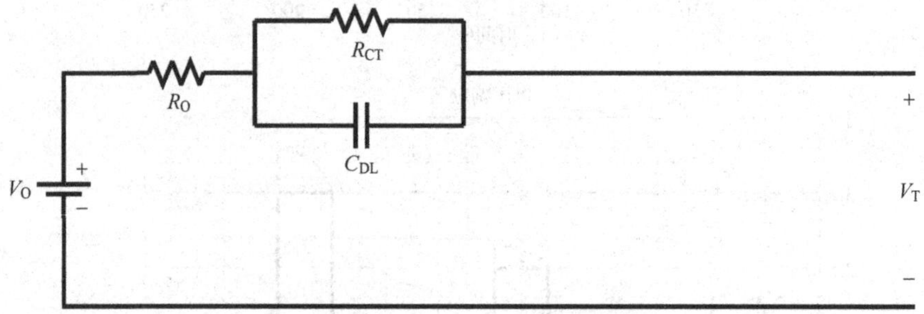

图 11.5　Randles 电池等效电路

接下来给出了实际锂离子电池对交变分布的响应，以及给定参数的单元素 Randles 模型的预测响应。该模型开始近似于稳态充放电过程中的动力学行为。较长的电流脉冲显示出预测和测量电压的发散性增加。

为了考虑电池中发生的多个随时间变化的动态反应，可以使用串联的一个或多个 *RC* 元件来提高等效电路的准确度。元素的时间常数不同。有些电池可以表现出动态行为，需要几个小时才能完全开展。*R* 和 *C* 参数当然与温度和荷电状态有关，不应假定它们在电池寿命期间是不变的。如果在线参数估计方法无法实时动态更新所有这些参数，则可以使用寿命试验来确定哪些参数最可能需要自适应估计。

每个 *RC* 元素需要一个状态变量来表示其状态。这通常是通过电容器的电压，但是也可以使用电容器上的电荷。通常，当与电阻远小于 1Ω 的实际电路值和数千法拉的电容值相比时，电阻器和电容器的值可能是无意义的。

用*RC*单元模拟的动力效应只是近似的。多元件*RC*电路是建立电池动态时变性能的等效电路的有效工具。该电路是一个线性时不变系统，具有许多优点，易于实现和分析，并为系统、电气和电子工程师所熟知。对于某些电池和应用，即使是多个*RC*元件也不能准确地模拟电池的响应，因此需要其他建模技术。

11.3 滞后现象

在许多电池模型中必须考虑滞后现象的存在。滞后的存在使得OCV-SOC关系成为路径函数，而不仅仅是状态函数。一个经典的实验是采用两个完全相同的电池，一个完全充电，另一个完全放电，并从相反的方向接近相等的SOC。在某些情况下，即使允许过电位充分放电，这两个电池的测量电压也不会相等。SOC和OCV之间的一对一关系不再成立。因此，需要对滞后现象进行建模，以准确地确定所讨论的电池是否具有显著滞后的SOC。

然而，由于改变SOC必然需要电流流动，所以不可能实现SOC与开路电压之间的真正关系。“中性”关系可以通过以非常低（且相等）的速率执行充放电循环来近似，从而允许较长的弛豫时间，并生成两条曲线。在充放电曲线中间绘制的曲线可以近似于给定SOC的零滞后电压。最大滞后作为SOC的函数也可以从这个测试中获得。最简单的模型假设滞后效应是恒定的、已知的大小，并且根据电池电流的最新值简单地改变正负。因此，滞后电压只有两个可能的值，$+V_{b,max}$和$-V_{b,max}$。

在这些模型中，重要的是要注意$V_{b,max}$的值通常取决于SOC和温度。在其他情况下，$V_{b,max}$的值也可能取决于外加电流的大小。

$$V_b(t)=\mathrm{sign}[I(t)]\times V_{b,max}$$

$$V_b(k)=\mathrm{sign}[I(k-1)]\times V_{b,max}$$

实际上，存在电流变化方向的滞后回路。因此，V_b在区间$[-V_{b,max}, +V_{b,max}]$中有界，但可以取中间值。V_b的变化率取决于所施加的电流。

当电流为零或足够小时，此模型需要实现内存效应。两个常用的模型说明V_b的线性变化率是作为*I*的函数，或指数变化率。线性模型由以下连续和离散时间表示：

$$\mathrm{d}V_b/\mathrm{d}t=k_b l_b$$

$$V_b=\mathrm{clip}(-V_{b,max}, V_b, +V_{b,max})$$

$$V_b(k)=\mathrm{clip}(-V_{b,max}, V_{b(k-1)}+k_b I, +V_{b,max})$$

指数模型更逼近磁滞极限电压。滞后电压向由零状态滞后模型表示的极限电压呈指数衰减。

$$\frac{\mathrm{d}V_{\mathrm{b}}}{\mathrm{d}t}=\gamma\mathrm{sign}(I)(\mathrm{sign}(I)V_{\mathrm{b,max}}-V_{\mathrm{b}})$$

$$V_{\mathrm{b}}(k)=\exp\left(-\left|\frac{I\gamma\Delta t}{C}\right|\right)V_{\mathrm{b}}(k-1)+\left(1-\exp\left(-\left|\frac{I\gamma\Delta t}{C}\right|\right)\right)\mathrm{sign}(I)V_{\mathrm{b,max}}$$

常数 γ 调节衰减速率，该衰减速率和 V_{b} 的电流值与 $V_{\mathrm{b,max}}$ 的最终值之间的差值成正比（造成指数衰减）。通过将最大滞后电压函数扩展为外加电流的函数，可以进一步细化该模型，使得 $V_{\mathrm{b,max}}=V_{\mathrm{b,max}}$（SOC，$T$，$I$）。

存在更复杂的滞后模型。这些通常被开发用于对滞后系统进行建模，其中滞后效应比在电池系统中更为显著。如果需要的话，它们可以用于锂离子电池建模。Preisach 模型是为磁滞建模而开发的。在具有显著滞后电压和/或平坦放电曲线的系统中（$LiFePO_4$ 是两者的显著示例），需要考虑滞后以便从终端电压得出关于荷电状态的有用结论。

11.4 库仑效率

锂离子电池通常具有极高的库仑效率，在许多情况下大于99%。这意味着几乎所有的电能充电到电池后可以接着放电。而且在许多情况下，不需要对库仑低效率进行建模以实现精确的 SOC 估计。一些小的影响将被 SOC 算法的其他组件补偿。然而，在某些情况下，对于库伦低效率进行建模还是有用处的。这可以通过修改电池模型的行为来实现，使得库仑效率小于 1。这可以基于电池管理系统设计者对实际库仑效率的更好估计的数据来完成，或者可以提供对安培小时集成过程的偏置以确保有更多倾向于低估 SOC 而不是高估 SOC。对于许多应用来说，低估的后果不如高估严重，这是将概率分布向低估转移的简单而有效的方法。

$$\frac{\mathrm{dSOC}}{\mathrm{d}t}=\frac{1}{C}\eta I$$

式中，η 代表库伦效率，放电时等于 1，充电时小于 1。

11.5 非线性元件

有人提出了其他类型的非线性电路元件来描述电池的特性。其中一个是恒相位元件（Constant Phase Element，CPE），如图 11.6 所示。在大多数情况下，恒相位元件的特性类似于电容器。对于正弦波激励，恒相位元件的电流总是滞后电压一个给定的0°~90°的移相角，且和频率无关。在真正的电容器中，这个角度是90°。

$$Z_{\mathrm{CPE}}=\frac{1}{Y_{\mathrm{CPE}}}=\frac{1}{Y_0\omega^n}\mathrm{e}^{-\frac{\pi}{2}ni}$$

$$Z_{\mathrm{CPE}}=\frac{1}{(\mathrm{j}w)^nY_0}$$

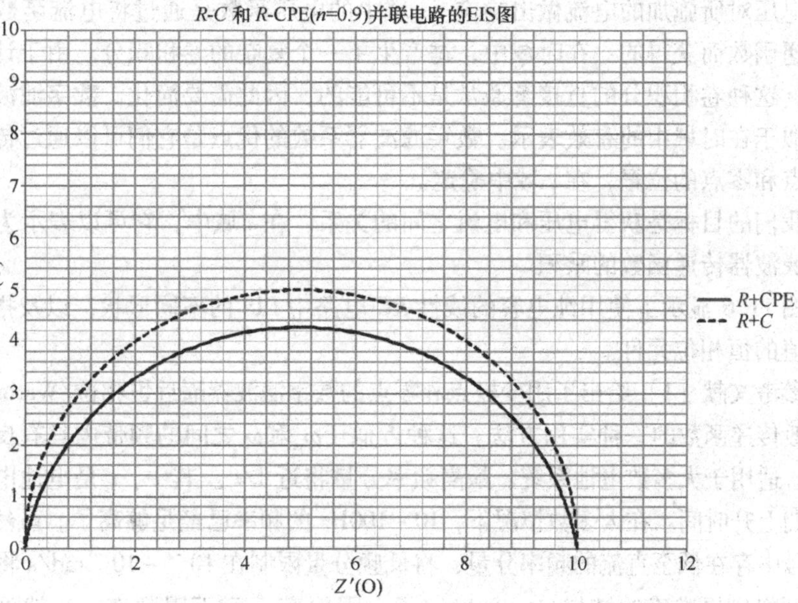

图11.6 恒相位元件的EIS图

对于纯电容，$n=1$；对于纯电阻，$n=0$。如果是给定的CPE，n 接近于1，则可以把它看作一个电容。在许多情况下，电化学电池的等效电路中，“电容”更近似于CPE。但是为了简单起见，通常使用电容表示。

从EIS导出的等效电路模型，CPE常常与电荷转移电阻同时出现。这种组合的复阻抗图是半径稍小的半圆。曲线与实轴之间的夹角为$(1-n)\times90°$。

另一个非线性元件是Warburg阻抗。Warburg阻抗是用于模拟扩散电效应的一种特殊类型的CPE，$n=0.5$。Warburg元件的阻抗与频率的二次方根成反比，并且具有45°恒定的相移角。

$$Z_{\mathrm{W}}=\frac{A_{\mathrm{W}}}{\sqrt{\omega}}+\frac{A_{\mathrm{W}}}{\mathrm{j}\sqrt{\omega}}$$

$$|Z_{\mathrm{W}}|=\sqrt{2}\,\frac{A_{\mathrm{W}}}{\sqrt{\omega}}$$

为了在电池管理系统实现模型中包括 CPE 或 Warburg 阻抗，需要用时域表示（至少近似）。CPE 和 Warburg 阻抗的时域表示是相对较新的概念。简单的线性微分方程可以用于电容和电感建模，电容和电感可以直接用时域指数表示，并且很容易转换成用离散时间表示。CPE 和 Warburg 闭式形式的表示非常复杂，许多方法都使用数字滤波器来近似[1]。

研究 Laplace（s）域中的恒相位元件。阻抗表示电池的传递函数，也就是说，电压对所施加的电流做出响应。s 域中的电压函数是通过将电流函数乘以阻抗传递函数而获得的。在时域中，这产生了一个复杂的卷积积分。由于计算的复杂性，这种卷积积分的直接解通常是不可能的，因此需要简化。数字滤波器是这种近似于在时域中的有效表示。数字滤波器系数的优点是它们可以通过传递函数的极点和零点的位置，在 s 域中确定。

我们的目标是获得电压和电流之间的关系。在 s 域中，它可以表示为电流函数和滤波器传递函数的乘积。

图 11.6 显示了使用纯电容的线性 RC 电路中 EIS 的不同形状，以及指数 n 的特定值的恒相位元件。

参考文献［1］给出了用变极点和零点的数字滤波器逼近恒相位/Warburg 元件的一般传递函数的一种实用方法。这种近似于ω_μ和ω_l之间的频带内具有良好的相关性，适用于大多数电池系统。最高频率分量将近 $1/t_r$。其中，t_r是电池电流的最快预期上升时间。在大多数情况下，10～100Hz 的频率已经足够高了。虽然电池电流信号中存在低至直流的频率分量，将低频分量限制在 10^{-2}～10^{-3}rad/s 将为大多数模型提供更准确的结果。一旦确定了上限频率ω_μ和下限频率ω_l，就可以确定中心频率ω_c：

$$\omega_c = \sqrt{\omega_\mu \omega_l}$$

传递函数可以近似地表示为

$$D_N(s) = \frac{\omega_l}{\omega_c} \prod_{k=-N}^{N} \frac{1 + s/\omega_k'}{1 + s/\omega_k}$$

其中

$$\omega_k' = \omega_l \left(\frac{\omega_l}{\omega_c}\right)^{\frac{(k+N+0.5-n/2)}{2N+1}}$$

$$\omega_k = \omega_l \left(\frac{\omega_l}{\omega_c}\right)^{\frac{(k+N+0.5+n/2)}{2N+1}}$$

增加 N（N=1，2，3…）的选择值将通过添加额外的极点和零点（总共为 $2N+1$）来提高表达式的准确性。通过极点/零点的表示，可以实现到连续时域和离散 z 域的转换。该滤波器在数字嵌入式系统中的实现会消耗有限的资源，并且是众所周知的。这些近似可以用来在有效的频率范围内对 CPE 和 Warburg 阻抗进行建模，并且当线性 *RC* 近似不能提供足够的准确度时，可获得有效的结果。

11.6 自放电模型

和所有其他电池一样，锂离子电池容易发生自放电。非常低的自放电速率可能意味着不需要考虑所有的应用。然而，自放电对精确的 SOC 性能有许多影响。可以使用实验室测试来表征自放电，但自放电速率取决于温度和 SOC（高温下 SOC 电池自放电速率较快）。锂离子电池的自放电速率可能低至每月 1%，这意味着对于经常使用的电池，在电池管理系统中描述自放电特性和实现自放电模型几乎没有什么益处。

长周期的电压测量和 SOC 计算会增加自放电效应对系统性能产生负面影响的可能性。

自放电通过内部泄漏电流路径发生，并且不能由任何外部传感器测量，因此对于电池管理系统来讲是“不可见的”。因此，如果不能忽略自放电，那么它只能估计，不能测量。

如果使用 SOC 算法，由于自放电可能较大，相对于 SOC 的初始值和初始误差估计具有鲁棒性，但会随着时间降低。在许多情况下，较大的自放电误差是不常见的，并且获得精确的 SOC 存在延迟是可以接受的。但是，如果不是这种情况，预测性自放电补偿可以提高系统性能。

自放电速率应通过测试来表示。因为自放电速率非常低，所以设计出能抵抗实验噪声的实验是很重要的。影响自放电速率的两个最显著的因素是荷电状态和温度。电池在高 SOC 和高温下更容易放电。

如果自放电速率对温度的依赖性很高，并且电池用于电池温度会显著变化的环境中，可能需要对温度进行频繁采样，一个精确的自放电估计的分段积分是必需的。

在许多情况下，稳定的 SOC 估计器可以提供必要的功能以解决自放电的影响。

11.7 电池物理模型

11.7.1 Doyle-Fuller-Newman 模型

Doyle-Fuller-Newman（DFN）模型是一种锂离子电池的电化学模型。该模型通过求解一组耦合偏微分方程，描述锂离子电池的特性。DFN 模型是第一原理模型，它对电池中实际发生的物理现象进行建模，而不是等效电路的近似动力学。在该模型中，电池被描述为一个二维模型，一维表示锂离子通过电解液的路径，另一维是锂离子进出活性物质的径向路径。该模型存在于二维域（x，r）中。x 轴是负极集电体，穿过负极活性材料、隔板、正极活性材料并终止于正极集电体的距离。r 轴从粒子的中心出发（$r=0$），结束于标称粒子半径（$r=rp$），这在两个电极上是不同的。

该模型描述离子扩散、空间浓度以及通过电池的负极、正极和分离器的电位梯度。完整的 DFN 模型由一组六个偏微分方程（Partial Differential Equation，PDE）组成。这些偏微分方程描述了锂离子在两个电极之间通过电解液的线性扩散，以及球坐标系中的放射性扩散，将离子放入负极和正极活性物质粒子中，并研究电化学反应动力学。

完整的 DFN 模型处理超出了本书的范围，但是已被证明在很多锂离子电池中表现出良好的性能。尽管事实证明它能够精确地模拟锂离子电池的许多效应，但是完整的 DFN 模型极其复杂，因此在大多数电池管理系统中不太可能实时运行。尽管 DFN 模型基于许多物理参数（不同于使用虚拟电路元件仅近似描述电池行为的等效电路模型），但是在运行中测量这些参数是不切实际的。在参数辨识的过程中，为了描述必须求解的模型，还需要大量的参数。这就产生了在电池管理系统中使用的简化电化学模型的概念。

11.7.2 单粒子模型

单粒子模型（Single Particle Model，SPM）采用简化的双电极模型作为单球体。SPM 的状态变量本质上类似于 DFN 模型的状态变量。但是 x 维度只包含电解液，SPM 假设通过电极材料厚度的状态变化可忽略不计。SPM 也是用 PDE 描述的，PDE 的封闭式解决方案非常不寻常，而且要获得这个模型并进行实时操作有很大的困难。

可以通过简化来获得适合 BMS 的表示形式。最终结果必须提供电池电流和端子电压之间的关系。

一个简化的 SPM[2] 和电压与电流的传递函数为

$$\frac{V(s)}{I(s)}=\frac{R_{ct_+}}{a_{s_+}}\frac{1}{A\delta_+}-\frac{R_{ct_-}}{a_{s_-}}\frac{1}{A\delta_-}+\frac{\partial\mu}{\partial c_{s+}}\frac{1}{A\delta_+}\frac{R_s}{a_sFD_{s+}}\left[\frac{\tanh(\beta_+)}{\tanh(\beta_+)-\beta_+}\right]-\frac{\partial\mu}{\partial c_{s-}}\frac{1}{A\delta_-}\frac{R_s}{a_sFD_{s-}}\left[\frac{\tanh(\beta_-)}{\tanh(\beta_-)-\beta_-}\right]-\frac{R_f}{A}$$

作者使用线性电路元件，提出了一种多极滤波器，在 $10^{-5}\sim10^{-2}$Hz 的频率范围内逼近该传递函数。

同等效电路模型一样，基于物理模型的许多物理常数（电导率、扩散率等）是和温度 SOC 相关的。一些电池应用在狭小的 SOC 范围内工作，SOC 的影响可以忽略不计。

可以进行其他简化，包括：

- 忽略电解液中的浓度梯度。
- 忽略粒子中的径向扩散，假设锂离子浓度在 r 维度上分布均匀。
- 在一个电极（通常是正极）上简化反应动力学，它们发生的速度要快得多。

这些简化模型（见图 11.7）通常是基于耦合的 PDE 并且是非线性的，在电池管理系统中实现通常需要近似值。

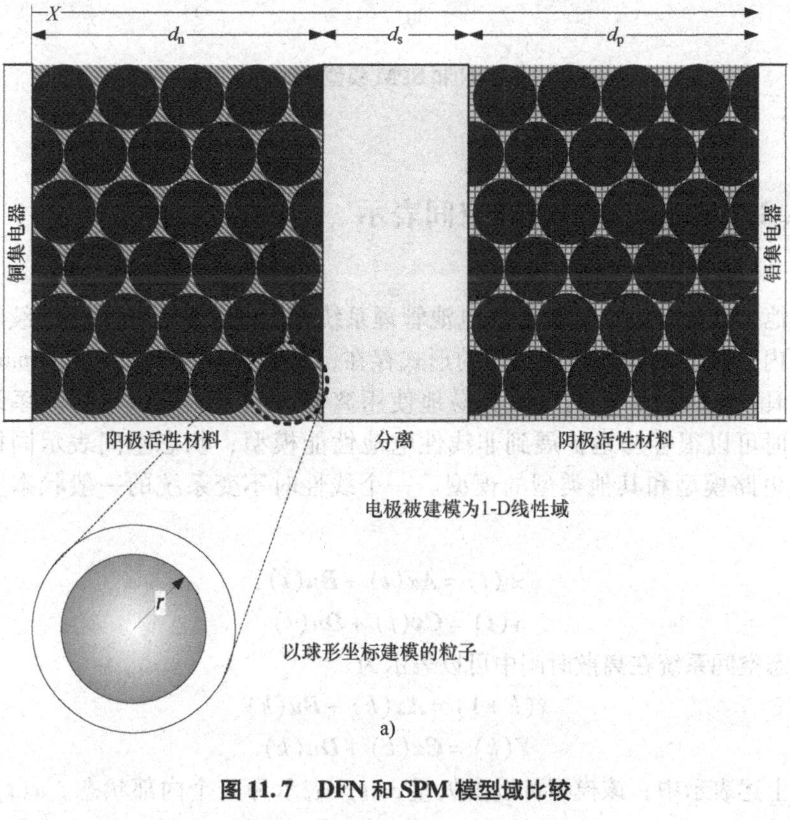

图 11.7　DFN 和 SPM 模型域比较

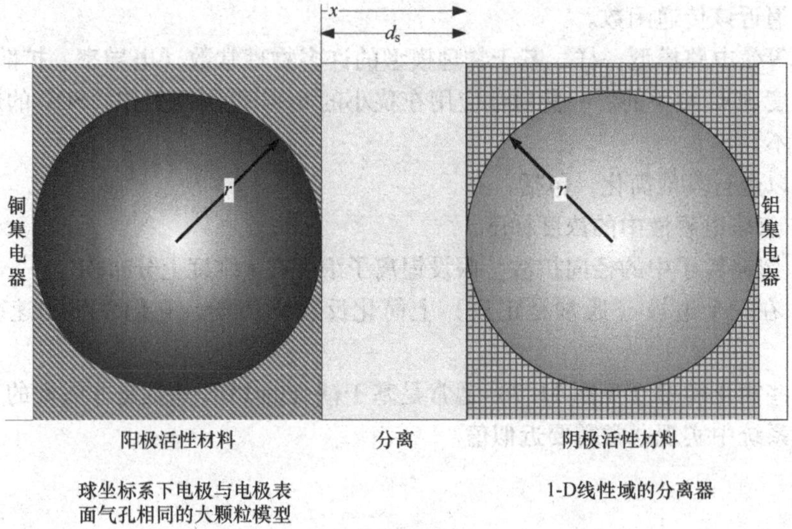

b)

图 11.7 DFN 和 SPM 模型域比较（续）

11.8 电池模型的状态空间表示

电池模型的状态空间表示在电池管理系统开发中非常有用。在连续和离散的时间内，它们以线性和非线性的形式存在，可以直接与 Matlab 和 Simulink 等软件工具一起使用，它们可以容易地使用离散时间方法在数字控制系统中实现，同时可以很容易地扩展到非线性电池性能模型，状态空间表示同样适用于等效电路模型和其他类型的模型。一个线性时不变系统的一般状态空间表示为

$$\dot{x}(t)=\boldsymbol{A}x(t)+\boldsymbol{B}u(t)$$
$$y(t)=\boldsymbol{C}x(t)+\boldsymbol{D}u(t)$$

状态空间系统在离散时间中可以表示为

$$x(k+1)=\boldsymbol{A}x(k)+\boldsymbol{B}u(k)$$
$$\boldsymbol{Y}(k)=\boldsymbol{C}x(k)+\boldsymbol{D}u(k)$$

在上述表示中，该模型可以由矢量 $x(t)$ 表示为 n 个内部状态。$u(t)$ 表示系统的输入，$y(t)$ 表示系统的输出。状态矩阵 $\boldsymbol{A}$ 和输入矩阵一起决定状态变量

随时间的变化。***A*** 定义为状态变量的变化率与状态变量本身的值之间的依赖关系，而 ***B*** 定义为系统输入对状态变量变化的影响。输出矩阵 ***C*** 和传输矩阵 ***D*** 将系统的输出定义为状态变量和输入的函数。

假设有一个过于简化的电池模型，它没有内阻、极化和滞后，且电压只是一个常数 k 乘以荷电状态。

这个系统只有一个内部状态，即荷电状态，我们可以用 ζ 表示。因此 x 只有一个元素，且 $x=[\zeta]$。

在大多数情况下，电池系统的输入矩阵中包含的唯一物理量是电池电流。对于本章讨论的简单模型。ζ 中的变化率等于电池电流除以电池容量 C。

因此 $B=[1/C]$ 且 $u(t)=[I(t)]$，可以得出线性微分方程 $\mathrm{d}\zeta/\mathrm{d}t=1/CI(t)$。

在离散时间中，$A=[1]$，$B=[\Delta t/C]$，因此 $\zeta(k+1)=\zeta(k)+I(k)\Delta t/C$。

$\boldsymbol{Y}(k)$ 是一个单输出矩阵，即电池电压为 $V(t)$，输出矩阵 ***C*** 等于 $[k]$，传输矩阵 ***D*** 为零矩阵，可以得出 $V(t)=k\zeta(t)$ 或者 $V(k)=k\zeta(k)$。

要表示一个真正的电池，这样肯定是不够的，因为这意味着荷电状态和电池电压之间为线性关系（事实上，这种状态空间模型适合于理想电容器），但还是可以改进的。

荷电状态和开路电压之间的关系是非线性的，因此线性系统不能直接对此建模。在这种情况下，输出矩阵 C 应该用非线性函数 $V(\zeta)$ 代替。

为了增加复杂性，引入欧姆电阻，欧姆电阻不引入附加状态，并且可以简单地用传输矩阵 ***D*** 表示。

因为电压 $V(\zeta)$ 等于开路电压和欧姆电阻上的电压 $I(t)$ R_0之和，$D=[R_0]$，状态空间模型如下所示。

RC 元件的添加增加了一个新的状态变量，它可以代表电容器上的电压或电荷。

如果选择电容电压作为状态变量，对于单个 *RC* 并联元件 $\mathrm{d}V(t)/\mathrm{d}t=1/C[I(t)-V(t)/R]$。

滞后也可以在状态空间中表示，需要添加新的状态。单一状态的滞后模型需要添加一个状态变量，该状态变量可以简单地等于滞后电压的值。

通常情况下，系数的值取决于温度和 SOC。应该预料到，这些也是非线性函数。

下面给出的状态空间模型包含了滞后环节、两个 *RC* 元件、非线性 SOC-OCV 关系、参数依赖性和欧姆电阻。

$$x=[\mathrm{SOC}\ V_{\mathrm{C1}}\ V_{\mathrm{C2}}\ V_{\mathrm{h}}]'$$

$$x(k+1)=\begin{bmatrix} \mathrm{SOC}(k)+I\eta\dfrac{1}{C} \\ \exp(-\Delta t/R_1C_1)V_{\mathrm{C1}}(k)+R_1(1-\exp(-\Delta t/R_1C_1)) \\ \exp(-\Delta t/R_2C_2)V_{\mathrm{C1}}(k)+R_2(1-\exp(-\Delta t/R_2C_2)) \\ \exp\left(-\left|\dfrac{\eta I\gamma\Delta t}{C}\right|\right)V_{\mathrm{b}}(k)+\left(1-\exp\left(-\left|\dfrac{\eta I\gamma\Delta t}{C}\right|\right)\right)M(\mathrm{SOC},I) \end{bmatrix}$$

$$Y(k)=\mathrm{OCV}(\mathrm{SOC})+IR_0+V_{\mathrm{C1}}+V_{\mathrm{C2}}+V$$

式中，SOC 是荷电状态；V_{C1}是 R_{C1}上的电压；V_{C2}是 R_{C2} 上的电压；V_{h}是滞后的电压；C 是电池电容；I 是电池电流；η 是库仑效率；R_0是电池的欧姆电阻；γ 是滞后松弛因子；OCV(SOC) 是作为 SOC 功能的开路电压；M(SOC，I) 是电流和 SOC 函数的最大滞后；Δt 是步长。

参考文献

[1] Tröltzsch, U., P. Büschel, and O. Kanoun, *Lecture Notes on Impedance Spectroscopy Measurement, Modeling and Applications, Vol. 1*, O. Kanoun, (ed.), Boca Raton, FL: CRC Press, 2011, pp. 9–20.

[2] Prasad, G., and C. Rahn, "Development of a First Principles Equivalent Circuit Model for a Lithium Ion Battery," *ASME Dynamic Systems and Control Conference*, Ft. Lauderdale, FL, 2012.

第12章 参数识别

第 11 章讨论了具有代表性等效电路模型的原因以及构建这些模型的许多方法。这些模型通常需要一系列准确的参数值才能正确地对特定电池建模。本章将重点介绍识别适当模型和获取参数值以准确表示电池单元的可能方法。

12.1 蛮力方法

电池模型的参数可以用蛮力方法近似。通过观察时域或频域中的电压/电流关系，可以确定响应的哪些部分对应于模型中的各种元素。

例如，假设图 12.1 中的模型和随后的电压/电流关系到电流的阶跃变化。

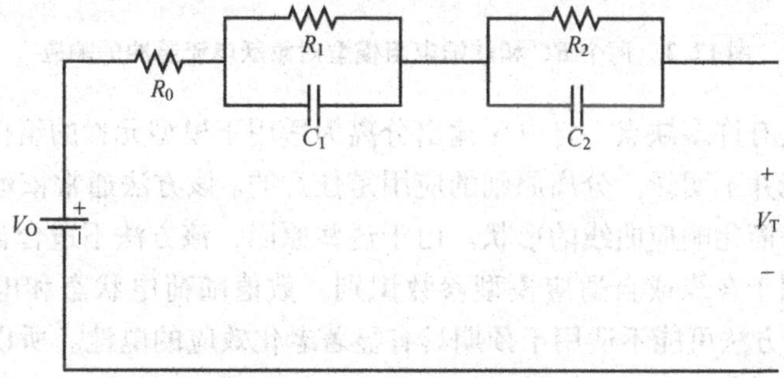

图 12.1 样品电池模型

该模型包括理想的 SOC- OCV 关系、两个 *RC* 元件和一个欧姆电阻。

如果假设两个 *RC* 元件之一的时间常数明显慢于另一个，则随着时间的增加，欧姆电阻和更快的 *RC* 元件的影响可以忽略不计。相反，在施加电流脉冲之后，可以假设效果仅包括欧姆电阻。一旦确定了各个元件的模型参数，就可以从电压响应曲线和顺序确定的其余元件（在这种情况下，更快的 *RC* 元件）中减去该部分电路的影响。该技术可用于任何数量的 *RC* 元件。时间常数越接近，这种方法引入建模错误的可能性就越大（见图 12.2）。

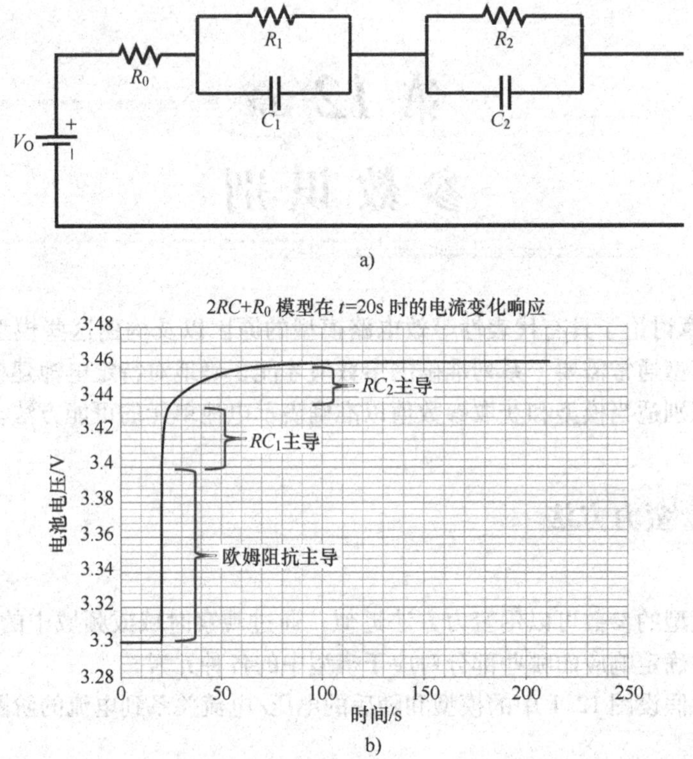

图 12.2　两个 *RC* 和欧姆电阻模型对阶跃电流脉冲的响应

蛮力方法有许多缺点。将电压输出分离为适用于模型元素的组件对于所有观察者来说可能并不明显。分离原则的应用是任意的。该方法通常依赖于应用的特殊电流分布来简化响应曲线的形状。由于这些原因，该方法不适合自动化，并且不能可靠地用于在线或自适应模型参数识别。数值随荷电状态和电池寿命而变化；因此，该方法可能不适用于预期具有显著老化效应的电池。所以，我们需要考虑更多的自动化方法。

12.2　在线参数识别

在在线或自适应模型参数识别中，是通过自动观察电压和电流的关系来确定模型参数的。虽然注入特定电流曲线以辅助参数识别并非闻所未闻，但不需要特殊的电流曲线。通过分析历史电池数据并且近似实时地自动计算参数。

在线参数识别是有可用价值的，因为它允许电池管理系统适应不同电池的变化，这些变化可能由于制造和老化的差异而引入。在一些情况下，在线参数识别可用于创建可与多种电池类型或化学品一起使用的通用电池管理系统。

12.3 SOC/OCV 特征

许多使用等效电路的电池模型需要测量荷电状态和端电压之间的关系，而不需要任何过电压。当电池电流被撤销时，许多过电势会随着时间的推移而下降，但其他超电容本质上是滞后的并且是无法避免的。因此，需要一种近似无过电压的方法。

应在恒定温度下进行 SOC/OCV 关系的表征以避免熵效应。

使用较低的充电和放电速率来调整电池的荷电状态，以最大限度地减少电池动力学的激发，并使电池充分休息。可以进行初始筛选以理解预期的最大弛豫时间。所需的完全弛豫时间可能主要取决于温度。

一旦获得了充电和放电的 OCV 关系，就可以在这两者之间产生没有滞后的中性曲线，假设滞后带在充电和放电中具有相同的幅度。

需要在 SOC 和 OCV 之间实现单调关系，以允许等效电路模型正常工作。

12.4 卡尔曼滤波

卡尔曼滤波器可以用来估计模型参数。接下来将讨论使用卡尔曼滤波器进行荷电状态估计，但卡尔曼滤波器也可以用来估计电池模型参数。

卡尔曼滤波器可以用作状态观测器来确定状态空间模型中隐藏状态的值，其包含过程噪声和测量噪声。

在执行参数识别时，要观察的隐藏状态是模型参数。如果模型参数准确的话，则预测的电压响应将与电池响应紧密匹配。

由于模型性能和参数值之间关系的高度非线性特性，参数更新滤波器几乎总是需要非线性扩展（EKF 和 UKF）。

12.5 递归最小二乘法

递归最小二乘法也可用于参数识别。考虑电池测试的一系列数据点，包括给定电流曲线期间的电压测量值作为时间的函数：$v(I(t), t)$。

电池模型可用于预测给定 $I(t)$ 的$\hat{V}$的值。模型预测电压和测量电压之间的误差大小是模型质量的度量。期望找到一组参数，其最小化所有时间点的系统状态的预测值和测量值之间的误差值。

模型的准确性将取决于其结构和参数，假设由 $\boldsymbol{P}=[P_1, P_2, P_3, \cdots, P_n]$ 表示。假设模型结构适合于感兴趣的电池，$\boldsymbol{P}_i$ 的理想值是使所有 t 值最小化误差二次方或 $(V-\hat{V}(I, t, \boldsymbol{P}))^2$ 的理想值。

$$R=\sum_{t=t_0}^{t=T}(V-\hat{V}(I,t,\boldsymbol{P}))^2$$

使用合适的近似方法选择 P 的初始值。使用逐次逼近来选择 $\boldsymbol{P}$ 的连续值。存在多种用于实现此目的的方法，但是通常依赖于计算关于 $\boldsymbol{P}$ 的值的 R 的偏导数并且更新 $\boldsymbol{P}$ 实现更准确的参数集。雅可比 $\boldsymbol{J}$（R 的每个项的导数相对于 $\boldsymbol{P}_i$ 的值）需要在每个时间步长求解 $\Delta\boldsymbol{P}$ 的更新矢量。

最简单的方法是用 Gauss-Newton 方法来求解 $\Delta\boldsymbol{P}$：

$$(\boldsymbol{J}^{\mathrm{T}}\boldsymbol{W}\boldsymbol{J})\Delta\boldsymbol{P}=(\boldsymbol{J}^{\mathrm{T}}\boldsymbol{W})\Delta V$$

式中，$\boldsymbol{W}$ 是加权矩阵；$\Delta V=(V-\hat{V})$。

通过在不同时间步骤对不同的观察结果进行加权并使用不同的求解更新向量的方法来避免发散，从而扩展了该方法。

该方法对初始参数估计中的大误差特别敏感。可以认为有效的是，在数据集的初始单元表征期间确定参数值，或者在参数变化相对缓慢发生的电池寿命期间从先前值的参数的在线更新。其挑战是如何处理 SOC 和温度范围内参数值的潜在重大变化。

12.6 电化学阻抗谱

电化学阻抗谱（EIS）是电化学电池（电解电池和电流电池）领域中众所周知的技术，用于在很宽的频率范围内确定电化学电池的复阻抗作为频率的函数，包括极低的频率范围（在几分钟到几小时的循环时间并不罕见）。

EIS 测量通常在低电流下进行。对于具有高放电率的大型系统，需要考虑增加充电和放电速率以获得更加相关的模型和参数。

来自 EIS 测量的阻抗表示可用于开发用于电池单元的复杂等效电路。

从 EIS 设备生成的图描绘了作为频率函数的电池的实阻抗和虚阻抗之间的关系。经验丰富的观察者或通过使用特殊软件，可以从阻抗关系推导出等效电路模型。

欧姆电阻通常在最高频率处占主导地位。*RC* 元件在 EIS 图中产生半圆形轨迹，与电阻器（*R*- CPE）并联的恒相元件可通过凹陷半圆轻松识别。Warburg 元素倾向于以低频出现为直线。

图 12.3 描述了典型的 EIS 结果和可能的解释。

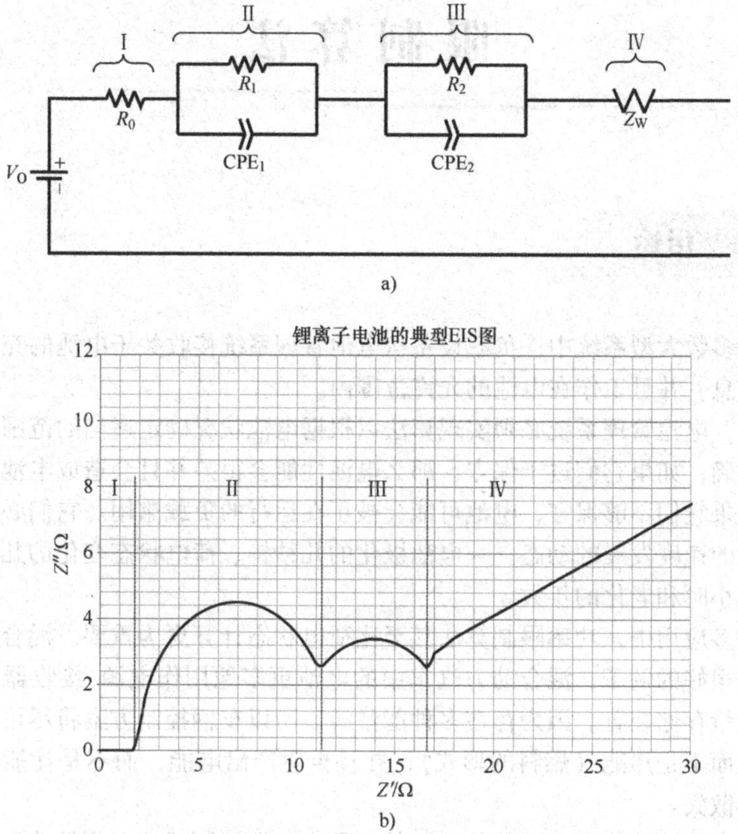

图 12.3　典型锂离子电池的 EIS 图

由于需要专门的负载配置文件，因此 EIS 在线操作的适用性有限，但 EIS 方法可与其他参数识别方法一起用于初始参数的确定，并结合参数更新的在线方法。

第13章 限制算法

13.1 用途

在大多数大型系统中，负载设备从电池管理系统接收关于电池的充电和放电能力的信息，并且工作在电池的允许范围内。

因此，电池管理系统必须实现算法以根据电池状况确定适当的范围。这些算法必须准确；如果它们过于保守，那么电池性能会很差并且会造成电池本身尺寸过大，如果它们不够保守，电池可能会被正在运行的负载滥用。它们必须响应以广泛变化的速度发展的动态——电池极化的几秒钟、荷电状态变化的几分钟、热效应的几小时和老化的年数。

在许多应用中，功率限制算法甚至比荷电状态计算更为重要。混合动力汽车就是一个很好的例子。混合动力汽车中的电池更多地用作电源/接收器而非一个重要的能量存储装置。因为存在多种能量源，所以车辆控制方案将尽可能地尝试使用电能而不是热能（燃料的形式），并且再生产出电能，而不是让能量通过摩擦制动器散失。

假设车辆的性能与电池的状况无关，那么车辆控制系统必须精确地知道电池实时吸收和发出电能的能力（充放电能力）。当刹车时，发出制动指令（车辆必须以一定的速度减速）；显然希望尽可能多地将这种能量存储在电池系统中，但不能以减速太慢和引发碰撞为代价。因此，实时估计电池提供和接收电能的能力至关重要。

13.2 目标

限制算法将有许多旨在平衡系统性能和保护电池的目标。

通常选择在运行期间将所有单元的端电压维持在规定范围内来作为限制算法

的“目标”。“所有”这个词很关键：尽管提供的总功率将取决于整个电池组的总电压，但是电压最大的单元会限制总体的性能。与电流限制相反，这是对计算功率限制相关的挑战；为了计算出功率限制，必须要预测最大单元和整个电池组的电压。

对于大多数电池单元，指定了最大和最小允许端电压。然后，限制算法计算出电流或功率，预示着电池端电压是否将达到这些限定值。

其他电池可以指定电压标准，能够被施加的电流和温度的函数进行补偿。许多电池系统的性能的长期限制因素是电池系统的热容量。热限制通常在响应电池条件里是变化最慢的，但同样重要的是其不能超过限定值。

13.3 限制策略

在电池系统和负载设备的开发过程中必须尽早做出基本决策，以确定如何将限定值传送到负载设备。

应用层面的一个重要决策是以电流还是以功率作为限制因素。在计算电池响应时，使用电流限制更直观，可以更好地控制电池的响应方式，减少过冲的可能性。从负载的角度来看，通常更希望功率限制，但是指定功率限制需要通过限制算法来估计达到限制条件的电流和电压。

值得注意的另一个重要特征是限制的时变性质。瞬时限制可能无法捕获负载变化的整个过程。对于在极限或接近极限条件下运行的高性能电池系统，预测出极限变化传递给负载是有用的。

简单的零阶限制仅提供充电和放电中允许的电流或功率的瞬时值。一阶限制中加入了变化率。这可以通过提供变化率来实现，或者可以通过传达当前的限制值以及在将来某个时间点的限制值来实现。这将为负载设备提供更多的信息，以允许其预测未来的电流/功率可用性以及极限的变化，从而防止超过电池的安全运行区间。对于在极限荷电状态下具有高充放电速率的系统，该技术可以减少跟随误差并允许负载更好地利用电池，特别是在发出限制命令和负载响应之间存在明显的时间延迟，或者负载电流的转换速率是受限的情况下，可以通过递减收益来扩展到更高阶的限制。

为了防止电池极限和负载电流之间振荡，常见的策略是对电池极限的允许波动率施加限制，除非是最严重的事件。如果电池极限的变化率低于负载的响应时间以及所有相关的通信和延迟循环，则将消除超出新限制的超调问题。这需要仔细分析以确保不会出现安全问题，但通常这种策略可以解决对可用电池电量变化的负载瞬态响应的问题。

13.4 确定安全操作区域

电池管理系统的限制功能的目标是确保电池不会在安全运行区域之外运行。像许多电池特性一样，定义安全运行区域不一定是一成不变的，因为随着电池参数的变化，安全程度会不断变化，但一般来说，应建立一套连续的电池条件包括电池电压、电流、温度和SOC，从安全性、寿命和性能角度来看都是可以接受的。

应用程序必须要明确定义。为电池单元建立的一组限制可能是非常安全的并且在一个应用中提供良好的性能，但是在另一个应用中循环会导致不可接受的快速退化。应进行综合实验，检查操作和储存温度、循环和使用寿命、充电和放电速率以及最小/最大SOC范围的关键变量，以用来创建通用寿命模型。这可以通过基于物理的退化现象模型和电池拆检来对模型加以验证，并将内部物理效应与外部可观察到的电和热宏观行为联系起来。诸如此类的工具将为电池系统和电池管理系统的开发者提供可用于每个新应用的预测工具。

要建立有效的限制算法，必须提供以下信息：

- 温度：正常运行的最高温度限制是多少（充电和放电可能有所不同）？作为温度函数的充电和放电的最大允许速率是多少？热失控和其他破坏性影响开始出现的临界温度是多少？什么操作温度范围将提供所需的循环和使用寿命？
- 电压：为防止电池退化，建议的最大和最小电池电压是多少？避免电池损坏或危险情况的最大和最小电压限制是多少？此信息应该可以从电池制造商处获得，但也可以通过测试进行独立验证。
- 电阻：在预期的温度、SOC和年限范围内，电池的预期直流电阻是多少？
- 速率：作为温度、SOC和内阻的函数，建议最大充放电率是多少？
- SOC：对于可以满足使用寿命要求的应用，建议的SOC间隔是多少？

对于以上问题，锂离子电池制造商并不一定有全面的答案，特别是对于特定应用的用例。

13.5 温度

锂离子电池或其他电池的性能在很大程度上取决于温度。

许多制造商规定了最高工作温度，超过该温度电池不能工作。当电池温度接近这些范围时，电池管理系统应将充电和放电限制降至零（见图13.1）。这些温度限制通常不同于充电和放电。

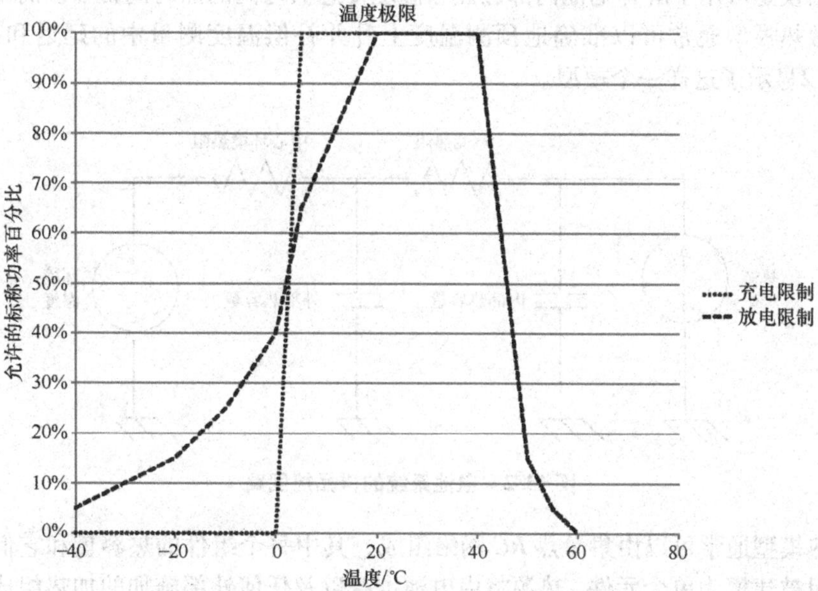

图 13.1 充电和放电极限随温度的变化

如果要严格遵守电池制造商的建议，电池管理系统应根据测得的电池温度的极值进行操作。例如，通常在低电池温度下禁止充电。使用最低测量温度而不是平均温度，以确保没有电池在其推荐额定值之外运行，这一点是至关重要的。此外，如果真正的极端温度可能超出测量值范围（例如，温度传感器无法测量出电池的最热和最冷部分），或者测量误差在期望的温度下，则必须包括额外的安全裕度。

因为电池系统的有限运行是不希望得到的，所以期望电池管理系统将计算可能的最小限制性极限，以在不必要地减少功率的情况下维持电池的安全性。

通过随着电池温度的升高滚动回退限制，可以采取措施来减小由于电池自加热而超过温度上限的可能性。如果滚降太突然，或者发生在太高的温度下，由于电池在已经处于高温时经历高电流操作，则可能超过最大建议温度。在任何情况下都不允许在非常高的温度下操作，因为在该高温下开始热失控的温度的安全裕度不足或者可能发生其他类型的损坏。

温度会显著影响电池的内部阻抗、极化和滞后特性。大多数锂离子电池的阻抗在低于0℃的温度下会显著增加，并且在室温和低温（−20～−30℃）之间可能会增加一个数量级。在此范围内，负载可用的功率在没有经历极端电压偏移的情况下将会大大减少。虽然基于电池电压的闭环极限将能够对增加的阻抗做出反应，但是通常使用基于温度的查找来进行简单前馈极限可以改善极限性能。

热模型可用于解释电池内部加热和温度传感器之间的热时间常数。简单的集总参数热模型通常可以准确地预测温度上升并补偿温度测量中的延迟和误差。图 13. 2显示了这样一个模型。

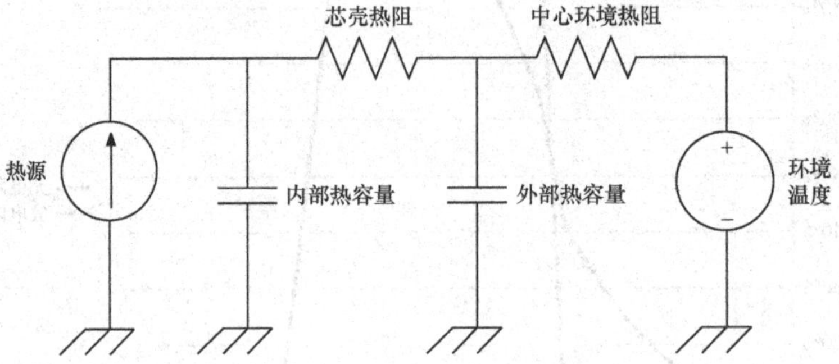

图 13. 2　电池系统的样品热回路

热模型通常可以由集总热 *RC* 网络组成，其中每个组件的热容量和它们之间的热阻被建模为单个元件。热源将由电池本身以及任何外部施加的加热组成，并且热量移除将发生在周围环境以及可能存在的任何主动冷却系统中。

电池内生热源包括：

• 随电流变化而发生的焦耳热或欧姆热。等效热阻（ETR）可以通过温度升高测试确定，并用 I^2R 计算焦耳热。该电阻可能不一定与用于电化学/等效电路建模的电阻相同。ETR 将是温度、SOC 和时间的函数，如果要使热模型保持准确，则 ETR 函数必须动态跟踪。

• 如果充电和放电之间存在着显著的电压滞后，则能量会以热量的形式与行进的磁滞回线的大小成比例地消失。如果在恒定电流 I 下循环期间存在电压偏移 ΔV，则在磁滞回线期间能量以等于 $I\Delta V$ 的速率损失。充放电过程中热损失的比例不一定相等，应通过试验来评估。此外，ΔV 的大小可能取决于电池电流以及 SOC 的常用参数空间、温度和寿命。

• 熵加热/冷却：充电和放电反应通常具有不可忽略的可逆热成分；充电可能是放热的（释放热量，使电池变暖），而放电可能是吸热的（消耗热量，这会冷却电池）。这可以通过两种方法之一进行测试：通过从测试期间的热升高中减去欧姆加热效应，或者通过使用热力学关系分析计算熵的变化。

许多温度测量可用在限制计算。通常情况下，两个极端温度（在设计良好且正常运行的电池系统中，应该大致相等）应该为温度效应提供最坏的情况。对于具有高灵敏度的效果，例如抑制低温充电、接近极端温度操作、额外的安全裕度以及测量不确定性的可能影响应包括在极限计算中，以确保电池不被滥用。

13.6 SOC/DOD

电池提供和接收功率的能力随着给定温度下的SOC/DOD而变化。

可以使用恒定电压或者恒定电流电池循环仪来进行测试以确定电池在各个工作点处的功率能力，所述的恒定电压或者恒定电流电池循环仪能够提供足够的电流，用来将电池驱动至最大推荐充电和放电电压（对于设计用于高功率应用的低阻抗单元，这可能是非常高的电流）。

应将电池设定为所需的测试条件（SOC和温度），并使其保持热稳定和电化学稳定。

然后应将循环仪设置为在“恒定电压”模式下运行，以将电池推至极限电压。应该设置一个电流限制，以防止电池超过充电/放电电流额定值，并且温度监测也应该设置好。电流最初将上升到仅由欧姆电阻限制的值，并且随着电池动态过电势被激发而逐渐下降。

自起动电压指令脉冲以来的各个时间的功率可以被计算为电压×电流，因此可以建立各种长度的脉冲功率容量的估算。

应在充电和放电中重复测试，并且应在每个脉冲之前将电池返回到目标SOC和温度。由于磁滞和极化，从0%SOC到达目标SOC的电池上的测量电压可能与从100%放电到目标的电池显著不同。准确的循环设备对于获得良好的结果非常重要。

在操作期间预期的SOC和温度范围内重复该测试将提供对电池充电和放电能力的非常有用的估计。这可以对建立作为SOC的函数的推荐最大电流的预测极限基线有很大的作用；但是，它也存在许多缺点，包括：

- 如果SOC不准确，则预测限制中会出现相应的错误。
- 由于电池的过电位动态随着电池老化而变化，特别是当电阻增加时，因此即使准确知道SOC，限制不足以保护电池。

因此，作为SOC函数的限制应与其他信息一起用作前馈或预测限制，这可以最大限度地提高性能。

对于已知SOC的误差界限或置信区间的SOC估计方案，也可以考虑误差范围。

除了电源可用性之外，对于许多应用，SOC范围从0%显著降低到100%，以提供必要的循环寿命。混合动力汽车和其他峰值功率应用就是很好的例子。在这些用途中，即使这样做是安全的，电池操作也必须限制在该SOC范围之外。因此，可以施加特定于应用的限制（而不是与电池容量相关的限制），以防止在该范围之外的偏移。对于大多数应用而言，在 SOC 下充电的简单线性充电和在低 SOC 下放电已经足够。通常，这种限制策略与负载设备中的算法相结合，该算法通过预测来确定如何根据其报告的 SOC 来使用电池。

13.7 电池电压

测量的电池电压提供了产生响应限制信息的最佳条件。对电池电压接近其极限的期望响应是电池管理系统功能中最关键的部分，它将在正常系统操作中发挥作用。随着许多电池化学物质接近其完全充电和放电的极限，电池电压和荷电状态之间的关系变得非常陡峭，并且如果维持高速率的充电或放电，则可能迅速超过电压限制。电池端电压的组成部分也是由于电池激励引起的过电压，因此对于过度充电或放电速率的电池（特别是在低温或阻抗最高的寿命结束时）可能导致过电压发生。即使电池的电量状态保持在可接受的范围内，过电势也会导致电池劣化发生；这限制了电压和 SOC 中的安全工作区域，并导致过度充电和过电压的单独故障模式。

通过禁止电池在高电压下充电和在低电压下放电可以实现安全性，但是在大多数情况下，这些类型的电池电流的快速调节是不可接受的。精确的电池模型将对作为电流函数产生的最大过电位给出精确的估计，再结合精确的 SOC（或至少 OCV）估计将在充电和放电中产生最大稳态电流。与需要在具有最大可允许充电和放电容量的电池上操作的电荷估计的电荷估算不同，电池电压限制模型需要在具有最高和最低端电压的电池上运行。考虑到电流和电压的测量误差将会更好地提高安全裕度。

可以在安全操作区域的边缘附近使用简单的动态控制回路。如果已知电流、SOC 和总过电位之间的关系以及 SOC 和 OCV 之间的关系，则该信息不仅提供当前工作点处的最大可允许电流，还提供该限制相对于时间的电流变化率。对于在高功率/能量比下进行系统操作，在接近极限时操作可以实现非常灵敏的控制。

通常，上述数量和关系也取决于温度，但是在大多数短期情况下，且在接近电池极限的情况下，电池温度的变化率通常可以忽略。

当电池接近放电结束并且放电极限减小时，就会出现一些常见的问题，而负载会导致电池放电电流减小，导致电池电压下降，并且在不准确或简化的模型的情况下导致电池电压下降。恢复限制，则允许更高的放电电流。可能导致振荡状态，使得性能不稳定。

对于这种效应，在电池电压极限范围内增加一些离散或连续的磁滞可以防止电池和负载之间的振荡。

13.8 故障

在非关键的电池故障或电池管理系统故障的情况下，通常希望降低电池充电和/或放电速率以提高安全性，但同时也能够提供一些有限的性能。降低充放电速率、进一步限制电压和SOC范围以及对温度的更高灵敏度，可以在传感器或测量受损、电池不平衡或SOC估计中检测到潜在错误的情况下提高系统的安全性。

如果存在显著的电池单元不平衡，则有必要降低限度。如果在最低容量电池达到0%SOC时大型电池系统放电，则会导致电池反转的强制过放电。电压可以非常快地下降并且电池可以进入电池反转而几乎没有警告。电池电压限制将激活，导致极限突然改变，或者检测将太慢并且将发生过放电。在电池被充分利用的应用中，当电池接近0%和100%SOC时，逐渐减小允许极限可能是有意义的。

13.9 一阶预测功率限制

假设电池单元由与单个内部欧姆电阻串联的理想电池建模。$V_{LIM,MAX}$和$V_{LIM,MIN}$分别为该电池单元的最小和最大可接受端电压。当达到条件$V_{OC}+IR_0=V_{LIM,MAX}$时，I的值为

$$I_{MAX,CHG}=\frac{V_{LIM,MAX}-V_{OC}}{R_0}$$

$$I_{MAX,DIS}=\frac{V_{LIM,MIN}-V_{OC}}{R_0}$$

此时的功率等于$V_{LIM}\times I_{MAX}$，或者（$V_{OC}+IR_0$）$I=IV_{OC}+I^2R_0$。式中，V_{OC}被认为是SOC的函数；R_0可以被看作是一个SOC和温度的函数，它可以动态计算，也可以是两者的组合。

忽略极化和其他动态，这为电池提供了一个电源和电流限制，可以保持端子间的电压在最大值和最小值之间。

电池的开路电压和电阻R_0可以是SOC和温度的函数。因此，如果已知SOC和电池温度，则可以简单地查找该系统的一阶限制。

如果保守地选择电阻值以考虑由于所有内部电池动态引起的最大过电位，则该功率限制算法将提供用于防止安全违规的良好性能。在充电和放电之间或具有非常慢的内部动态的电池中快速切换的应用中，功率限制可能过于保守。

13.10 极化依赖极限

如果第11章中描述的电池模型能实时运行，则由 *RC* 元件引起的总极化将是已知的。该信息可用于进一步细化限制算法。

这对于电池必须在充电和放电之间快速反转，电流高或总能量容量低的应用中特别有利。

对于基于高阶时间的限制，可以以预测的方式运行电池模型以确定给定电流在达到限制电压之前可以放电或充电的时间长度。

13.11 限制违规检测

电池管理系统需要检测是否超出限制的情况，并且需要应对这种潜在的危险情况。然而，在大多数情况下，电池管理系统无权通过限制电池电流或电源来“强制”限制，只能断开接触器并断开电池与负载的连接。因此，必须避免这种故障情况的发生。由于负载设备出现故障，在这种情况下问题可能持续存在，或者由于对负载响应时自行调整的瞬态情况的响应缓慢，因此可能超出限制。对于一个简单的检测策略，一旦极限违反限制就会打开接触器，从而会产生更多的问题。

“漏斗式”积分器策略是检测限制违规的有用技术。电池管理系统对超过允许限制的电流或功率进行积分。该积分误差随时间衰减，或者以固定速率衰减，或者以与其幅度成比例的速率衰减（指数衰减）。当积分误差达到预定值时，电池将断开连接。这可以防止小问题（不太可能导致安全问题）累积而导致跳闸，也可以防止系统快速响应而造成大问题。

强调对更高级别的违规行为的响应可以通过整合实现 $(I-I_{LIM})^2$ 从而来替代 $(I-I_{LIM})$；当超过极限时，这就类似于热熔丝的行为。

13.12 多串联电池组并行的限制

在采用多串联电池组并行的系统中，无论是在线或离线，均取决于各个电池子系统的状态，并且可能具有不同的荷电状态，甚至可能具有不同的温度范围，因此这些并联组合的计算限制问题会让电池系统变得越来越复杂。

在串联电池组并行系统中，每个串联电池组并行通常只能提供系统额定功率的一小部分。并非所有并行字符串都可以同时在线。

如果串联电池组简单地并联连接，则很难将所有限制加在一起，因为根据它们各自的阻抗和荷电状态，串联电池组可能无法平均共享负载电流。同样地，准确的电池模型对于了解每个串联电池组的作用以及确定总体限制非常重要。

第14章 平衡充电

在大容量电池系统中，为了维持电池在整个使用寿命内的高性能，通常需要实施电池平衡策略来解决电池性能的差异。

高效的电池平衡系统采用合适的安全裕度能够保证电池性能在整个使用寿命内处于理想状态，而不需要增加设备的成本和系统的复杂性，从而可以减轻设备的重量。而想要设计出合理的电池平衡策略就需要充分了解电池本身，例如锂离子电池，因为其具有高库伦效率，不能像其他类型的电池那样“自平衡”，如果管理不当的话，电池的不平衡不会随着时间推移自行纠正。此外，还有许多系统和电池的参数对电池平衡功能来讲也很重要。

了解电池容量的预期差异是很重要的。在没有电荷转移平衡的情况下，整个串联电池组的容量将被容量最低的电池单元所限制。如果考虑电荷转移能力，则可以在放电过程中将能量从高容量电池转移到低容量电池，从而提高电池的有效容量。

了解电池之间荷电状态的实时差异也是有效平衡的必要条件。

自放电速率和电池之间的自放电速率的差异也是制定平衡电路标准的主要驱动因素之一。一般来说，电池自动放电是不希望看到的，电池供应端应尽可能地减少电池的自动放电。自放电速率的差异要么是因为制造过程中的差异，要么是由于电池中存在的缺陷。图 14. 1 对可能发生的差异类型进行了解释。

我们设计电池平衡系统以满足以下一个或多个设计目标：

• 最小化电池充电之间的差异：电池组的有效容量会因充电最多和最少的电池之间的电荷差而降低。

• 最大化可用电池功率：由于 SOC 对电池阻抗的影响，不同 SOC 下的电池具有不同的功率能力。如果电池漂移到高或低 SOC 状态，它们将限制电池的功率以及能量容量。

• 最大化可用电池能量：如果电池容量不相等，那么容量大的电池在最低容量的电池完全放电时仍然含有有用的能量，但是为了不使较小容量的电池过度放电，这种能量不能被提取出来，于是就造成了能量的浪费。如果电荷可以从容量较大的电池转移到容量较小的电池，那么滞留的能量就可以被回收。

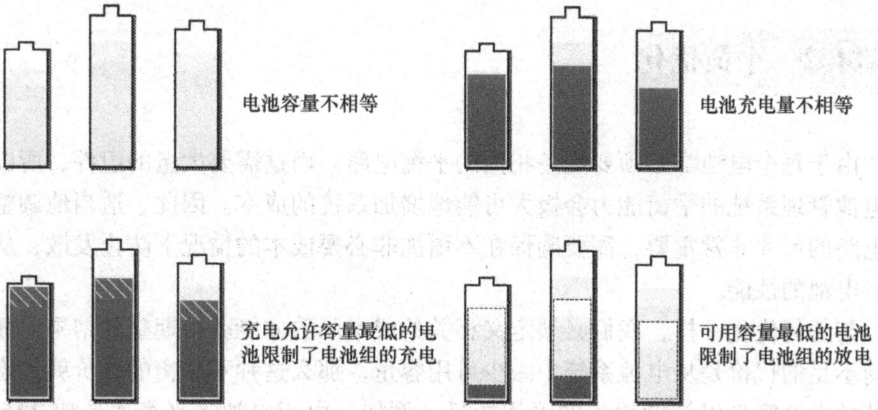

图 14.1　电池差异和平衡需要

14.1　平衡策略

最简单的电池平衡策略就是防止电池在荷电状态下随时间发生能量散失。具有较高自放电速率的电池必须接收更多的充电电流（或更少的放电电流）来补偿自放电速率，以防止发散。由于容量不平衡导致的能量滞留，使得这种技术虽然不能从电池系统中提取出最多的能量，但能确保电池容量不会因为严重的电池组不平衡而显著低于最低容量电池。选择性充电或放电用来调整电池的荷电状态，使所有电池的 SOC 状态不会发散，从而避免电池可用容量进一步减少。

假定不是所有的电池都具有相同的 SOC 和容量，则可能出现两个极端的情况。一种极端情况是电池管理系统不能执行均衡，在这种情况下，在任何运行点，整个电池组的放电和充电能力将等同于单个电池的最低可用容量；另外一种极端情况是电池管理系统可以实现高速率的有源均衡，在这种情况下，每个电池的全部能量都可以被利用。在这两个极端情况之间存在一些成本不同的中间可能性。

理论上有一个最大的有效平衡能力，当超过这个范围时，系统就不能从更高的平衡电流中获得额外的能量。在预期的完全放电的时间内，提取出所有因为能量不平衡而滞留的有用能量，就能够实现这个系统最有效的平衡能力。

SOC 状态的不平衡和容量发散的产生是一个依赖于时间的过程，并以缓慢的速度进行。如果出现了极高的自放电速率，这通常是更严重的内部短路的警告信号，此时，电池的运行应该被终止。因此，容易高估平衡能力的需求。

14.2 平衡优化

由于每个电池都必须要配备相同的平衡电路，而这需要大量的组件，所以增加电池管理系统的平衡能力会极大可能地增加系统的成本。因此，适当地调整平衡电路的尺寸非常重要，需要确保在不增加非必要成本的情况下防止发散，从而保持电池的性能。

与任何优化一样，我们必须定义相关的成本函数才能获得期望的结果。如果平衡不足的代价是从电池系统中减少可用容量，那么这种不平衡的代价就是增加额外的电池容量以补偿损失的可用能量。例如，由于电池不平衡而造成 2Ah 容量损失的系统必须提供额外的 2Ah 容量来进行补偿。

平衡点的选择是一个重要的特征。平衡点指的是，如果电池组是完全平衡的，那么所有的电池单元（具有不同的容量）都处于相同的 SOC。例如，当平衡点为 100% 时，此时如果电池处于完全平衡状态，它们在充电过程中会同时达到 100% 的 SOC，但在放电过程中，它们的 SOC 会发散（容量较小的电池比其他电池下降得更快）。如果电池的目的是为充电和放电提供近似相等的容量（如在混合动力汽车或一些储能调峰应用中），则平衡点最好位于 50% 的 SOC 附近。

在分布式系统中将用于平衡决策的软件逻辑放在哪里是另一个重要的考虑因素。由于平衡决策需要所有单个电池单元 SOC 信息，并且需要所有电池单元的条件来确定每个单元合适的平衡行为，因此将平衡算法放在主设备中可能是最合适的方法。

确定电池平衡电路的工作方式对于维持平衡状态来讲至关重要。如果在电池系统的整个运行过程中使用所有单个电池的 SOC 并连续地做出平衡决策，那么平衡所有电池的分配策略几乎可以连续地完成。然而，在许多情况下，在具有大量单个单元的电池系统上运行完整的 SOC 估计，它的计算资源占用性价比通常并不划算。因此，如果应用程序允许的话，更有效的方法是等待，直到有一种更直接的测量相对荷电状态的方法可用，例如，在电池开路且电池电流为零的很长一段时间之后，每个电池都有开路电压时再进行测量。

如果假定非磁滞过电位是松弛的，并且所有单元的磁滞大致相等，那么在这种松弛状态下，可以逐个单元地获得绝对或相对的 SOC 信息，并且计算工作量要小得多。在存在测量噪声的情况下，由于不需要对瞬态条件做出快速响应，系统在长时间开路后获得测量结果，可以进一步提高准确度。假设电池的 SOC 差异很小，则可以用一个简单的近似一阶线性关系来表示相对 SOC 状态并建立平衡分配方法。

相对 SOC 状态应转换为从每个电池单元中释放的 Ah 值。在使用固定电阻进行耗散平衡的情况下，平衡电流由 V_{CELL}/R_{BAL} 给出。当电池放电时，V_{CELL} 会下降，从而降低平衡电流。在许多情况下，假设恒定的平衡电流所产生的误差是可以忽略的，并且可以为每个单元分配平衡的时间。在低功耗平衡电路中，这些时间可能很长（几小时到几天），并且可能需要在非易失性内存中跨周期地维护，同时在单元释放时递减计数器。为平衡附加一个最大时间限制，以防止在平衡状态发生变化的很长一段时间内仍使用陈旧的数据，这对于防止因为平衡机会过少而造成的系统平衡误差很有效。

在许多情况下，电池管理系统只能在某种活动状态下进行电池平衡；可能需要控制电源，这就会导致其他的系统要求，甚至可能包括闭合式接触器，以提供来自高压电池堆本身的控制电源。在这种情况下，平衡可能会导致电池能量的损失，因此，在实现完全准确的电池平衡和最小化能量浪费之间存在着一种权衡。如果不平衡的后果是更严重的，则可以考虑修改电池管理系统和电池组的工作状态以及电源架构，使电池系统能够在不影响其他系统组件的情况下达到平衡，并且能源消耗最小。

14.3　电荷转移平衡

电荷转移平衡提供了一种将电荷从一个单元转移到另一个单元的方法。因此，并非所有的能量都损失了。该技术的主要优点是，在耗散平衡系统中，当大多数放电单元的可用能量达到零时，所有其他单元中的能量都是滞留的，而通过电荷转移平衡可以部分利用这些能量。这可以增加电池组的总能量容量，解决了由于总能量容量和 SOC 状态不平等而导致的电池之间的能量不平衡的问题。

例 14.1：

考虑一个由 100 个 15.0 ± 1.0Ah 配置的电池组成的电池组，电池容量均匀分布在 14.0 ~ 16.0Ah 之间。在耗散平衡的情况下，如果所有电池在放电周期的同一时刻达到 0Ah，则电池的最大容量为 14.0Ah（最低电池的容量）。相对 SOC 误差将进一步降低容量。在电荷转移平衡的情况下，理论上电池的最大容量为 15.0Ah（电池的平均容量），假设能量能够以足够快的速度从任何电池以 100% 的效率任意移动到其他电池，则可以确保在放电周期内能量可用。

虽然提高效率和提高可用容量的能力是我们进行电荷转移所期望的结果，但是否进行电荷转移还需要仔细考虑。在许多情况下，电荷转移平衡并没有提供足够的优势来证明它的合理性。在做这个决定时，应该首先分析以下几点。

- 电池容量和自放电速率的差异：所有现代电池制造商都在努力减少电池

之间的差异。因此，对于大多数高质量的电池而言，单个电池之间的差异非常小。由于电池可用容量最有可能改进的是，一旦放电最严重的电池达到 SOC 的 0% 时所有电池中的剩余能量之和，因此如果电池的容量接近，那么可以转移的能量将非常少。

• 预计充电和放电周期的长度和整体电池管理系统平衡工作周期：如果电池放电非常快，则在一个周期内能量也需要转移得更快以使得能量的利用更充分，这意味着平衡电路需要更大的尺寸。例如，一个预期的不平衡容量为 2%，放电率为 1h 的 100Ah 电池组需要移动 2Ah/h 或 2A 的电荷转移电流，才能利用大容量电池中的所有能量。如果预期的放电时间减半至 30min，则平衡电流需要加倍才能达到相同的效果。

电荷转移平衡可以通过不同的方式来实现。许多基本的拓扑结构可以实现单个电池之间的电荷转移。

在主从电池管理系统拓扑中，重要的是要确定电荷是否只能在一个从设备中传输，或者电池管理系统是否需要能够在系统中的所有单元之间传输改变。

由于电池的电位明显不同，电荷转移平衡的方法可能涉及高压开关和/或隔离等级的元件。由于这会极大地增加电池管理系统的成本，因此需要找到降低平衡电路电位差的方法。

在与接地隔离的低压系统中，可以将平衡电荷通过隔离栅转移到接地参考系统（电动汽车中的 12V 电气系统就是一个很好的例子）。通过使用快速电容或变压器平衡电路，能量可以跨隔离栅传输，同时保持隔离栅的完整性。

14.3.1 快速电容

快速电容由电容器组成，该电容器可将其一个或两个端子连接到多个设备上，以进行电荷传递或测量。如果能够确保电容器没有同时连接到隔离栅的两侧，则快速电容电路可用于测量或跨隔离栅传递电荷。快速电容电路的典型示意图如图 14.2 所示。

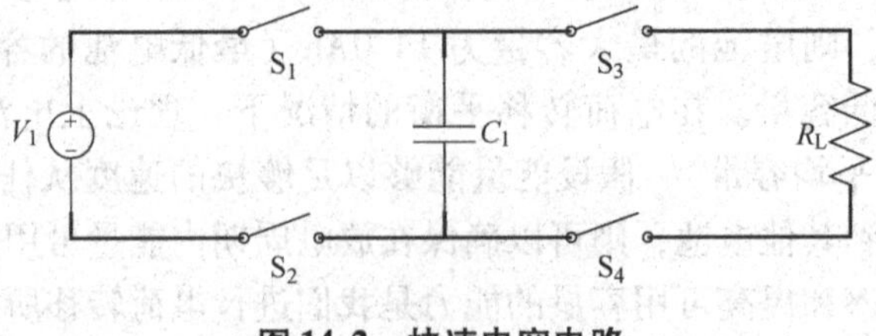

图 14.2 快速电容电路

当开关闭合时，开关 S_1 和 S_2 将电容与电压源 V_1 相连，电容 C_1 通过电阻 R_1 充电至 V_1。然后开关 S_1、S_2 打开，开关 S_3、S_4 闭合将已经充好电的电容 C_1 连

接到负载 R_L，电容中储存的能量消耗在电阻上。

通过增加额外的开关对，可以将电容器连接到任意数量的电源或负载上。电压源和负载电阻可以用两个电池替代，通过交替闭合 S_1、S_2 和 S_3、S_4，能够将高电位电池的能量转移到低电位电池。

负载电阻也可以用电压测量电路来代替。这使得跨隔离栅测量并联电压的安全性提高，同时允许多个测量点共享一个高准确度测量电路和模/数转换器。在开关和电压源之间使用不同的分压器就能够用同一电路测量不同的电压范围。

该电路的电荷转移限制要求负载电压低于源电压；这样不能将电荷从低电势转移到高电势。这可能立即看不出来有什么弊端，但其实这是不希望被看到的。如果电池的容量不同，则具有更高容量的低电压电池可能实际上有更多的可用能量。此外，可以转移的电荷量与电压差成正比，这可能使平衡的微调变得困难，因为当源极和吸收极的电压变得几乎相等时，则会阻碍电流的移动能力。

如果开关按照错误的顺序关闭，会导致两个开关同时关闭，或者在固态开关的情况下，在关闭下一个开关之前，没有足够的时间让另一个开关完全打开，就可能存在安全问题。

实际上，这些开关可以用机电继电器、光隔离继电器或晶体管来实现。如果还需要隔离，则需要一个隔离开关或隔离控制线，以确保控制电路的参考电位与跨电容器连接的电压隔离。

对于这种应用应该选择低泄漏电容，因为电容的任何自放电都会降低电路的效率。

快速电容平衡系统为电荷转移平衡提供了一种成本非常低的选择（电容器比电感器或 DC-DC 转换器便宜得多），缺点是当电压差很小时，该系统平衡的效率较低。

要想将电容器连接到任意单元，需要在电容器的两个端子上都使用能够阻断满电压的开关，并且需要创建一个能够将电容器连接到电池组中任意单元的大型开关矩阵。这会使成本提高，并且随着所需隔离电压的增加而增加。

另一种布置方式是只允许电荷在相邻的电池之间穿梭。这样，每个开关只需要阻挡单个电池的电压。一个简单的晶体管就可以很好地满足这一要求，但是电池之间需要一个单独的电容器。

一些电池监控集成电路，如 Atmel ATA6870，支持相邻单元之间的快速电容平衡电路。

14.3.2 感应电荷转移平衡

要想在电容器中储存能量，就需要有电压差来给电容器充电或放电。而当许多电池具有几乎相同的电压，而目标仍然是以一定的速率移动电池之间的电荷时，这就成为一种挑战，但是采用电感作为储能元件则可以显著提高系统的性能。

感应电荷平衡的拓扑如图 14.3 所示。电荷可以通过以下过程从电池单元 $n+1$ 移动到单元 n。开关 S_1 闭合，允许电流从单元 $n+1$ 流过电感 L_1，从而在电感中储存能量。当开关打开时，电流流过单元 n 和二极管 D_1，将能量传递给单元 n，该方法不要求电池单元 $n+1$ 的电压高于单元 n，也不受电压差的明显限制，电感中的电流波形是锯齿波。应选择合适的电感大小、开关频率和晶体管来实现所需的平衡电流，而不应使电感过于饱和。该电路的损耗仅限于电感的寄生电阻、晶体管的开关和传导损耗以及二极管的反向恢复和传导损耗。由于单个锂离子电池的电压相对较低，在此应用中推荐使用低正向压降的肖特基二极管。在大多数情况下，这是一种高效的能量传递方法，平衡电流仅受所选元器件的限制。

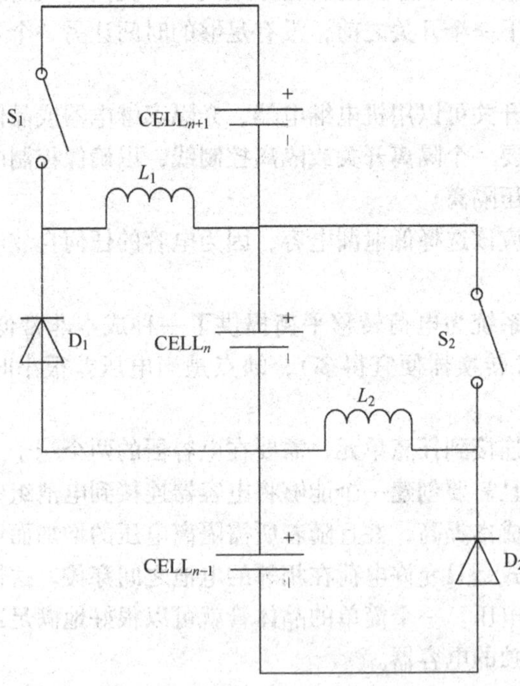

图 14.3　单向电荷转移平衡电路

这种拓扑结构只能够将能量从能量多的电池中移动到能量低的电池中，但是添加第二个电感和晶体管后可以创建一个能够双向传递能量的电路，如图 14.4 所示。通过第一个开关 S_2 闭合允许电流流过电感 L_2 从而完成能量从电池 n 转移到电池 $n+1$ 上。当开关打开时，电流流过电池 $n+1$ 和二极管 D_2，将能量传递给需要的电池。这种拓扑结构要求开关和电感的数量翻倍。我们可以使用内部含有二极管的 MOS 管，这样可以将电路的复杂性大大降低。

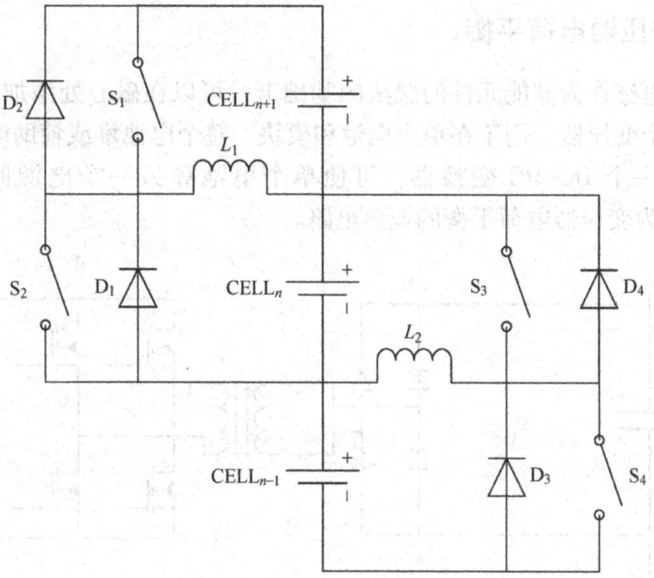

图 14.4　电荷转移平衡电路

由于这种电路只能将能量从一个电池移动到相邻的电池，如果能量在大量的电池之间传递，那么这种传递效率将会显著降低。在拥有数百个电池的大系统中，即使每次相邻传输效率能够达到 99%，在传输距离很长的情况下，能量也会损失很大。但如果电池容量大小不均匀地分布在整个电池系统或传输距离可以最小化，这种方法将是最有效的。

对于这种类型的平衡方案，其高效的控制策略必须考虑两个重要的方面：每个电池的相对能量以及不同电池间的传输效率。如果能量在长时间的移动过程中损失较大，那么将能量从带电荷最多的电池转移到带电荷最少的电池上可能不是一个理想的选择；在考虑能量损失的情况下，选择一种能量利用最大化的平衡策略可能更为有利。

例 14.2：

n 块电池组成的电池组，每个电池有可用能量为 $E(n)$。能量在电池间的传输效率函数被定为 $\eta(m, n)$。许多拓扑中的效率计算是不可交换的［即 $\eta(m, n)$ 不等于 $\eta(n, m)$］。如果所有电池的能量都能被利用，那么最大可用的能量为 $\sum E(n)$。然而，在没有电荷转移的条件下可用的能量为 $\min(E(n) \times n)$（假设电池最低的可用能量限制总放电量）。当最小 $E(n)$ 与最大 $E(n)$ 之间的差值最小时，能量利用率最高。通过能量转移平衡电池能量使得电荷转移平衡，从而提高能量利用率。在图 14.4 所示的电路中，效率低下的电池在串联线路中大致是线性分布的。

14.3.3 变压器电荷平衡

在使用电感作为储能元件的想法的基础上，可以在磁心处添加第二个绕组，从而创建一个变压器，用于在单个电池和模块、整个电池堆或辅助电源之间传输能量。通过一个 DC-DC 变换器，可使单个电池和另一个电源间传递能量。图 14.5所示为变压器电荷平衡的概念电路。

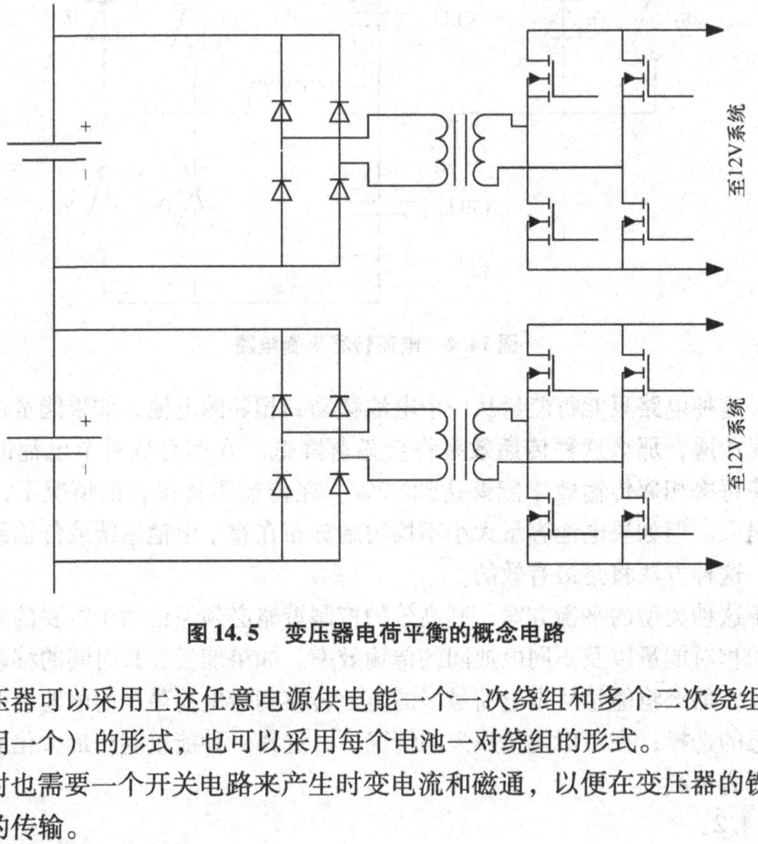

图 14.5 变压器电荷平衡的概念电路

变压器可以采用上述任意电源供电能一个一次绕组和多个二次绕组（每个电池采用一个）的形式，也可以采用每个电池一对绕组的形式。

同时也需要一个开关电路来产生时变电流和磁通，以便在变压器的铁心上进行有效的传输。

14.4 耗散平衡

通过使用电阻装置来消耗电池中被确定为 SOC 过高的能量，是许多电池管理系统设计人员常采用的一种低成本策略。尽管这种方法本质上是一种浪费

（耗尽的能量只是作为热量损失，不能用来做任何有用的工作），但是这种耗散平衡系统更为简便，并且提供了一些其他方面的优势。

当前高质量电池制造商制造的现代电池组在容量、阻抗和自放电速率上要求非常相似，且保证其自放电速率低。这种对电池质量的严格控制使电池组在额定容量下运行所必须的平衡能力下降。

耗散平衡系统中的开关只能切换单个电池电压，从而将最小化平衡电路的成本和开关的尺寸最小化。尽管系统使用的开关数量很多，但它们的尺寸很小，每个单元只有一个开关和一个电阻，因此非常经济。

许多单元监控集成电路都有控制耗散平衡的功能。通过给集成电路提供平衡指令，它将控制信号的电平转换成一个与待平衡单元终端相参照的电压。这种控制信号可以用来驱动晶体管（通常是 NMOS 晶体管或 NPN 晶体管），使电流流过晶体管和平衡电阻。对于很小的电流，内部开关可以直接控制平衡电流，但这将限制集成电路可以管理的电池组的实际大小。图 14.6 展示了平衡晶体管和平衡电阻应用于堆栈监控集成电路。一个很好的折衷方案是集成电路允许使用内部开关来实现低电流的同时，也允许相同的信号驱动 Darlington 式配置的次级晶体管以获得更大的电流。这将允许扩展相同的基本框架而不需要选用其他类型的组件（比如需要不同的控制或通信架构）。

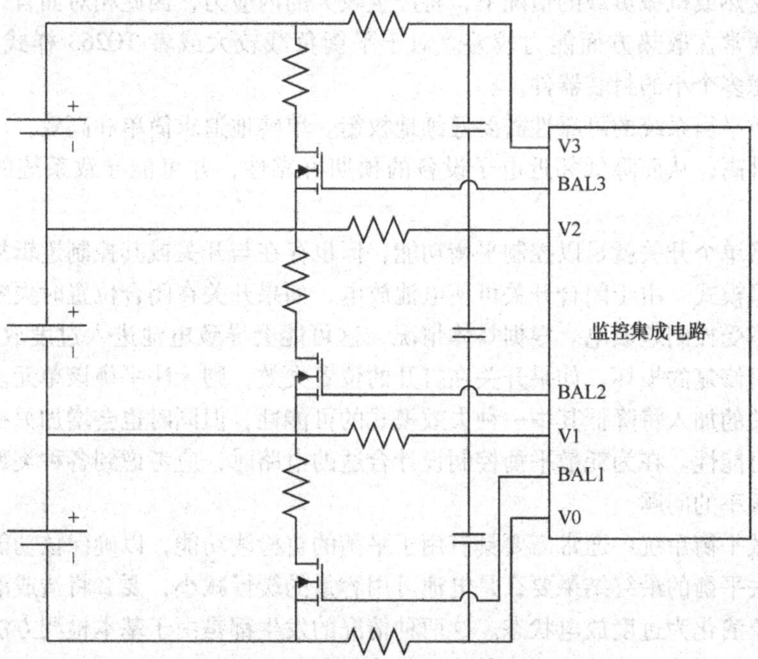

图 14.6　典型的耗散平衡电路

平衡电阻产生的热量必须进行适当的处理。如果使用 PCB 贴片电阻，当平衡电路工作时，它们可能成为电路板上发热最多的元件。由于只有与放电电池相连的电路才会通电，所以在系统运行过程中加热的程度和位置将会有所不同。在电路板设计时需要更加注意元器件的额定功率是否满足条件，这将保证整个硬件部分的正常使用。在与非活动电路相邻的有源电路中，电阻和其他元件如果受到高的热梯度或温度的快速变化，这些元件可能会被损坏。表面积大的贴片封装器件，比如拥有 2512 个组件，它的开裂风险将会很大。大系统的大功率耗散水平或自放电的大变化可能超过表面镶嵌封装的实际限制。同时，热量从电阻转移到周围环境的路径也需要进行规划。在大多数情况下，没有外部散热器或传热装置，热流的路径是通过焊点进入 PCB 基板。温度过高的热流会产生回流或损毁焊点。环境温度过高几乎会降低所有冷却方案的效率；因此，测试和仿真应该在设备的最高期望运行温度下进行。一般情况下，密封外壳对流传递性比较差。由于冷却装置的机械鲁棒性，风扇的使用会降低系统的可靠性。另外，由于平衡电阻在电池组电势下工作，简单的散热到参考接地点并不是都行得通。特殊的固体、凝胶和泡沫材料是电绝缘的，可以将其作为传热介质，但考虑到成本问题，必须选择和使用最佳的方案。在真空或航天系统等特殊应用中，耗散平衡系统的平衡电阻散热问题实际上可能比电荷传输系统更加复杂。

在受热或机械负载的情况下，将产生较大的内应力，因此相对而言，大封装的部件通常在散热方面能力较差。对于平衡负载较大或者 TO263 样式的封装，应当考虑多个小的封装器件。

耗散平衡系统的可靠性需要仔细地权衡。单纯地追求简单和高效，可能使系统温度升高，从而降低邻近电子设备的预期可靠性，并可能导致系统的故障率升高。

虽然单个开关就足以控制平衡功能，但也存在与开关或其控制逻辑故障相关联的故障模式。由于闭合开关可使电池放电，如果开关在闭合位置时失效，电池将持续不受控制地放电。根据具体情况，这可能会导致电池进入过度放电状态，造成不可修复的损坏。如果开关在打开的位置失效，则无法平衡该单元。并联或串联开关的加入将降低其中一种失效模式的可能性，但同时也会增加另一种失效模式的可能性。在为耗散平衡控制设计合适的电路时，应考虑到各种类型开关故障有关频率的问题。

耗散平衡系统中通常需要具有用于平衡的自检测功能，以确保该功能正常运行。失去平衡的最终结果要么是电池可用容量的缓慢减小，要么将造成潜在的自放电现象演化为过度放电状态。这两种情况的发生都是由于基本检测方法错误而造成的（如果没有防止这类事故发生的有效保护）。

当电池管理系统处于激活状态时，对电池连接负载进行实时监控，可以直接参与电池平衡活动。但这将会产生一个问题，如果所有的平衡任务必须在电池管理系统激活期间完成，这将局限于一天中的几分钟或几小时之内完成。因此，平衡电流在激活状态时将会很大以确保在几个安培小时数内完成放电。但这会增大平衡系统的成本和规模。

睡眠平衡功能通过其中各个单元的集成监视电路或装置使电池管理系统处于断电或非激活状态期间也能允许平衡电流流动，从而确保了平衡任务在更长的时间内完成。由于平衡电路可以由电池直接供电，因此这种方法的寄生功耗非常小。如此一来，我们可以选用较小的开关和电阻，但需要确保不会有过度放电的情况发生。必须找到一种方法来控制平衡过程中耗尽的总电荷。这可以通过开发一个“闭锁”电路来实现，该电路需要外部命令来将状态从平衡状态更改为非平衡状态。然后，主设备可以按定期唤醒该电路计划运行，以便在平衡完成时关闭平衡电路。另一种方法是定时器电路，通过命令让它在预定的时间内使平衡电路保持关闭。这无疑需要更多的组件，但这种方式不会受到主装置不发送停止命令不能正常运行的影响。在电池管理系统处于激活状态而导致额外寄生能耗的系统中加入睡眠平衡功能可以有效地提高整体系统的效率。因此，未来的堆栈监控集成电路中可能包括睡眠平衡功能。

14.5 平衡故障

平衡故障可以划分为几个类型：过度放电、平衡不足、错误平衡和没有平衡。

如果平衡开关不能闭合电路，平衡电路的某处将发生短路或者在决定平衡开关状态的软件或通信路径中存在错误，由此电池可能进行过度放电，导致失衡加剧或最终引发过度放电状态。

需要注意的是，在检测过电压或欠电压的情况下应适当地禁用平衡功能以及降低整体电池组的电流。在电荷转移平衡的情况下，即使接触器断开，电池也有可能充电过量。如果电池管理系统不再能够正确地测量电池电压，则也需要采用上述规则。

平衡不足会最终导致整体电量供应量减少。平衡不足可能是由多方面的原因造成的。如果平衡系统不再能够补偿电池自身放电和容量内在变化，那么该故障本质上是电池的故障，而不是电池管理系统的故障。电池管理系统缺陷包括平衡硬件无法运行以及软件无法确定和执行有效平衡策略等情况。

不正确的平衡是由软件错误或输入错误而造成的决策错误。因此，良好的设计规范，如验证软件功能输入和输出的合理性以及全面的测试，适当的分析技术驱动，诸如失效模式效应分析（FMEA）之类的适当分析技术驱动，是必不可少的。除此之外还要考虑以下影响：

- 电池电压读数偏低或偏高导致不合适的平衡决策：如果采用冗余测量策略或可用的子串测量，它们可用于检测不准确的测量值并防止它们用于生成平衡信息。
- 随着时间的推移，高的自放电速率必然会降低平衡状态。但是跟踪单个电池的自放电速率超出了许多电池管理系统允许的复杂程度。因此，应该强制对平衡状态进行例行重新评估，以防止自放电影响平衡策略。例如，在电池系统中，除了两个电池外，所有的电池都具有相同的SOC、容量和自放电速率。一个电池的SOC较高，但其自放电速率高于平均水平；另一个电池的SOC和自放电速率低于平均水平。第一个电池最初需要的放电量最大，但在长时间的待机后，第二个电池的SOC达到最高状态。

在规定的低电池电压下，切断辅助硬件是对这种故障模式的可靠保护，同时也可对软件进行可靠性的检查。使用分立器件实现这种电路可能会增加每个电压测量通道的成本，但是使用ASIC这种额外的成本可能是微不足道的。

第 15 章 荷电状态估测算法

15.1 概述

估测电池荷电状态（SOC）相当于为载荷装置配备了一个燃油表，用于显示当前电池可释放的荷电量（库仑）除以电池在充满电状态下的总电荷量的值。了解载荷装置上电池 SOC 非常必要，因为它可以为用户提供有效的反馈信息（预测备用电源系统中的剩余运行时间或电动车辆的行驶里程）。但同时，预测 SOC 对于电池管理系统和电池系统本身也非常重要，因为很多电池参数都需要依据 SOC 来确定。

15.2 技术

与其他类型的电池相比，由于自身诸多独特的设计属性，大型锂离子电池的 SOC 测定难度相对较高。假如采用磷酸铁锂（LFP）等常见的化学物质，SOC 和 OCV 之间的非线性关系会变得非常恒定。此外，库仑效率过高以及自平衡缺乏会导致电池系统运行时单个电池出现散度现象。具有长时间常数或滞后性的超电势通常可能与温度、SOC 以及服务年限有着密切的关系。最重要的是，锂离子电池的高能量和超大功率容量致使新一代电池动力装置所需的 SOC 估测准确度远远高于大多数消费类电子产品所需的 SOC 估测准确度。对于电动车辆而言，3%～5%的准确度需求其实并不算少见。航空航天或国防设备可能需要更高的 SOC 估测准确度。

但是，就 SOC 测算方面而言，与其他类型的电池相比，锂离子电池具有一些优势。与铅酸蓄电池相比，锂离子电池的电池容量对速率的依赖性（即 Peukert 效应）更强，这使得在电池电流变化较大的情况下进行 SOC 估测更加可行。自放电速率较低也使得 SOC 估测更加简化。

值得注意的是，SOC 并不代表电池内部有效能量的多少。对于那些电压曲线比较陡峭的电池而言，端子电压低意味着从电池中抽取的第一个安培小时包含的能量比最后一个安培小时包含的能量要多。在这种情况下，我们可能还需要测算能量状态（SOE）。考虑到电池中的能量大小直接取决于电池内电阻诱发的放电率，因此，我们很难准确地定义 SOE 的概念（见图 15.1 中曲线的下方区域）。不过，假设在端子电压函数 V_t 中，将端子电压定义为一个关于 SOC 的函数，且此时放电率表示为 I_d（另外还包括温度和其他条件）。由此可知，能量函数 E（SOC，I_d）可表示为 $\int \mathrm{SOC} \cdot C \cdot V(\mathrm{SOC}, I_d)\, \mathrm{dSOC}$。有些用电装置可能需要同时测算电池的 SOE 和 SOC。我们通常运用查表法测定 SOE，然后将其用作 SOC 的函数进行计算。

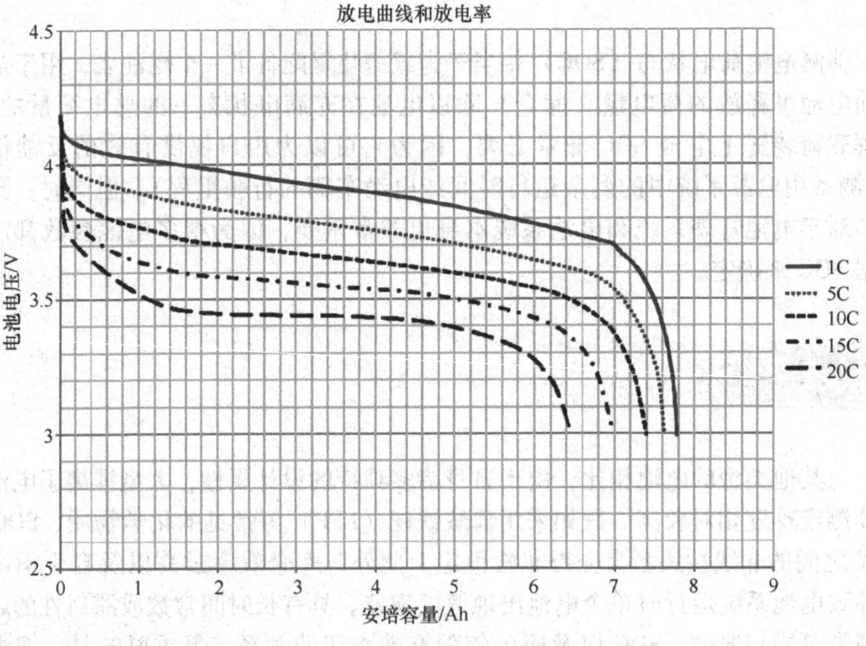

图 15.1　不同放电率条件下的放电曲线

15.3　定义

不同的组织机构对电池 SOC 的定义也不尽相同。为了避免混淆，我们必须在设计阶段明确说明 SOC 的定义并就此达成共识。

最直接的 SOC 定义假定了两种电池状态，即充满电和完全放电状态。在充满电或完全放电状态下，电池运行安全可靠，且不会出现过度劣化或损坏。电池容量相当于电池从充满电状态到完全放电状态（或从完全放电状态到充满电状态）的有效安培小时数。

理想的电池应具有以下特点：

- 电池的放电容量等于充电容量，即电池的库仑效率达到 100%。
- 电池的端子电压保持恒定，因此每个充电或放电安培小时均包含相同的能量（单位为瓦特小时）。
- 无论温度和放电速度如何，从充电到放电都需要相同的安培小时数。
- 充满电和完全放电状态均与路径无关。

事实上，这些只不过是假设而已，但有些假设在某些情况下确实有用。具体评估如下：

- 库仑效率：锂离子电池在整个充电曲线的大部分范围内都具有非常高的库仑效率，99%或更高的库仑效率并非闻所未闻。假如锂离子电池的库仑效率低下，有效的建模方法是在 SOC 的变化率与电池电流之间的关系中引入一个因子 η，如下所示

充电时：$\dfrac{\mathrm{dSOC}}{\mathrm{d}t}=\eta\dfrac{1}{C}I\ (0<\eta<1)$

放电时：$\dfrac{\mathrm{dSOC}}{\mathrm{d}t}=\dfrac{1}{C}I$

- 恒定端子电压：由于内阻的影响，OCV 会随着 SOC 的变化而变化，端子电压也包括极化和磁滞的影响。不同的化学成分的端子电压可能会随着放电深度而发生显著的变化，也就是说，SOC 不一定是电池中预测有效能量含量的唯一指标。对于某些用电装置而言，我们可能需要单独计算有效能量含量。
- 容量随温度变化保持不变：这是一个不太可能成立的假设，尤其是运行温度范围比较广的情况下。随着温度的变化，有效容量以一种非线性方式降低。
- 容量随速率变化保持不变：与其他类型的电池相比，锂离子电池在这一方面的性能较好。容量对速率的依赖性通常被表示为 Peukert 效应。Peukert 效应设定了电流和容量的幂律关系：

$$C_{\mathrm{p}}=I^{kp}t$$

在大部分锂离子电池系统中，忽略 Peukert 效应并不妨碍估测准确度。重要的是千万不要在有效容量发生变化时误将高电流下的早期电压切断。如果放电率较高，由于欧姆电阻、极化和滞后效应，电压下降的幅度往往更大。如果电池以恒定的电流持续放电，直到端子电压达到设定的最小值，那么在较高的放电率下，视在容量更低，因为电流会导致额外的电压衰减。不过，假如弛豫现象发生后，

这些电池释放了残余电量，我们通常会发现剩余容量也可以释放出来，且不同速率下的容量大致相同。假如放电率非常高或者电池化学成分特殊，那么考虑容量对速率的依赖性可能非常重要（见图 15.1）。

• 充满电和完全放电状态的路径依赖性：这一假设的有效性要视具体情况而定。如果将充满电和完全放电状态单纯地定义为瞬时端子电压的值，那么，欧姆电阻、极化和磁滞效应将产生错误的结果。常见的解决方案是将充满电和完全放电状态定义为恒定电流/恒定电压（CC/CV）充电或放电的结果，且充电或放电必须在恒定的温度环境下进行。

15.4 库仑计数

计算荷电状态最简便的方法是库仑计数或安培小时积分。简单来说，电池电流除以电池容量就等于 SOC 的变化率。

该方法存在着诸多局限性。首先，为了准确地追踪 SOC，我们必须确定一个正确的追踪起点。在某些情况下，我们可以根据一个完全弛豫的 OCV 或已知的且易于识别的电压扰动事件来确定追踪起点（通常是充电结束时或放电结束时）。但事实上，我们不可能总是轻而易举地或根本不可能获得一个完全弛豫的 OCV，或者在某些用电装置中，我们无法估测放电或充电结束时间，因此这种操作条件并不会一直有效。总之，我们非常希望能有一种稳健的 SOC 测算方法，可以纠正初始 SOC 估算值的误差。

这种方法主要取决于精确的电流测量，尤其是需要长期使用的时候。第 6 章探讨的多量程电流传感器技术可以明显地改善库仑计数的结果。如果一个电动车辆电池的充电时间为 8h，放电时间为 40min，那么，充电率为 0.125C，放电率为 1.5C。假设电流的测量误差为 0.015C，或为最大放电率的 1%。

在充电周期中，SOC 的测量误差可能会达到 12%，而在放电周期中的误差仅为 1%。对于大多数用电装置而言，1% 的 SOC 测算误差是完全可以接受的，但如果误差达到 12%，情况可能不太乐观。如果将误差缩小到实测值的 1%，而不是最大测值的 1%，那么，与安培小时积分相关的误差就会明显减小。

对于一个容量为 C 安培小时的电池而言，假如电流的最大误差用 ε_i 表示，那么，在 t 秒的时间段内，根据安培小时积分计算得出的 SOC 误差最大增幅即为 $\varepsilon_i t/(3600 \times C)$。SOC 误差的时间依赖性如图 15.2 所示。

不过，库仑计数具有诸多优势。较长的积分周期可以最大限度地削弱测量噪声对结果的影响。由于误差与积分时间和电流误差是成比例的，因此，在较短时间内电流和 SOC 的变化很大，而安培小时积分可以为我们提供有效的结果，因

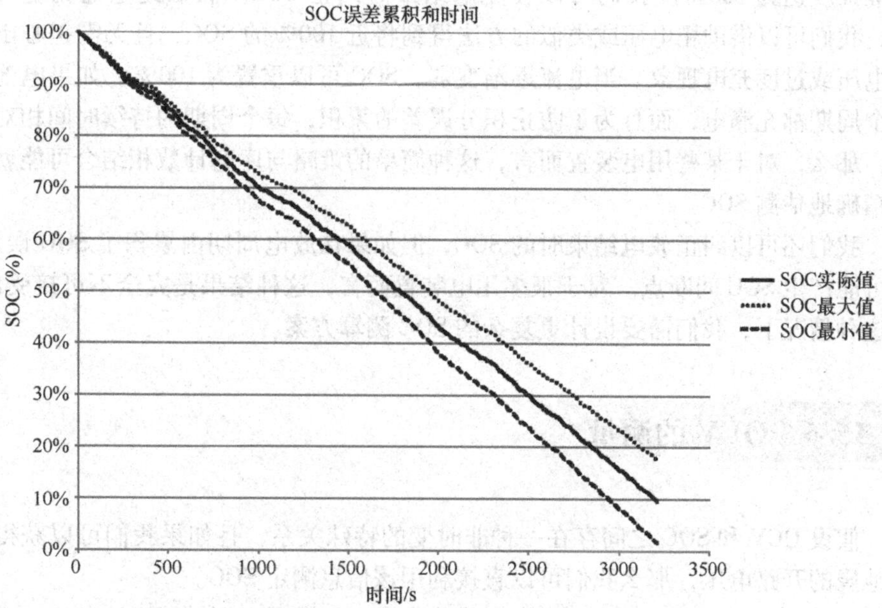

图 15.2　采用库仑计数法得出的 SOC 误差与时间曲线

为与电流检测误差相比，电流测量的信号电平较强。如果电池定期以高速率充电并放电（1C 或更高，考虑到现在大多数传感器的误差性能），那么，安培小时积分是有效的。

最典型的例子就是电池电动车和不间断电源。与混合动力汽车以及削峰填谷储能系统相比，电池电动车和不间断电源更需要利用库仑计数方法。

就一切情况而论，库仑计数都可以为我们提供一些有关 SOC 变化的有效信息，且库仑计数通常是现代电池管理系统中 SOC 算法的重要组成部分。不过，对于基于积分的计算算法而言，长期漂移问题将成为一种限制因素，而且电池管理系统可能需要借助其他方法来改善荷电状态估测函数的长期精确度。

15.5　SOC 的校正

目前，我们可以确定的一点是，仅仅通过安培小时积分难以为现代电池管理系统提供可接受的 SOC 性能测算结果。最基本的改善方法是当电池电压测量结果可以为荷电状态测算提供可靠的信息时，我们要在规定的事件或时间点及时纠正 SOC。

对于那些电荷分布曲线相对平缓的用电装置而言，一般情况下，SOC 的测算准确度达到 100%。我们可以在充电结束时纠正 SOC。假如充电电流是有限的，我们可以借助靶电压或类似的方法得到将近 100% 的 SOC，且无需担心出现过电压或过度充电现象。当电流逐渐变弱，SOC 可以重置为 100%。如果电池在每个周期都充满电，而且为了防止积分误差的累积，每个周期的持续时间相对较短，那么，对于某些用电装置而言，这种简单的策略与库仑计数相结合可能就可以精确地估测 SOC。

我们还可以纠正放电结束时的 SOC，但如果在放电周期内累积了 SOC 误差，就可能产生 SOC 间断点。对于很多用电装置而言，这种结果是完全不可接受的。在这种情况下，我们需要设计更复杂的 SOC 测算方案。

15.6 OCV 的测量

假设 OCV 和 SOC 之间存在一种非时变的特殊关系，且如果我们可以获得完全弛豫的开路电压，那么我们可以直接利用该信息测定 SOC。

对于存在电压滞环的电池而言，除非事先已知滞后电压，否则这种方法无法提供准确的结果，因为给定的 OCV 包含了一系列可能的 SOC 值。

根据电池性能的不同，完全弛豫可能需要数小时到数天的时间。但是并非所有的用电装置都允许我们定期地使用完全弛豫的 OCV 测量方法。

对于 OCV-SOC 曲线相对比较平缓的电池而言，10～20mV 的差异可能就代表 30%～60% 的 SOC 变化量。因此，为了实现可接受的 SOC 误差性能，完全弛豫是非常有必要的。

如果存在滞后效应且无法精确地建模，那么基于 OCV 的 SOC 测算方法的作用将极为有限。

在已知弛豫时间和电压测量值的情况下，我们应该能够测定 SOC 的最大值和最小值。如果最大极化值是一个有关弛豫时间的函数，那么，我们基本可以确定端子电压和 OCV 之间的最大差值。当弛豫状态结束时，该最大差值是 OCV 的有界估值。反过来，这可以创建 SOC 误差的上限值。但对于很多电池化学成分（尤其是磷酸铁锂）而言，这种方法可能没有明显的改善作用，因为在 SOC 取值范围较大时，放电曲线非常平缓，即便是一个细微的滞后和测量误差都会造成 SOC 取值范围扩大。

如果我们很难准确地表征电池的极化动力学属性，也就是说，电池管理系统无法快速地处理动态极化模型，或者高级模型的复杂性难以确定，那么这种方法可能有用。

15.7　温度补偿

一个电池的有效容量主要取决于温度。低温环境下，电池的有效容量会降低。温度回升后，容量损失会重新补偿回来。对于很多用电装置而言，了解电池在当前温度环境下的有效电量和能量非常重要。因此，容量和 SOC 信息需要针对电池温度予以弥补。

我们可以根据查找表建立一个有效容量模型作为温度函数。实际有效容量的减少与阻抗的增加之间存在着非常重要的相互作用。阻抗增加意味着在达到最小容许电压之前，给定速率下的有效容量较小，但是在较低的放电率条件下，这种能量是可提取的。

15.8　卡尔曼滤波

卡尔曼滤波最早于 20 世纪 60 年代初期提出，是一种用于估测（观测）系统状态的算法。卡尔曼滤波的主要用途是根据一组噪声输入数据得出最佳的系统状态预测值。

卡尔曼滤波器广泛应用于轨迹和位置估测等诸多工程应用领域。指挥和导航系统离不开卡尔曼滤波器，因为卡尔曼滤波器可以从噪声信息中测算出位置、速度和加速度的最优估值。

我们可以设计一种独特的电池管理系统，用来观察多个电池单元的电流和电压。创建一个状态空间模型，该模型的隐藏状态变量为电池 SOC 以及模型元素的状态变量。对于一个等效电路模型而言，这些状态变量可以包括各个 *RC* 元件的极化电压和滞后电压。

理想状态下，SOC 的单次观测结果足以为我们提供一个非常有效的 SOC 性能测算结果，因为据我们所知，SOC 可以通过整合电池电流实现连续测算。此外，如果状态空间模型是正确的且电压测量结果比较准确，那么，从电压模型中提取到开路电压和 SOC 并不难。

但实际上，我们很难满足上述条件。如果安培小时计数只用于测量电池 SOC，那么，即便是非常细微的电流和容量误差都会导致快速散度。用于描述电池特性的 *RC* 电路和滞后模型只能得出真实电化学效应的近似值。此外，电压或电流的测量结果都不精确。因此，虽然这两种测量和计算技术可以帮助我们计算电池 SOC，但两者都容易受到误差的影响。

从这两种方法中获得的启发是它们可以彼此互补。从短期来看，安培小时积分的误差很小，且处于不断变化的状态中，假如起始点是准确的，那么，安培小时积分可以帮我们得到更加稳定的 SOC 估测值。不过，在有些情况下，基于电压的计算方法往往更加准确，且可以校正或更新 SOC。很显然，如果 SOC-OCV 关系图的斜率非常平缓，电压误差将导致 SOC 误差加剧，且在放电曲线的某些点处观测到的电压值更有利于我们估测 SOC。

我们可以用帆船上的导航系统做一个有效的类比。一艘船舶从已知点出发，按照特定的路线和速度航行。这艘船可以通过当前的速度和方向变化绘制后面的路线，从而确定当前所在的位置。如果航行速度和航向的估测值都比较准确，且其他误差也比较细微，那么，假如本次位置估测时间距上次位置估测没隔多长时间，这种导航（又称为航位推算）系统就可以帮助我们有效地估测船舶位置。随着时间的推移，积分误差会逐渐累积，船舶的真正位置也可能会偏离估测位置。总的来说，我们需要借助导航定位定期地更新航位推算结果。导航定位可以根据不同类型的观测数据估测船舶的真正位置。这种导航定位可能来自恒星定位、GPS 或地标照准。然后，导航系统会根据最新的准确位置开展航位推算，从而确保船舶可以掌握其当前的大概位置。

在电池系统中，航位推算类似于安培小时计数，而周期性的定位则是电压观测结果。虽然我们可以确定综合使用这两种测量方法可以弥补每种测量方法单独使用的缺陷，但究竟该如何将两种测量方法所获得的信息结合起来呢？虽然业界人士提出了诸多启发式或经验性途径，但只有卡尔曼滤波器通过计算每种方法应占据的理想权重解决了这一问题。

要使用卡尔曼滤波器，我们需要为被观察的系统构建一个基础动态模型。本章作者开发的状态空间表达式就可以用于构建电池系统的基础动态模型。严格来说，在卡尔曼滤波器中，该基础系统相当于一个线性非时变系统（LTI），而电池系统不属于 LTI。我们将在后文详细地阐述两者的主要区别。卡尔曼滤波器还可以测算连续时间系统的离散时间近似值，因此，本章只阐述离散时间版本的数学运算。

卡尔曼滤波器假定系统模型和观测值均包含噪声。过程噪声会影响系统的状态演变进程，进而导致输入值甚至系统真实动态模型出现误差。

$$X_k = AX_{k-1} + B_k u_k$$

设过程噪声为 w_k

$$X_k = AX_{k-1} + B_k u_k + w_k$$

观测噪声模拟了系统输出测量结果的误差。

理想系统 Z_k 的输出结果可以用一个状态变量的函数表示。

$$Z_k = C_k X_k$$

在非理想系统中，输出结果会受到观察噪声 v_k 的干扰。

$$Z_k = C_k X_k + v_k$$

设定一个准确的动态系统模型和输入值测量结果，我们可以预测系统在新时间点的全新状态。在一个电池系统中，新模型的输入值是电池电流，输出值是端子电压。我们可以合理地假设，如果该电池模型是正确的，那么，我们就可以在时间步长结束时预测出电池的 SOC、端子电压以及各极化和滞后元件的电压。

如果模型和测量结果完全准确，那么，矢量（$\hat{z}_k - z_k$）（即测量残差：预测的测量值与实际测量值的差值）即为零。在非理想系统中，该矢量的大小可能会随着测量和预测的误差程度而变化。

卡尔曼滤波器在每个时间步长都会计算卡尔曼增益 K_k。卡尔曼增益是一种混合因子，用于对模型动态和系统输入中的系统预测状态进行最优加权，同时根据系统的测量输出结果对校正后的状态进行最优加权，进而得出系统状态的最优估测结果。

在真正的卡尔曼滤波器上，过程和观察噪声是零均值、高斯和白色的，且协方差表示为 R_k。不难发现，即便在那些噪声假设不太严谨的系统中，卡尔曼滤波器仍然可以呈现出良好的性能。不过，这一点并不能证明滤波器计算的加权结果是绝对理想值。

过程和测量噪声的协方差矩阵分别为 Q 和 R。Q 和 R 的对角线值表示过程和测量变量的方差（即标准偏差的二次方），而非对角元素则表示状态变量之间的协方差。Q 和 R 值的确定主要取决于测量结果和模型的精确度。我们可以通过测试检验电压和电流等参数的测量准确度，且在很多类型的传感器中，测量结果为零均值和高斯噪声这一假设都是有效的（如果存在偏差，磁场霍尔效应电流传感器可能是一个不容忽视的例外情形）。在很多情形中，测量协方差可能为零，也就是说，电压和电流测量结果中的噪声之间不存在任何关联性。过程误差很难量化。

后验误差协方差矩阵 P 会随着卡尔曼滤波器的迭代而更新。矩阵 P 指定了不确定性程度，且这种不确定性程度与每个状态变量相关。矩阵 P 可以用于测定估算的 SOC 中的信任程度。矩阵 P 初始值的选择可以指示初始状态变量的可信度。在电池管理系统中，我们必须考虑到初始状态可能就是电池管理系统上电时非易失存储器的 SOC 和过电势。初始值可能是最近操作周期的测算值，在此周期内测算了 SOC，或者是很久以前某个操作周期的测算值，此周期内的过电势已完全弛豫且自放电已经将 SOC 耗尽。在最糟糕的情况下，电池管理系统可能是第一次给电池系统上电，且事先未掌握任何有关电池状态的信息。我们必须根据初始状态变量的可信度设置一个带有恰当初始值的协方差矩阵。

我们可以根据先前 SOC 估值的确定度来测算初始协方差。结合预期的自放电程度、电池系统未接受电池管理系统监控的时长以及未知条件下的全新电池单元，如果先前的SOC估值相当可靠，且有关电池SOC的有效信息不多，那么，将协方差估值设置为一个很小的数值是相当明智的做法。

过程噪声协方差矩阵Q的确定也比较复杂。在大多数情况下，我们采用的模型会模拟真实的电池动态，因此，从本质上来说，误差并不具有严格的随机性。现有模型中的偏差是确定性的，但这些偏差产生的影响可能是伪随机的，这一点要根据具体情况具体分析。比方说，我们可以考虑设计一种等效电路模型，用电容器代替恒相位元件。在许多情况下，这种模型是一种非常有效的模拟手段，可以大大简化电池模型。与电容器相关的状态变量是元件两端的电压。

电容器的响应与恒相位元件不同（恒相位元件本身就和电池内的实际物理特性比较相似）。误差的大小和相位主要取决于激励频率，因此，我们不能断定这种模型得出的误差分量是高斯函数。

虽然实际的电池系统与卡尔曼滤波器理论之间存在着诸多差异，但在很多情况下，该方法经过验证可以得出稳健可靠的SOC估值，且该SOC估值不受初始估测误差的影响，完全能够抵抗积分误差、模型失准以及测量噪声。该技术的学术研究和商业应用实例比比皆是[1]。

非线性系统中存在一种扩展卡尔曼滤波器（EKF）。顾名思义，EKF是卡尔曼滤波器的扩展版。在该系统中，非线性函数代替了状态转换和观察矩阵。

非线性函数可以有针对性地捕获SOC和OCV之间的非线性关系。有关SOC的OCV偏导数是SOC-OCV曲线的斜度。此外，基于EKF的SOC估计量可以自动地引入电压测量误差和SOC误差之间的变化关系。

其他有待捕获的非线性参数包括充电和放电状态下不同的欧姆电阻、滞后现象的非指数模型以及等效电路元件的更高级表示，如CPE和Warburg阻抗。

EKF涉及雅可比行列式的计算。已知雅可比行列式是一种偏导数矩阵。一般情况下，借助在线、数字和分析工具计算的成本较高。不过，由于很多非线性函数都需要使用查找表，且在整个电池运行过程中保持恒定不变（或基本不变），因此，我们可以计算偏导数并将其与查找表中的数值一起保存起来。我们需要获取SOC与OCV关系的导数以及SOC模型参数的导数。我们可以借助查找表轻松地处理这些问题。更重要的是，由于系统中的不确定性会出现线性化传播，过程和测量噪声的传播可能会诱发其他误差，但具体取决于系统中的不确定性程度。

另一种衍生技术是无迹卡尔曼滤波器（UKF）。UKF成功地规避了雅可比行列式的计算环节。UKF可以筛选当前状态周围的多个点，然后借助非线性函数转换这些点，以此完成误差传播，进而获得新分布的更真实的估测值。

EKF和UKF的线性化技术比较如图15.3所示。

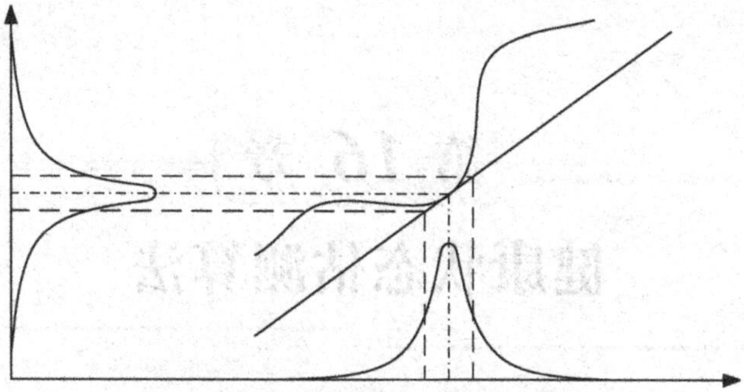

EKF利用雅可比行列式线性化创建了错误的概率分布

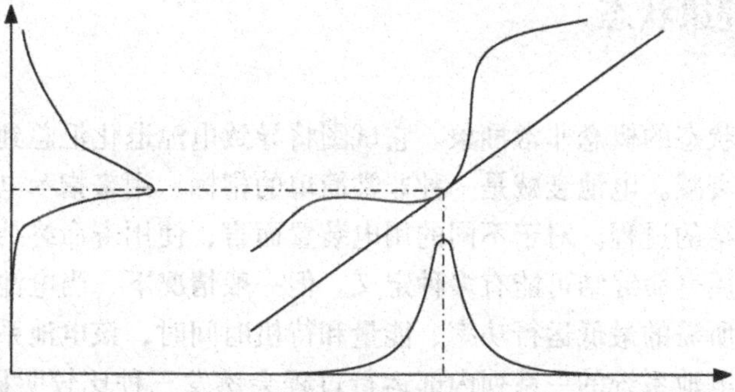

UKF模拟自变量概率分布，以便得到更准确的因变量分布，但这需要更繁重的计算量

图 15.3　EKF 和 UKF 的线性化技术比较

卡尔曼滤波器在估测 SOC 和预测电池状态方面最明显的优势是：我们只需要获得上一时间步的状态变量值。无需掌握拓展历史，从而最大限度地降低了实时嵌入式系统的内存要求。

15.9　其他观察方法

当然也有很多其他用来观测非线性系统状态的方法，并且已经被提议用于测算 SOC，具体包括高增益观测器和滑模观测器。其他研究主要集中于利用模糊逻辑或人工神经网络（ANN）测算 SOC。随着 SOC 测算技术的不断深入，这些新方法可能会产生更强的关联性。

参考文献

[1] Plett, G., “Extended Kalman Filtering for Battery Management Systems of LiPB-Based HEV Battery Packs,” *Journal of Power Sources*, Vol. 134, 2004, pp. 252–261.

第 16 章 健康状态估测算法

16.1 健康状态

电池健康状态的概念非常抽象。它试图将导致电池退化汇总到一起的复杂现象简化为电池衰减。电池衰减是一种非常简单的指标，用来指示电池从开始使用到使用寿命终结的过程。对于不同的用电装置而言，使用寿命终结具有不同的定义，因此，使用寿命终结可能有多种定义。但一般情况下，当电池系统无法继续为装置提供其所需的最低运行功率、能量和待机时间时，该电池系统就需要维修或更换掉了。电池系统的一系列内部运行过程会诱发三种比较明显的外部效应。这些效应包括电池健康状态的降低（即容量衰减）、阻抗增加和自放电提高。

电池容量会随着充电/放电循环次数（通常称作“循环寿命”）以及总运行时间（即“使用寿命”）的推移而衰减。

容量衰减是指：随着时间的推移，电池的有效能量和充电容量逐渐减少。就电池系统内部而言，容量衰减的根本原因有两个方面：锂离子或电子无法到达活性物质的所在位置。这些问题可能是诸多因素共同导致的，具体包括微观或宏观水平上的电极结构损伤（活性物质可能会从电极表面剥落，从而不再触碰集电器）。根据现有的行业标准，报废电池容量应为初始容量的 80%，但就特定用电装置而言，这一标准可能过高或者过低。

阻抗增加会导致电池的倍率性能下降。很多诱发容量衰减的类似现象同样也会导致阻抗增加。大部分采用碳负极的锂离子电池都会出现固态电解质界面（SEI）膜，而 SEI 膜会使电池老化过程中的阻抗增加。活性物质的减损导致反应的表面积缩小，进而使得阻抗更高。电解质降解和界面电阻提高有助于增加阻抗水平。假设极限电压在电池整个老化期间是稳定不变的（该假设的正确性可能出现变化），那么，容易造成电池达到极限电压的容许充电和放电率也会相应降低。与容量衰减相比，容许的功率衰减变化范围更大。有些用电装置的电池功率衰减可达到 50%。

随着锂离子电池的逐渐老化，其自放电速率也会相应提高。电池的有效待机时间会随着自放电速率的提高而减少。假设电池管理系统是按照标称使用寿命起始时的自放电曲线定制而成的，那么，不同电池的自放电速率提高和发散将会降低电池管理系统的补偿能力，最终削弱电池性能。

上述三大要素主要用于计算电池系统的健康状态（SOH）。

SOH = SOH（容量、阻抗和自放电）

SOH 的理想值总是介于 0 ~ 1，通常用百分比表示。当我们使用的是新电池时，SOH 应该为 100%。当电池只能勉强提供用电装置所需的功率、容量和待机时间时，SOH 往往被界定为 0。理想情况下，如果电池在同样的环境条件下以相同的充电/放电曲线循环运行（这样一来，每个循环周期的效度都是相等的），那么，相对于总循环计数而言，SOH 呈现一种线性减少的趋势。事实上，如果电池以更极端的速率、温度和 SOC 运行，那么由此造成的电池性能减损要远远高于电池在相对温和条件下运行造成的性能减损，而且电池在不同类型的循环周期中的 SOH 呈现不均匀的降低水平。

因此，一个精确的 SOH 估算系统首先必须明确界定电池容量、阻抗和自放电速率的使用寿命起始和终结限值。在电池系统运行期间，理想的电池管理系统必须可以根据有效的电压、温度和电流输入值实时估算上述三大参数。在实验室测试过程中，研究人员开展了参考性能测试（RPT），以便评估电池在整个循环和日历寿命期间的容量和阻抗变化。某些用电装置会支持系统对电池单元进行某种形式的性能测试，但通常情况下，电池管理系统必须分析常规电池运行过程中采集到的数据，以便确认电池的 SOH。预测因子和无功率因子的组合主要用于估测电池的剩余使用寿命。其中，预测因子包括电池在运行过程中的测量时间和总安培小时数，而无功率因子则包括在线容量和阻抗估值。

由于电池的容量、阻抗和自放电会受到温度以及其他瞬态因素的影响，因此，SOH 的估算变得更加复杂。理论上来说，这些因素对电池的 SOH 显示值没有影响，因为显示的 SOH 只会随着电池使用时间的增加而减少。尽管电池的瞬时容量变化莫测，但 SOH 估算函数仍然可以根据新电池在某些标称条件下的性能确定电池的实际容量。SOH 的估算应充分考虑到以下情形：在运行了数百或数千个循环周期之后，电池性能会相应地下降，但仍能够迅速响应系统命令，而有缺陷的电池由于性能迅速衰减会很快被检测出来。SOH 和剩余使用寿命的估算问题大体可以被描述为带有非高斯噪声的非精确（电池模型没有完全模拟电池的性能）、非线性（电池的 SOC-OCV 关系等特性是高度非线性的）和非平稳性（电池参数会随着 SOC、温度和时间的变化而变化）模型[1]。

16.2 故障机制

容量减损和阻抗增加的症状归根结底是电池内很多复杂的相互作用的因素造成的外在影响。基本了解锂离子如何减损电池容量有助于开发专用于此类电池系统的电池管理系统。

在充电过程中，嵌入活性正极材料夹层的锂原子必须从夹层中脱嵌并氧化，进而失去电子。电子从活性物质位置出发，经过正极，最终到达集电器和电池的正极端子部位。锂离子必须从活性物质位置出发，经过电极材料，进入电解质，然后再穿过隔膜抵达负极。离子必须与少量活性负极材料接触，然后与一个已经抵达此位置的电子重新结合，经过负极集电器和端子，重新嵌入负电极材料中。在放电过程中，此过程反方向进行。考虑到上述步骤，我们可以将容量衰减和阻抗增加理解为上述过程中任一步骤失败或出现故障。

活性可循环锂离子的减损造成容量降低。这种现象可能以多种方式发生。负极溶层上的钝化膜（又称为固态电解质界面（SEI）膜）是锂离子和电解质相互反应生成的。我们虽然对具体的反应过程和产物知之甚少，但在 SEI 膜形成期间，锂离子的确减少了，尤其是在电池最开始的几个循环周期内，锂离子的减损相当明显，随后减损速度逐渐放缓。最明显的影响是电解质中用来生成含锂化合物的溶剂减少。通常情况下，SEI 膜生长反应主要发生在电池充电期间。SEI 膜的形成主要是由于电池在使用寿命开始初期出现大幅度容量减损。由于 Li/Li^+ 的负极电压降至零以下，锂离子也会因金属锂电镀层电压骤降而出现减损，最常见的原因是电池在低温环境下充电过快。需要说明的是，这并非一个维护得当的电池所应有的正常容量减损途径。锂也可能通过其他不太明显的副反应（例如电解液分解消耗锂盐）而出现减损。

其他可能导致容量减损的现象是活性物质损失。如果没有嵌入点，电池不会发生电荷转移。活性物质可以借助电解质的副反应进行降解。最常见的假设是活性物质与电解质分离，从而防止锂离子嵌入，或与集电器分离，从而防止电子嵌入。任何一种现象都会造成有效嵌入点减少，进而降低电池容量。这些现象的有效预防和产生根源仍然是目前研究的重心。我们通常会将电极材料在充电和放电过程中的体积变化视为电池故障的主要原因，如果活性物质在锂化状态下出现减损，那么，锂离子也会相应减少。

阻抗增加主要是电池内部各种部件中电子和离子的传输阻力引起的。金属集电器、接头和端子的欧姆电阻相对比较稳定，不会产生明显的电阻变化。SEI 膜的生长增加了锂离子进出负极的传输阻力。

上述反应对温度（温度越高，降解越快）和电流非常敏感，尤其是充电率以及最终充电和放电限值。幸运的是，我们已经创建了模型，便于解释这些输入参数对降解率的影响。

16.3　预测性 SOH 模型

通过在受控条件下测试电池，我们可以了解容量退化和容量衰减的预期速率。很多研究人员已经开始努力创建上一章节所述的降解机制第一原理模型，并取得了不同程度的成功。

不过，这些模型的计算复杂度通常比较高，因此难以实现实时操作。此外，这些模型不一定能够以高保真度再现所有观察到的现象。研究人员通常将第一原理模型替换为其他模型。这类模型由电池单元在循环和使用寿命测试期间的性能观测值构建而成。

这些模型试图构建电池的容量和阻抗模型，并将其用作以下独立变量的函数：

- 温度暴露。
- 使用寿命。
- 放电深度。
- 循环寿命或安培小时数。
- 电池电流。

在某些用电装置中，放电和充电电流的循环周期曲线以及每个循环周期的放电深度都比较一致，且温度不会出现明显的变化。在这些情况下，将容量衰减函数视为循环次数函数非常方便。

一般情况下，近似函数主要用来模拟容量衰退。使用恰当的近似函数至关重要，而且我们必须采用合适的分析和实验技术。

另一方面，我们也可以考虑研究这种关系的离散时间微分表达式。电池在周期 $C(k)$ 期间的容量可表示为一个有关下列参数的函数：

- 电池在上一周期的容量 $C(k-1)$。
- 周期 $k-1$ 期间的温度 $T(k-1)$。
- 周期 $k-1$ 期间的充电和放电电流 $I(k-1)$。
- 周期 $k-1$ 期间的 SOC 值 $SOC(k-1)$。
- 周期 $k-1$ 期间的持续时间 $t(k-1)$。
- 初始容量 C_0。
- 总运行时间 $t(k)$。

$$C(k)=f\begin{pmatrix}C(k-1),T(k-1),I(k-1),\\ SOC_{max}(k-1),SOC_{min}(k-1),t(k)-t(k-1),C_0,t(k)\end{pmatrix}$$

由于各个降级机制的速率会在电池使用寿命期间发生变化，因此，我们必须掌握电池的初始容量和总运行时间。例如，SEI 增长一般会随着时间的推移而逐渐放缓。因此，受这种因素的影响，循环周期在 10～11 之间的容量减损比循环周期在 100～101 之间的容量减损更大。典型的容量衰减和阻抗成长轨迹如图 16.1 所示。

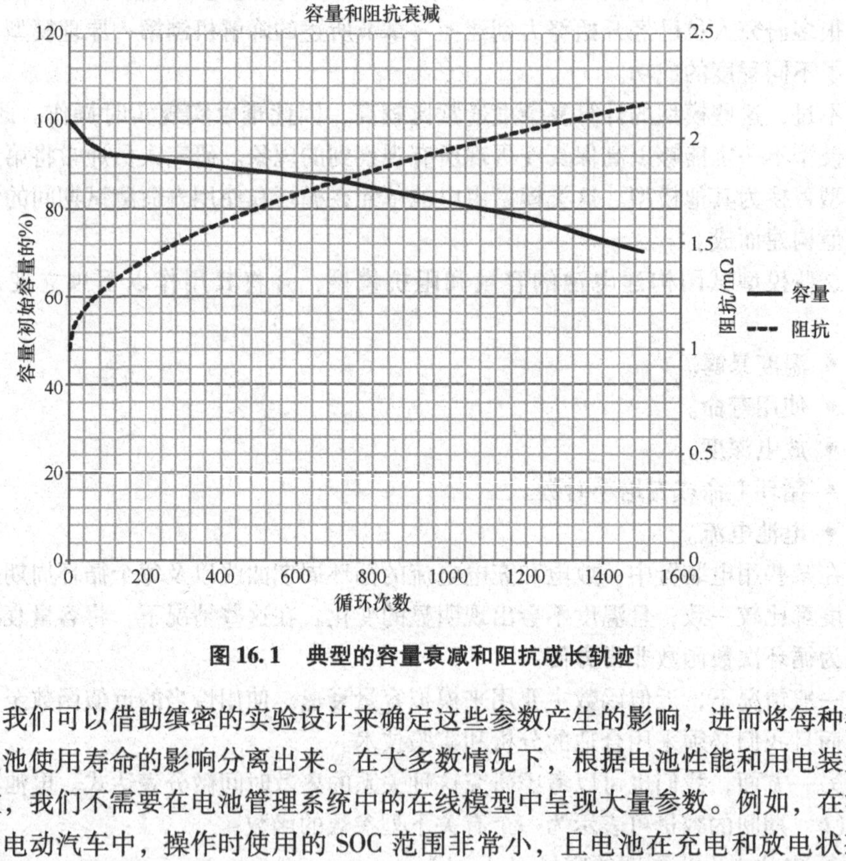

图 16.1　典型的容量衰减和阻抗成长轨迹

我们可以借助缜密的实验设计来确定这些参数产生的影响，进而将每种参数对电池使用寿命的影响分离出来。在大多数情况下，根据电池性能和用电装置的参数，我们不需要在电池管理系统中的在线模型中呈现大量参数。例如，在混合动力电动汽车中，操作时使用的 SOC 范围非常小，且电池在充电和放电状态中的降解速率不存在显著的差异。在某些电池单元中，SEI 膜生长是造成容量减损的主导因素。与充电电流相比，放电电流变动带来的影响可能在很大程度上都是无关紧要的。这是因为在大多数情况下，我们会构建一个 SOH 模型的校正元件，所以预测性元件无需捕获这些次要的影响。为退化模型选择参数空间尺度的有效方法之一就是模拟不同复杂性的模型，以便测试其有效性。

一旦影响循环寿命的相关参数得以确定，我们就需要根据实验采集的数据绘制曲线。我们可以使用恰当的基函数或查找表来完成这项工作。

幂级数和指数函数以及多项式主要用于拟合退化数据，且目前已经取得了不同程度的进展。

这些基函数用于预测电池性能曲线的路径，相当于一些影响 SOH 的变量。我们通过开展精心设计的实验以及降解原因的深入分析测试了电池的性能，进而确定了这些函数的系数，只留下了可以有效影响 SOH 的参数集。

16.4　阻抗检测

鉴于阻抗增加是锂离子电池降解的主要表征之一，因此，测量电池阻抗将会是一项至关重要的基本功能。

电池阻抗的测定方法大致可分为两类：第一类是主动法，即为了测量阻抗，将电流注入电池；第二类是被动法，即可以使用负载所用电流的观察值。

16.4.1　被动法

电流阶跃函数和得到的电压曲线如图 16.2 所示。在开始施加电流时，电池单元的电压会随着欧姆电阻的变化而出现急速变化，随后，与扩散和反应动力属性相关的过电势逐渐加强。

我们可以使用线性最小二乘法（见图 16.2）拟合一系列电压和电流有序对，进而获得相对比较精确的直流欧姆阻抗估测值。回归线的斜度等于阻抗，而回归线的截距则代表非 IR 电压。即便电压和电流中存在测量噪声，该方法仍然管用。当充电和放电过程中电流曲线上的总安培小时数和峰值大小基本一致时（此时，动态极化影响可以相互抵消一部分），这种方法得出的结果更为准确。假如脉冲较短，也就是极化的发展时间较短，这种方法得出的结果同样会比较准确。

$\Delta V/\Delta I$ 的比值可用于计算离散点或连续点处的欧姆电阻。

这种离散方法不仅可以检测电流的阶跃变化近似值，还可以测量相应的瞬时电压变化（见图 16.3）。这种方法假设电流的阶跃变化频繁发生，并且在很大的工作条件范围内。当然，并非所有载荷装置都会出现这种现象。当电流变化幅度较大时，可能需要借助最小步长或加权函数来增加这种变化的权重，在此情形下，上述方法得出的结果更为精确。与大部分阻抗测量方法一样，电压和电流测量数值之间的时间同步性非常重要，因此，我们必须充分掌握欧姆效应并适当忽略其他的电压变化。

我们可以连续计算电压和电流的变化。当电流稳定不变，而电压随着电池极化而发生变化时，该方法得出的结果无效（因为 ΔI 为 0）。因此，我们应该忽略

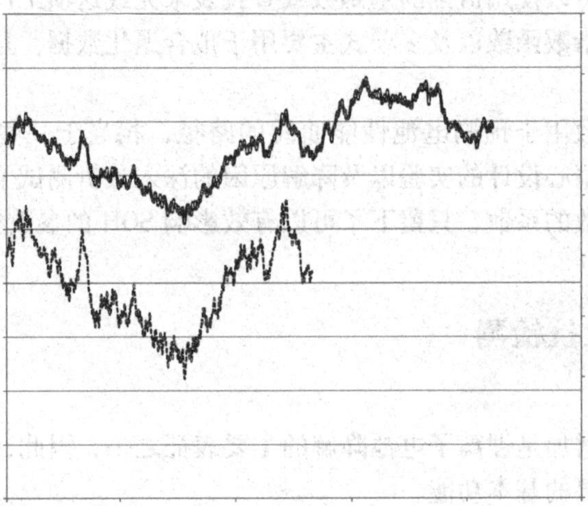

a)

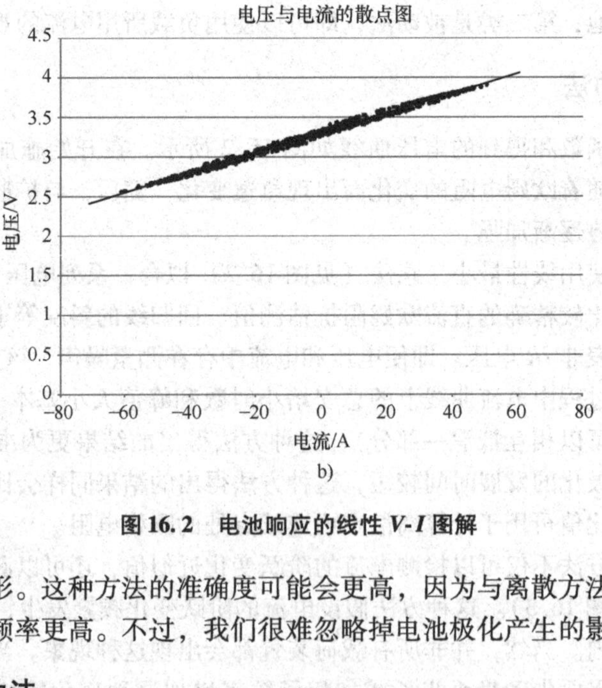

b)

图 16.2　电池响应的线性 *V-I* 图解

这种特殊的情形。这种方法的准确度可能会更高，因为与离散方法相比，这种方法所需的计算频率更高。不过，我们很难忽略掉电池极化产生的影响。

16.4.2 主动法

我们可以通过引入受控电流曲线来进一步完善上述的方法。对于那些定期与电池充电器或载荷设备相连接的电池系统而言，可以引入一定等级的交流或直流电流曲线，同时测量电压并提取更准确的阻抗数据。

对于其老化周期中的某一点的给定电池，欧姆电阻是一个关于 SOC 和温度

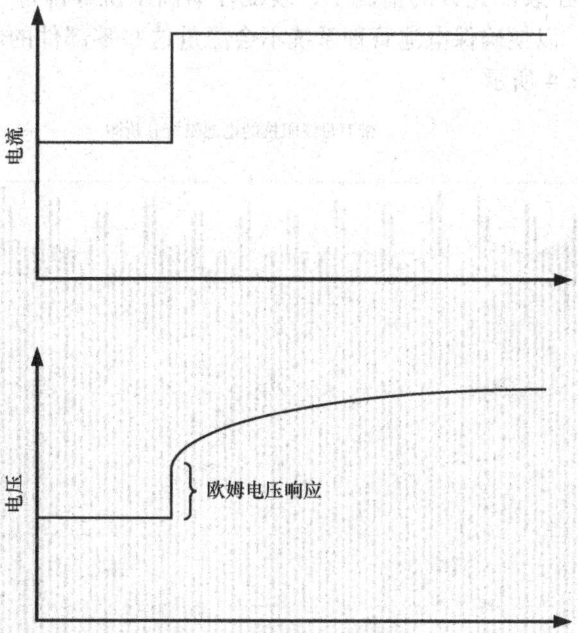

图 16.3　欧姆电压骤降反应

的函数。因此，我们不能简单地将一系列测量值平均化，以求得欧姆电阻的真实状况，而可能需要再次计算并及时测量某些点处的阻抗。另一种方法是在已知 SOC 和温度的前提下持续计算阻抗，然后借助 SOC 和温度数据更新阻抗函数相对应的特殊值。

在特定的 SOC 和温度条件下，阻抗会慢慢地发生变化。阻抗增加的典型速率大致为每循环周期 0.01%~0.1%。由于所有的计算方法都具有一定的不准确性，因此，我们需要长期将低通滤波引入阻抗估算中。

如果采用了在线模型参数估算，那么，非线性最小二乘法和扩展卡尔曼滤波法将帮助我们估算阻抗大小。

对于在那些充电和放电时欧姆电阻存在巨大差异的电池来说，我们完全可以拓展上述方法，以便分别确定电池的充电和放电电阻。

很多电池系统在不同的电池单元组之间装配了不同尺寸和形状各异的连接线和母线。这些母线可能各自具有不同的阻抗。这样一来，不同的母线阻抗可能会营造出阻抗变化范围很大的假象。一般情况下，我们需要根据母线在电池堆中的位置弥补母线阻抗产生的影响，利用测量或计算得出的母线阻抗值估测电池单元的最优阻抗。这种位置补偿手段可以用于电池模型运行，也可以消除母线对 SOC 计算以及其他高级操作的影响。我们必须密切注意电池组和电池管理系统的互连布局，从而保证在条件允许的情况下，装配任何高阻抗零部件（例如熔丝和紧急断电开关等），以便确保电池管理系统不会测量这些零部件的电位降。典型阻抗分析图如图 16.4 所示。

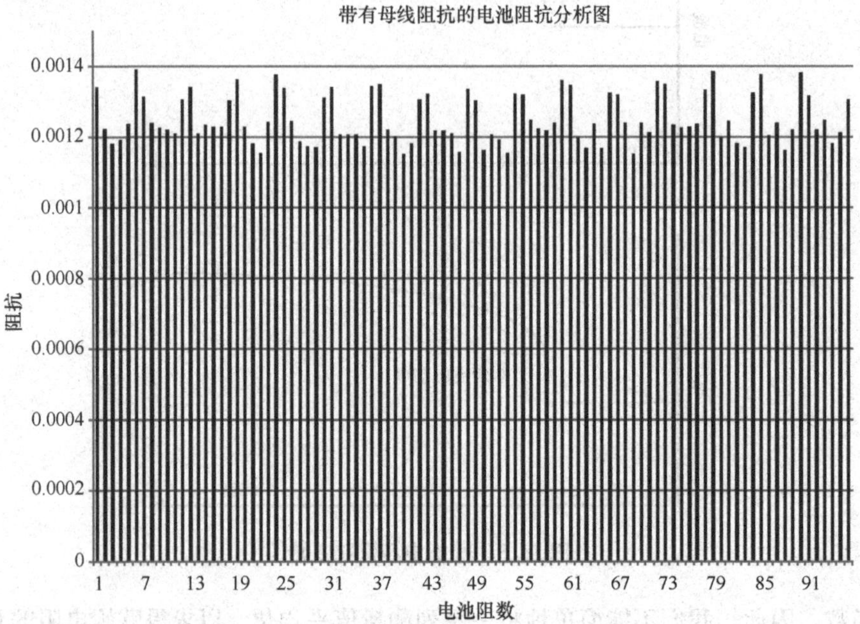

图 16.4　典型阻抗分析图（显示母线效应）

此外，电池阻抗和母线阻抗都会随温度而变化。金属材料的母线阻抗会随着温度的升高而增加，但电池阻抗通常与温度呈现负相关的关系。母线补偿值可能需要随温度而变化，然后在特定的温度条件下测量电池阻抗。与容量-温度关系一样的是，我们必须根据常规电池循环周期中采集的缺损数据构建一个阻抗-温度-SOC 关系，且这种关系应贯穿整个运行过程。另外，目前不存在任何一般关系式可以解释某一温度条件下的阻抗增加与另一温度条件下的阻抗增加之间的关系。

一旦掌握了电池阻抗的精确测量结果，那么，理解如何运用这些信息预测电池的健康状况非常重要。首先，界定一颗基本合格的电池（即刚好满足用电装置要求的电池）的充电和放电功率容量。在这一步，我们需要根据给定的 SOC 范围、温度范围以及特定的持续时间指定电池的充电和放电功率容量。假如我们已经构建了电池的一个极化和滞后模型，那么基本可以确定该电池单元的相应直流阻抗。这样，我们就有效地界定了一组 0% SOH 的运行条件（因为电池在不同的 SOC 和温度条件下/充放电状态下会产生不同的阻抗，所以也可能有若干组这样的条件）。

通常情况下，电池单元中的阻抗增加与循环次数或使用时间之间不存在任何线性关系。阻抗增加是诸多机制共同作用的结果，具体包括 SEI 膜的生长、不同水平/规模的电极退化、电解质与电极之间的副反应等。很多阻抗增加模型都指向一种表征，即阻抗增加与使用时间的二次方根成比例。因此，电池在开始投入使用时呈现的阻抗增长率要高于使用后期的阻抗增长率。假如这种非线性特征非常显著，那么，电池的 SOH 可能会在初始循环周期内急速下降，从而给用户带来误导信息。因此，我们需要使用一种普遍的阻抗增加曲线使 SOH 趋于线性化，以便在电池达到最大阻抗值之前得出剩余循环次数的一次近似值。

16.5　容量估算

电池的容量除了会因温度波动而出现短期变化外，其在系统中的整个使用寿命期间也不是固定的。一般情况下，电池的使用寿命比较长久，这样一来，即便电池容量出现减损，整个电池系统仍然可以正常运行。

我们在上文探讨了电池容量减退的原因。如果电池运行参数空间非常宽泛，且几乎每种用电装置的电池降解曲线形状不尽相同，那么，我们或许可以将电池容量减退的各类原因一一分开探讨。

之所以需要动态测量电池的容量，主要有以下两大原因：第一，为用户提供有效的反馈信息，让用户及时了解到电池系统的剩余能量；第二，帮助系统和用户确定电池容量何时会消耗殆尽，届时必须更换新的电池。

重要的是，容量估算可以帮助我们掌握电池长期的实际容量减损状况，且这一容量减损状况不牵涉任何因温度和放电率引发的短期容量波动。

在那些定期进行完全放电和充电循环的电池系统中，容量估算最为直截了当。在每个循环周期内，我们可以测量实际容量值，然后借助低通滤波器及时地消除测定的容量波动。由于容量受温度影响，如果电池在一种温度几乎恒定的环境下运行，或者如果我们可以构建一种有效的温度补偿关系（在最理想的情况下，电池容量不会随着电池的老化而发生波动），那么上述策略将会取得绝佳的效果。有些用电装置的确具备这种运行周期，但在大多数情况下，电池各个循环周期之间的充电和放电水平各不相同。

从概念上讲，使用在线电池模型估算电池容量的过程如下所述：

- 在电池放电循环期间，我们借助预测校正器估算电池状态。该模型可以预测电池在未来一段时间内的运行状态。如果预测的电池参数值与测量值无法匹配，那么我们可以借助校正器进一步完善该模型。一般情况下，我们可以使用电流的积分预测 SOC，然后根据电压测量值进行校正。先前我们已经探讨了很多类似的方法。

- 如果预测值偏差完全是由模型和测量值中的随机噪声造成的话，那么我们有充分的理由认为不存在任何校正后的长期偏差（即 SOC 估算过高与估算不足存在的可能性基本相等）。
- 不过，如果在多个循环周期中检测到任何明显的偏差，那么，容量值误差引起重复误差的可能性就会增加。比方说，在放电过程中，如果电池电压始终低于预期值（假设一个精确模型恰当兼顾了其他所有效应），那么该容量参数可能是错误的，且电池更容易放电（由此电压也比较低）。
- 这些长期偏差可以用来更新电池容量。鉴于电池在成百上千个循环周期内的容量变化比较缓慢，我们往往采用具有长时间常数的低通滤波器处理数据。长期滤波可以最大限度地削弱随机噪声的影响，并确保错误结果不会促使电池容量出现快速波动。

由于有效电池容量是一个关于温度的函数，因此，获取相对准确的的容量估算结果过程中出现了一项重大挑战。我们可以构建一个容量函数，从而将有效容量描述为一个关于温度的函数，也就是将有效容量描述为电池在特定参考温度（通常为 25℃）环境下的有效容量部分。在实验室条件下，我们可以让电池在参考温度环境下运行。在电池老化时，重建参考容量并确定容量函数。在很多用电装置中，我们无法在电池运行过程中完成这类估算。因此，为了估算电池容量，除了参考温度之外，我们可能还需要考虑不同温度条件下测得的信息。此外，这一历史温度范围或许难以涵盖电池的运行温度范围。也就是说，总有一天，电池可能会暴露在全新的极端温度环境中，而此前我们并没有估算电池在此温度条件下的容量变化状况。最后，温度暴露的时间通常分布地不太均匀，这也就意味着大部分数据均出自平均温度左右的狭窄运行范围内。此外，极端温度环境下的测量值相对较少。虽然面临着重重困难，但电池管理系统必须具备有效容量估算功能。

如果存在有效容量退化模型，我们可以将该模型置于电池管理系统内，将其用作容量减退的前馈预测器。状态观测系统（例如卡尔曼滤波器）可用于估算电池容量。这样一来，我们就能够以经过核证的实验室老化模型作为电池标准退化轨迹，从而有效地限制容量的噪声测量值的影响。

我们必须确定电池的最小有效容量。满足该容量的电池基本符合使用要求，且在此情形下，电池的 SOH 应被视为 0%。一颗具有额定或更高容量的新电池的 SOH 为 100%。通常情况下，容量衰减速率是非线性的，因此，我们可以开展时间线性化操作，以便确保 SOH 可以随着时间的推移呈现线性下降，而非随着电池容量减损而下降。

16.6　自放电检测

最后一个影响电池平衡状态的因素是自放电速率的过度增加。如果电池无法充电以满足待机需求，或者某个电池单元的自放电量超过了电池管理系统纠正失衡的能力，那么，电池单元散度会迅速造成容量减损。

由于电池单元缺陷（包括金属锂或其他导电粒子的树突）破坏隔膜，电流开始从电池内部的正电极流向负电极，自放电量可能会增加。

如果采用有效的平衡策略，且自放电速率低于容许的平衡电流，那么，电池单元应保持平衡状态，并且这种平衡占空比应小于 100% 。自放电偏差加剧可能会导致平衡占空比增大。

16.7　参数估算

如果我们在电池管理系统软件内运用相同的方法测定电池模型参数，且根据电池系统的使用寿命更新电池模型参数，那么我们完全可以将这些参数的变化值用作电池 SOH 的有效测量值。详细信息请参考第 12 章。

16.8　双回路系统

在一个电池模型中，假设电池参数在电池运行期间是恒定不变的，且该模型用于估算电池 SOC 和其他内部状态变量。同样地，假设另一个电池模型用于估算电池单元在特定电流曲线下的电压，然后我们根据实际的电压测量值更新电池单元的电压。其实，类似的预测校正环同样可以按照上述方式处理这些模型参数。我们必须假设电池模型参数的变化速度远远低于其内部实际状态，从而使该策略发挥作用。这样一来，在给定的循环周期内，电池容量和阻抗可大致保持不变。

最典型的例子就是：电池管理系统（见图 16.5）借助卡尔曼滤波器估算 SOC 和参数。该 SOC 估算函数利用电压、电流和温度测量值更新电池模型的内部状态，其中，内部状态参数主要用于预测 SOC。此外，参数估算函数利用同样的信息计算全新的参数值。这个概念很简单直接（毕竟 SOC 估值总是偏高）；可想而知，电池的容量已经有所下降。

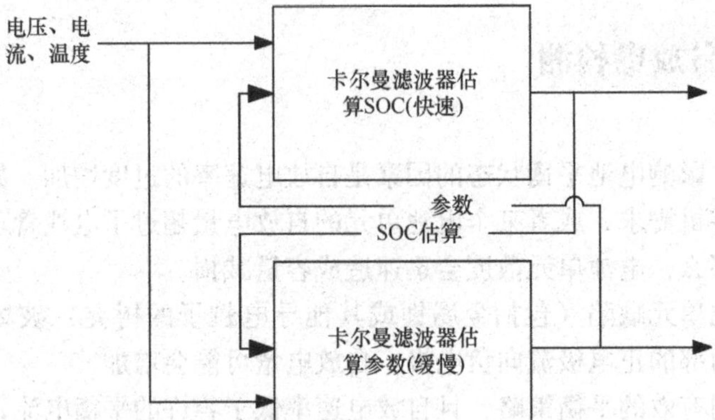

图 16.5　双回路扩展型卡尔曼滤波方框图

16.9　剩余使用寿命估算

剩余使用寿命指的是系统可以满足其预期功能的预期剩余时长。虽然 SOH 测算看上去仅针对一个基本合格的电池系统容许的最大退化水平，但实际上，剩余使用寿命预测还必须估算当前和未来的系统退化率。

16.10　粒子滤波器

粒子滤波器是一种特殊的滤波器，主要用于观察具有高度非线性动态特征的状态空间系统。当系统噪声为非高斯噪声时，粒子滤波器可以稳定地运转。研究人员已经开始借助粒子滤波器研究容量衰减和阻抗增加模型。据我们所知，这些模型面临着测量误差和高度非线性干扰等挑战。

与其他状态观测器一样，粒子滤波器可以用于执行回归分析，将测得的容量和/或电阻数据拟合到预测的退化曲线中。

与大多数 SOH 方法一样，要使用粒子滤波器，我们需要借助一种预测方法，从而根据循环周期 k-1 处的数值预测循环周期 k 的 SOH 变量。

此外，我们需要设计一种方法，用来估算每个循环周期内的 SOH。假设的必要条件是：该方法包含 SOH 估算误差，且 SOH 估算值是按照概率分布函数分散在实际 SOH 周围的。

一系列粒子或潜在的实际容量估算值都是随机生成的。我们可以借助贝叶斯定理计算这些理论容量、测定容量、概率分布（无需是高斯或任何其他类型的概率分布函数）、每个粒子的正确概率以及观察到的电池容量。

然后，借助预测函数将这些粒子转换为新循环周期内全新的 SOH。对于循环周期 k 内第 i 个粒子的估算容量 Ci，我们可以借助更新函数生成新的容量 Ci_{k+1}。剩余使用寿命和分布预测如图 16.6 所示。

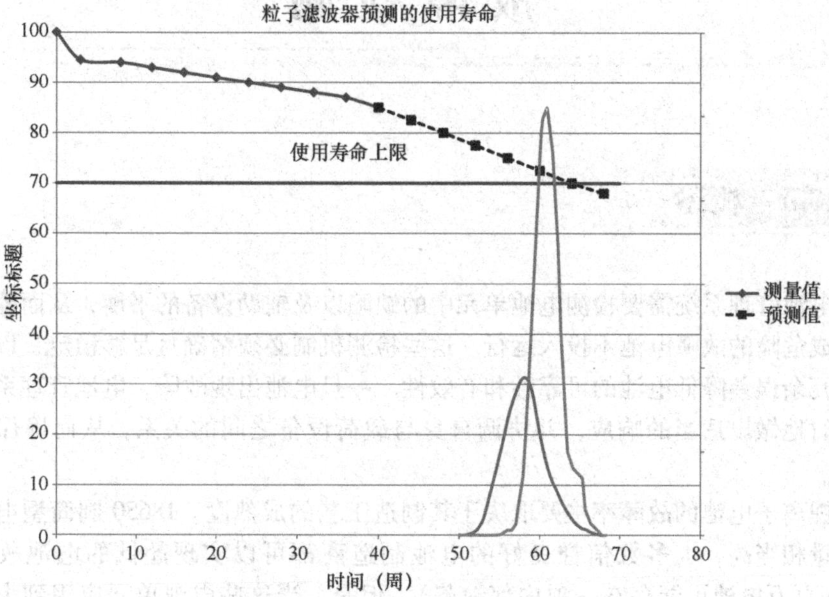

图 16.6　剩余使用寿命和分布预测

然后，对该组粒子重新采样，筛选出那些满足实际容量最小概率的粒子。这个过程衍生出粒子滤波器的别名：序列重要性采样。

容量估算分布并非一个封闭式的概率分布函数，而是每个粒子及其各自概率的集合。

粒子滤波器技术帮助我们有效地估算电池的健康状态并评估该估值的准确度。

目前，粒子滤波器已成功地应用到某些 SOH 预测领域，且对非线性具有良好的鲁棒性以及噪声干扰较强的容量和阻抗计算过程。有效的退化模型仍旧是实现良好性能的基本要素。

参考文献

[1] Saha, B., and K. Goebel, “Modeling Li-ion Battery Capacity Depletion in a Particle Filtering Framework,” *Proceedings of the Annual Conference of the Prognostics and Health Managemetn Society,* San Diego, CA, 2009.

第17章 故障检测

17.1 概述

电池管理系统需要检测电池单元中的缺陷以及辅助设备的平衡，从而确保可能造成危险的故障电池不投入运行。这些检测机制必须精确且足够稳定，以防止一些冗余误差降低电池的可靠性和有效性。一旦电池出现故障，电池管理系统必须及时地做出适当的响应，并协调自身与载荷设备之间的关系，从而确保运行安全。

锂离子电池的故障率主要取决于其制造工艺的成熟度。18650圆筒型电池的生产量相当高，大多数信誉良好的电池制造商都可以实现超低的电池故障率（每一百万电池可能存在一项内部缺陷）。但是，当这些电池单元应用到大型阵列时，系统级别的故障率可能会再次提高。目前，其他电池制造工艺明显不太成熟，且电池残次率相对较高。

17.2 故障检测

17.2.1 过度充电/过度放电

过度充电和过度放电检测可以避免过度充电和过度放电产生的诸多危害效应，因而这一步至关重要。

第一道防线是准确且完整地测量电池电压。我们应将故障设置在正常运行范围的边界，这样一来，如果发生过度充电或过度放电现象，系统应能够迅速响应，降低限定范围并断开电池的充电电源或放电电源。

通过测量电压变化率构建第二道防线（见图17.1）。当大部分电池单元即将出现过度充电或过度放电现象时，电池电压开始上升或下降，且变化速度比正常状态下快得多。

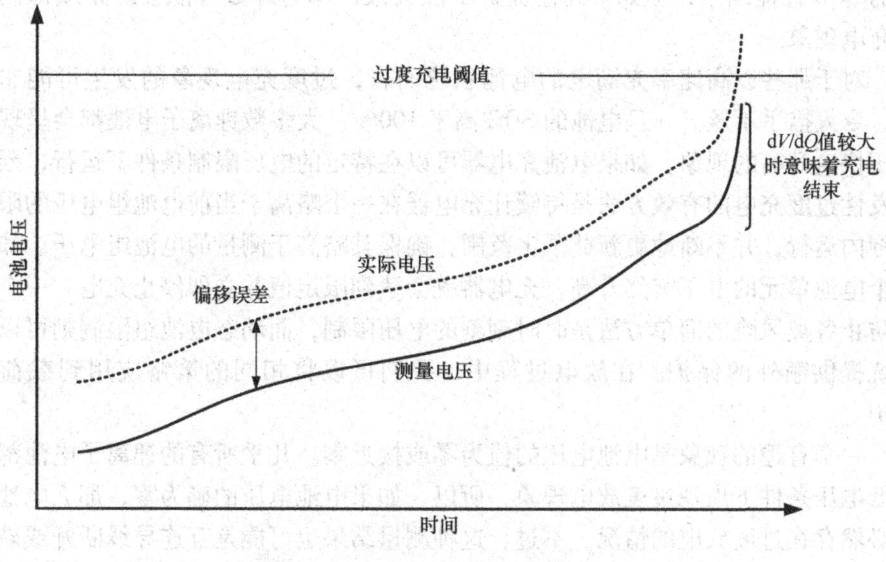

图 17.1 充电终止电压误差检测方案

我们可以根据电池的预期电压变化率最大值设置界限。OCV（SOC）曲线的斜率是电压变化率与 SOC 变化率的比值。对电池容量进行标准化处理之后可得到以下等式。

$$dV/dSOC = CdV/dQ$$

上式乘以 SOC 变化率（dQ/dt）可得到时间变化率，即电池电流。

$$dV/dt = CdV/dQ\ dQ/dt = CdV/dQI$$

当电池电流出现快速波动时，电池电压的变化率也可能会相应提高，因此，我们需要及时地进行补偿。

由此看来，可以根据 SOC 和电流确定补偿电压 *IR*（或者开路电压）的最大预期变化率，一旦超过这些变化率，电池可能会产生以下危险：

- 电池单元超出安全电压范围并出现过度充电或过度放电现象，但由于电压偏移测量误差的存在导致电池测量看上去似乎是安全的。
- 电池单元正处于安全运行区域的边界上。对于那些高功率能量比 SOC 范围比较宽的系统，该技术支持系统采用更高的充电和放电率，且没有过度充电、过度放电或反极风险。这可能是由 SOC 估算误差造成的。

我们可以借助备份策略创建第三道防线，用来计算流入电池或从电池内流出的总电荷积累。例如，理论上来讲，一个完全放电状态的 50Ah 电池难以承受 50Ah 以上的容量，除非出现过度充电现象。如果向电池内增加 60Ah 容量，充电过程被中止，这就可以将过度充电控制在20%左右。库仑计数无法直接提供准确的SOC性能结果，但如果其他保护手段失效，库仑计数可能会防止或抑制过度充电现象。

对于那些以高速率充满电的电池系统而言，过度充电现象的发生可能非常快，令人措手不及。一旦电池的SOC高于100%，大多数锂离子电池都会呈现出电压快速升高的现象。如果电池充电器可以在特定的电压限制条件下运行，预防突发性过度充电的有效方法是持续让充电器在一个略高于当前电池组电压的限定范围内运行，并不断地更新此限定范围，确保其略高于测量的电池组电压。如果某个电池单元的电压突然升高，充电器就会达到限定值并立即停止充电。一个有效防止各类风险的简单方法是时时刻刻的电压限制，而动态电池组限制则可以为系统提供额外的保护。在放电过程中，我们可以将相同的策略应用到载荷装置中。

一个有趣的现象是电池电压的值为零或接近零。几乎所有的锂离子电池都会在低电压条件下出现过度放电现象，所以，如果电池电压的确为零，那么电池系统必然存在过度放电的情况。不过，这种测量结果也可能是互连导线断开或破损造成的。在某些情况下，可以采取一些方法有效地区分这两种情况。在互连导线出现破损的情况下，电池的某些功能可能仍然有效。

如果电池管理系统可以测量不同粒度级别的高压电池组，那么我们可以直接确定电压读数显示为零是否仅仅是导线断开的缘故。如果单个模块（子串）、电池组甚至整个电池组的测量准确度都比较高（尽管在大型电池组中，有效的精确度通常无法支持我们在0V条件下检测单个电池单元），我们可以根据全部子串电压检查各个电池单元，从而确定是否出现误差。此外，连接中断还会造成各个电池单元与综合模块电压失配，同时造成一项或多项0V测量值。与短路或完全放电电池相比，断线故障并不严重（在许多情况下，断线故障相比不太严重），因此，针对该故障类型的专有检测可以有效地预防电池断电和功能失效。

一旦与冗余测量仪表失去连接线，如果一次和二次计量电路位于同一个电子模块中且经由同一个受损连接线连接，那么这两次测量结果都会丢失。在这种情况下，我们无法借助监控电路来判断断开的电池单元中是否存在过度充电或过度放电的情况。但是，我们可以利用一些简单的方法来改善系统的性能，同时确保系统的安全运行。对于诸如电动车辆之类的电装置，用户可以选择禁用再生制动完成电池充电，将电池的运行模式调整为“始终放电”模式可以有效地预防过度充电（因为在此模式下，电池无法充电）现象。假如未测定电池的SOC明显低于其他电池的SOC，并且充电终止与出现过度放电之间未能保持明显的安全裕度，那么该系统仍然存在很高的过度放电风险。如果SOC总误差和电池组总失衡率控制在 SOC 的 5%，那么即便我们不知道放电量最大电池的电压，而 SOC 不低于 5%，我们就可以确定未测定电池不存在自放电风险。适当地扩大安全裕度并降低放电限制会进一步提高系统的安全性。如果在维持电池正常运行的同时难以禁用充电功能，且电池的 SOC 数值较高，可以采用互补策略。采用这一策略的风险也比较高，毕竟过度充电与过度放电相关的危险等级很高。作为一种有效的方法，这种策略有助于维持基本功能，处于降级运行模式下，但系统的安全性显然也比较重要。

值得注意的是，出现短路故障的电池会立即达到 0V。很显然，这会引发重大危害。如果我们打算采用这类技术手段，首先必须开展合理的分析，从而确保电池管理系统不会遗漏任何一个或多个短路故障电池。一旦出现短路故障，我们必须掌握预期的最大 dV/dt 值。超出此数值的电压变化极有可能是监控电路连接不良造成的。

对于大多数电池（每个计量电路的最大负电荷和最大正电荷除外）而言，互连导线故障可以导致两侧电压读数均显示为零或接近于零。如果上述情形伴随着电压失配的自然发生，那么最合乎逻辑的诊断结果莫过于连接丢失。连接丢失检测如图 17.2 所示。

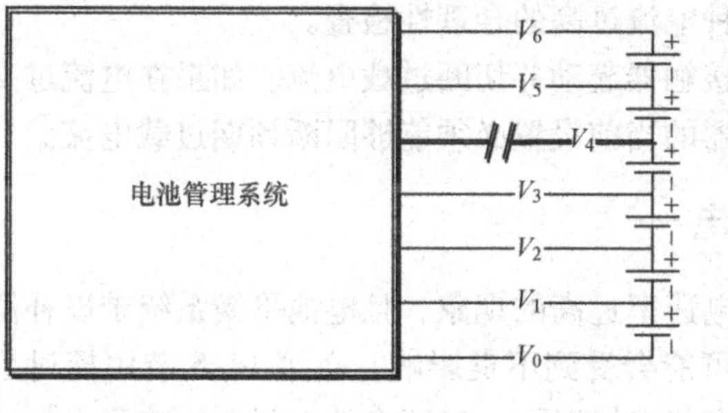

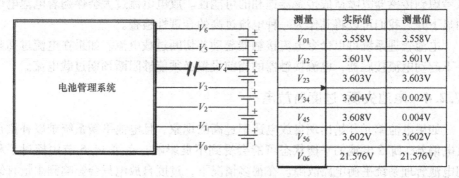

测量	实际值	测量值
V_{01}	3.558V	3.558V
V_{12}	3.601V	3.601V
V_{23}	3.603V	3.603V
V_{34}	3.604V	0.002V
V_{45}	3.608V	0.004V
V_{56}	3.602V	3.602V
V_{06}	21.576V	21.576V

图 17.2 连接丢失检测

17.2.2 过温

如限制电压变化率那样，热容量和预期的热生成量将限制大型电池系统中的温度变化率。不过，一旦发生热事件，有效能量就会飙升，从而导致温度骤然升高。

假如测量温度骤降，且降幅超出了散热系统（如果安装了散热系统）的物理限制，我们不必担心，因为这属于测量误差。

考虑到过热往往会导致电池系统停止工作，因此避免过热故障触发误动作非常重要。所以，为了提高系统运行的可靠性，可能需要对高温事件展开合理的检查。我们必须权衡利弊，从而有效地预防高温事件诱发电池系统关机延迟存在的潜在风险。

17.2.3 过载电流

在本文第 13.11 节中探讨了如何检测超出限制的过载电流。无源过电流保护装置（通常是熔丝或断路器）可以有效地预防电流过高，且无需来自电池管理系统的指令即可在过电流产生时自己运行。一般情况下，熔丝是否熔断是一个非常重要的特征。我们可以通过测量熔丝两侧的高压检测熔丝是否熔断。熔丝的响应速度相当快（尤其是那些用于保护动力电子设备的半导体类熔丝），但几乎所有类型的熔丝在较小电流条件下的清零过程都比较缓慢。因此，大型熔丝在起动之前支持较大的系统能量和较强的脉冲电流。熔丝尺寸过大可能会导致其他电池系统元件出现过电流风险。在这种情况下，电池系统可以借助电池管理系统预防中度过载电流造成的危险。这种中度过载电流虽然已经持续了一段时间，但不足以严重到使熔丝熔断。

电流传感器必须具备充足的测定范围，以便测量过电流的适用范围。测量范围扩大会降低电流传感器在正常运行期间的准确度和精度。此外，测量系统还应该考虑到传感器故障造成传感器饱和的可能性。放电电流过大会伴随着电池电压明显下降。我们可以将其作为一种电流过高的合理性检查。

电池管理系统可以命令电流接触器起动并切断过载电流。如果在电流过高条件下起动电流接触器，电流接触器的当前设置必须能够阻断预期过载电流。

17.2.4 电池失衡/过度自放电

如果电池单元开始出现自放电速率过高的现象，且电池平衡系统难以补偿自放电偏差，那么电池的平衡状态可能会受到不良影响。在第 14.5 节中探讨了利用电池管理系统平衡电路故障。在很多情况下，过度自放电只会影响到少量有缺陷的电池。

如果需要计算所有电池单元的 SOC 和容量，那么，电池失衡和自放电的测定是一个相对比较简单直接的过程。更常见的情形是根据汇总所有单个电池情况计算 SOC 和容量，当然也可以使用其他方法测定电池失衡。

在总 SOC 给定的情况下，每个电池单元的 SOC 范围应为 $SOC_a-\varepsilon$ 至 $SOC_a+\varepsilon$ 之间。已知 SOC 范围内 SOC-OCV 关系的斜率，可以据此确定电池单元之间的最大预期电压差。在电池运行过程中，我们一定要谨慎使用这种方法。但是，假如我们可以在电池电流一直显示为零（避免同步问题）的情况下测量电压（以避免电池内部电阻偏差以及任何动态变化影响结果），这种方法就会非常稳定有效。

即使单纯利用压降相对速率无法准确地了解到每个电池单元的 SOC，也可以开展相对简单的自放电检查。如果各个电池单元的 SOC 比较接近，那么电荷损失相等会导致电压出现相应的降低。如果电池系统长时间处于未激活状态（例如，在一辆每天停止运行数小时的电动车辆中，或者在主电源系统正常运行期间，备用电源系统正常情况下无需供应任何电流），我们每天只需借助一个数据样本就可以计算出压降速率。由于所有电池单元都出现了相同的励磁电流，其内部动态应该以相同的速率放缓。如果某个电池单元的自放电速率过高，且电压测量值是准确的，那么采样几天之后，系统会出现明显的压降现象。此时，需要采取恰当的低通滤波器，但这种方法无需计算单个电池单元的 SOC 和采样。

17.2.5　内部短路检测

目前，内部短路检测属于研究的热门话题之一。研究人员开发了很多技术手段，专门用于检测充电锥度的形态和/或持续时间的变动，或当电池在低电流运行条件下的 SOC 接近 100% 时，利用这些技术手段可检测噪声电压信号[1]。

17.2.6　锂电镀层检测

锂电镀层检测是一项相对比较新颖的概念，少数学术文献提及了此概念[2]。如果锂离子电池中的金属锂由于滥用而出现堆积，鉴于锂负极产生的负极电压比较低，OCV/SOC 关系图在放电时发生变化，并在一开始时会出现较高的平稳电压。平衡电路可能导致放电电流过低，而放电电流过低的电池电压高于那些没有锂电镀层的电池电压。我们必须开展重大研发项目，从而确保这一概念的鲁棒性。考虑到锂电镀层检测的必要性，锂电镀层检测极有可能成为未来大型电池管理系统的一大特征。受锂电镀层影响的电压曲线如图 17.3 所示。

17.2.7　通风检测

近来，传感器已经广泛地用于检测电解质中的挥发性有机化合物。电池系统中挥发性有机化合物的产生通常和电池通风系统有关，并且可能为用户提供危险事件发生的早期预警。

无论是什么事故原因（过温、生产缺陷、机械侵入或过度充电等），这些传感器都能检测出电池单元的通风状态，并在电池通风时提高系统的安全性。目前来看，这些技术比较新颖且完全不依赖于系统的初级保护装置。

17.2.8　过度容量减损

由于反复出现的现象导致的正常容量减损与由于电池缺陷导致的过度且快速容量减损之间应存在明显的区别。一份有效的容量检测方案应与最坏情况下的容

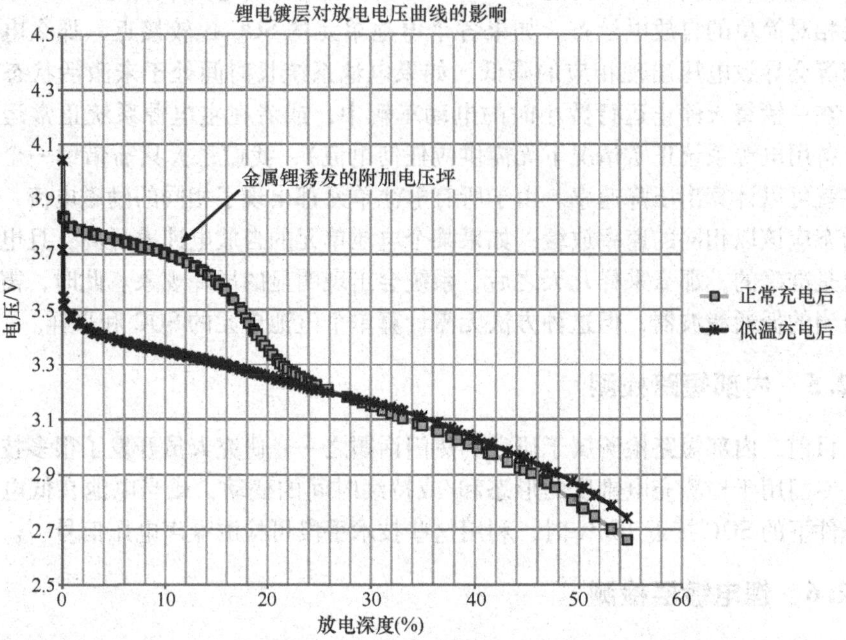

图 17.3　受锂电镀层影响的电压曲线

量轨迹相结合，从而确定电池的容量减损速率是否出现异常。一般情况下，容量减损是由一个或多个电池单元的自放电失控导致的。如出现明显且异常的容量减损，电池系统可能由于内部短路、电池故障或锂电镀层破损而出现严重的内部缺陷。

17.3　应对策略

一旦发生故障，电池管理系统应尽快将电池置于安全运行环境中，同时维持其基本功能。所有的应对策略都是根据电池系统的性质以及特定类型的故障制定的。

如果初级保护装置（例如极限算法）无法保护电池免受任何危险情形的冲击，此时，故障策略应充分发挥自身的辅助性防护作用。我们应为电池管理系统设计各种防护系统。这样一来，如果载荷装置未超出电池设定限制，且电池 SOH 合格，系统就不存在任何故障或误差条件。故障的发生与系统操作失误、电池异常响应/容量衰退或载荷状态异常有关。

对于某些无需立即切断电池但需要及时做出响应的严重故障，常见的解决策略是允许在指定的时间段内完成某种操作，但之后禁止重新起动或重新接通电池系统。这种策略的好处在于，负载设备可以有充足的能量有序闭合并停止运行。

假如系统中的过度充电或过度放电一触即发，且负载未能及时地响应系统请求，导致电池电流没有降至零，电池可以和负载断开，从而防止电池 SOC 出现更大的波动。虽然这样做可以预防过度充电或过度放电，但电池系统内零部件可能因此损坏。

固定型储能系统通常包括灭火系统，且灭火系统受电池管理系统控制。在操作这种作为最后手段的安全系统时，我们必须采取适当的措施，例如：要求硬件或软件的单点故障不会无意间引发系统动作。

参考文献

[1] Mikolakezia, C., et al., "Detecting Lithium-Ion Cell Internal Faults in Real-Time," *Power Electronics Technology,* March, 2010.

[2] Zimmerman, A. H., and M. V. Quinzio, "Lithium Plating in Lithium-Ion Cells," Battery Workshop, Nov. 2010.

第18章 硬件实现

18.1 包装和产品研发

成品电池管理系统的零部件通常由防护外壳提供外层保护。外壳提升了电子设备抵御电磁干扰、暴晒、潮湿、污染以及其他不良环境的能力，但同时也增加了产品生产的成本、重量、尺寸和复杂度。目前，电池管理系统所采用的包装技术多种多样，但主要取决于产品用途。以下注意事项可以帮助用户为所选产品选择合适的包装。

在安装的过程中，那些带有很多端子的强制联锁式连接器（常见于大型电池组的电压检测导线中，见图18.1）需要投入很大的插入力。用力过猛可能导致电路板变形，电气间隙暂时中断。在许多电子系统中，由于这些连接器属于临时性工具，人们常常忽略这种影响。但事实上，由于电池组一直处于带电状态，当连接器配合动作时，系统极有可能会出现燃弧放电的危险。因此，请确保连接器获得良好的支撑，并考虑与电池组相匹配的负载。

图18.1 汽车专用高质量连接器（由Molex提供）

液态密封剂（即“灌注混合物”）的使用可以大大地改善电子仪表的环境性能。这些材料的性能从很大程度上取决于其用途。对于像电池管理系统这样的重要应用装置，如果打算使用密封剂，则可以使用自动化的应用和检测。

很多类型的聚合物对吸水性相当敏感，吸水性过强会降低其介电性能。

通常情况下，需要在电池管理系统设备上贴上恰当的警示标示，以便提醒用户有电危险。

18.2 电池管理系统的集成电路选择

在过去的几年里，市面上已经涌现出至少十几种类型的集成电路（IC），专门用作大型锂离子电池管理系统的组成部件。虽然这些设备看上去相差无几，而且都可以实现电池电压测量的基本功能，但它们的使用等级不尽相同。因此，与构建分立元件一样，我们需要谨慎地使用这些 IC。

运用电池管理系统的关键步骤之一是选择监控器 IC。在撰写本文时，很多半导体制造商已经商用了第一代设备，其中一些供应商最近又发布了第二代和第三代设备。由于这些设备几乎都没有标准化的制造要求，并且专利技术主要用于设备间以及从设备到主处理机之间的通信，因此，在开发和检验的过程中，如果某个设备不符合质量要求，那么切换到另一个制造商提供的 IC 不仅仅是一个在后期设计过程中的交换操作。这些元件具有不同的测度拓扑、精确度、采样率或安全性能，而且它们测量的电池单元数量各有不同，与其他设备的通信方式也不尽相同。所以，为了避免在最后关头改变原来的设计，我们必须谨慎地选择芯片组。

一些电池测量专用 IC 已经配备了二次测量设备，专门用于执行冗余测量，以便构建一个功能性安全架构。这些设备的许多功能都比较相似，但又不全然一致。

这些芯片无一例外地需要采用高压半导体制造工艺。鉴于这些工艺专业性比较高且比较新颖，我们应根据供应商的相关制造经验以及掌握水平对这些芯片进行评估。

电池测量专用 IC 中所采用的测度拓扑会随着诸多待考量参数的变化而出现变动。最根本的属性是：每个电池单元是否都需要配备一个 ADC，或者多个电池单元可以通过多路复用的方式共用一个 ADC。

绝大多数设备采用电平转换或电流源通信总线。其中，IC 可以呈菊花链状连接到一起，并串联到电池堆栈上。每个 IC 都可以通过这条总线与下一个电压更高的 IC（连接到电压更高的电池单元上）和电压更低的 IC 通信，链条上电压最低的 IC 与主处理器相连接。典型的堆栈监控解析图如图 18.2 所示。

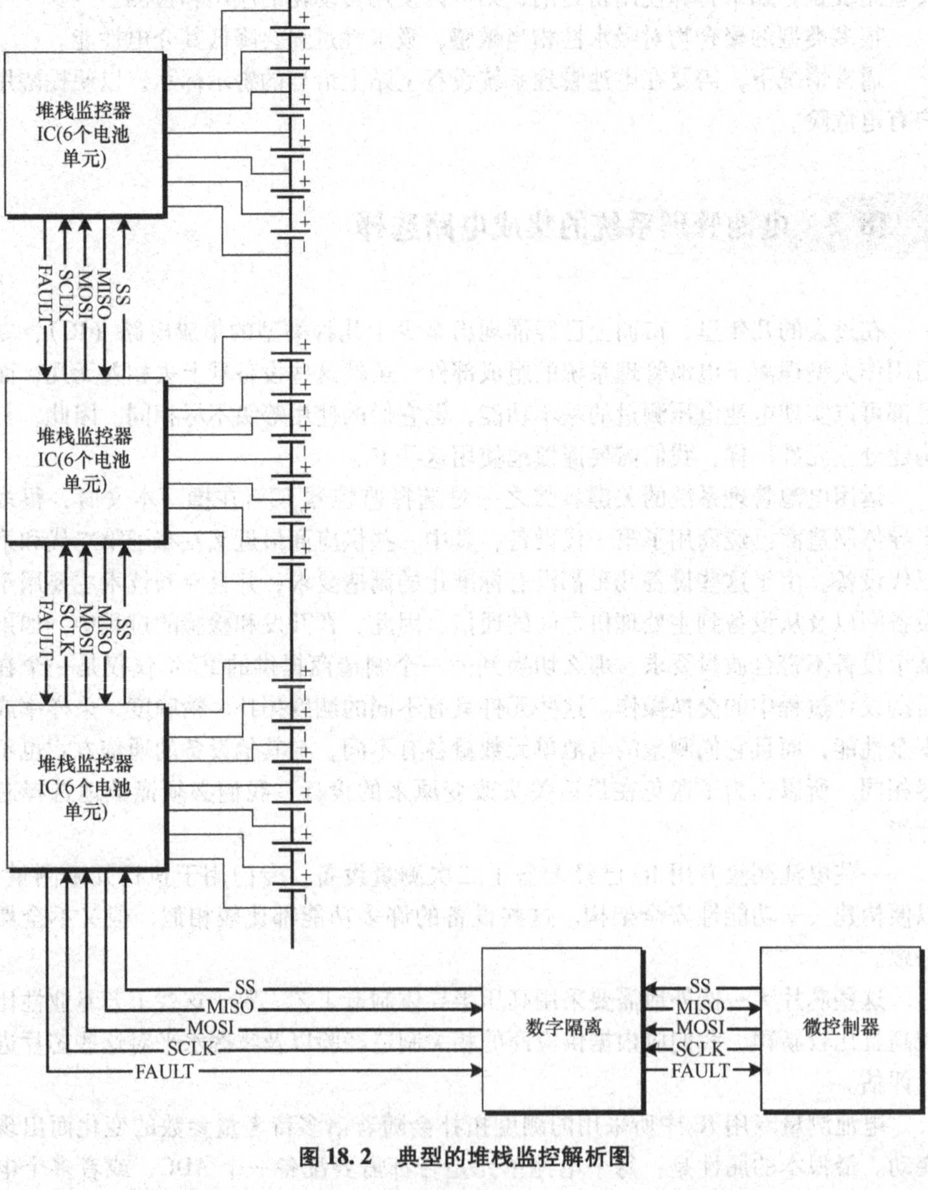

图 18.2　典型的堆栈监控解析图

我们应适当考虑与监控器 IC 相关的故障模式。很多制造商为满足客户要求增设了故障模式与效应分析（FMEA）。此外，为了满足各种安全标准的要求，制造商必须提供产品的可靠性数据（尤其是 IEC 61508/ISO 26262 潜在故障分析的 FIT 等级分类）。制造商应做好准备工作，确定设备的测试和校准等级。许多应用领域和客户都要求对关键参数进行100%检测。

以下列举了某些设备的性能调查结果。

凌力尔特公司（LTC）

LTC开发了LTC680X系列设备，具体包括LTC6801、LTC6802、LTC6803和LTC6804。其中，LTC6802是公司在该应用领域发布的首批设备之一，投放市场后迅速被第二代LTC6803所取代。据悉，LTC6803新增了很多附加功能。最近的一项开发成果是LTC6804。LTC6804配备专利性隔离式SPI总线。LTC6801作为一款互补二次测量装置，支持单阈值过电压和欠电压检测。上述所有设备都支持同时测量12个电池单元。虽然这些装置的测量准确度都比较高，但最显著的缺点是成本问题：每个电池单元与电位最低电池单元的负极接线柱之间都需要安装一个电容器（60V或100V额定等级）。作为第三代设备，LTC6804的测量准确度相当高（最大测量误差仅为1.2mV），并且其内部的可编程噪声滤波器实现所有测量值之间的快速同步。我们可以通过降低采样率改善设备的噪声性能。这些设备支持无源电池平衡，且可以将电池组或隔离电压源用作电源。

美国模拟器件公司（ADI）

ADI开发了AD7280A锂离子电池测量IC以及互补性的AD8280硬件专用监控器。每个AD7280A装置都可以利用多路复用拓扑结构同时测量6个电池单元，并将其转化为一个12位SAR型ADC。该装置每个通道的基本转换时间为1μs，且电池单元的测量误差通常控制在±1.6mV之内。不过，最坏情况下的误差范围是9~14.5mV，具体取决于装置的运行温度。通信架构是电平转换式SPI总线。ADI公司曾明确表示不建议用户在电池系统中的PCB或模块之间安装这种SPI总线。每条通道的电压测量范围是1~5V。与同类产品相比，这个最低测量范围的确相当罕见。每台AD7280A提供6个通用型ADC通道用于温度测量。与大多数同类产品相比，温度测量通道数量（6个）比大多数器件提供的数量更多。

AD7280A为每个电池单元（总共6个）提供了平衡输出，可用于驱动外部FET的栅极，从而实现电池单元平衡。

高压电池组是AD7280A和AD8280的唯一供电来源。AD7280A和AD8280包括多种用于降低功耗的运行模式。通常情况下，AD7280A装置在运行期间会消耗电池组5.1~6.9mA的电流，软件断开期间会消耗2.5~3.8mA的电流。最大功耗高于30%。ADI没有详细指明这些装置之间的差异所在。在完全掉电模式下，这些装置的功率消耗始终低于5μA。对于一个100Ah且每月自放电速率为2.5%的锂离子电池组而言，如果设备处于持续运行模式，单独一台AD7280就会使自放电的表面速率提高1倍或3倍。在最差的情况下，工作模式下的AD8280会消耗2.0mA的电流，省电模式下仅消耗1.0μA的电流。

48引脚LQFP封装的引线间距为0.5mm，引脚之间的间距低至0.23mm。尽管所有电池单元的测量输入间隔比较适中，最大限度地缩小了相邻引脚之间的电位差，但设备还需要V_{DD}和V_{SS}输入。奇怪的是，V_{DD}和V_{SS}的输入引脚距离非常近。这两个引脚的压差为30V，两者之间的净距离最小。ADI建议用户使用带涂层包覆的电路板，但同时应注意满足相应的间隙和爬电距离的要求。

德州仪器公司（TI）

TI研发的bq76PL536A IC可以同时测量3~6个电池单元并获取高准确度测量结果。这款产品配备了高准确度14位ADC，电池测量精确度高达1mV（最差情形下，当运行温度范围为-10~50℃时，测量精确度为2.5mV；完整运行温度范围内，测量精确度为5mV）。作为TI公司研发的第二代同类设备，bq76PL536A相当于bq76PL536的进阶版。bq76PL536A的运行性能明显优于其他设备。对于那些需要配备精准电池测量装置的磷酸铁锂电池系统而言，bq76PL536A无疑是最好的选择。集成的逐次逼近型寄存器（SAR）ADC包含一个内部带隙基准电压源，且每个通道完成一次A/D转换在6μs内就可以完成。该装置包括两个温度测量通道，同时也可用于测量6节电池单元子串的电压和一个通用型模拟输入值，进而实现良好的断线检测。bq76PL536A具备二级保护功能，可有效地应对过电压、欠电压以及过温现象。一对硬件输出（用于警报和故障级别）主要用于汇报故障情形，从而避免主微控制器针对故障情形发出响应。芯片式ECC闪速存储器存储了欠电压、过电压和过温现象的阈值和延迟时间。芯片式ECC闪速存储器可以抵御但无法完全规避数据损坏。通过使用外部电阻器和FET，每个电池单元都包含一根调节无源电池平衡的控制线。为了及时补偿设备对所有输入值的测量误差，所有装置在出厂时均经过严格的检验和调整。如果无法利用固件命令实现所需的同步级别，TI研发的IC可以采用一个支持同步测量的硬件输入装置。转换触发信号经过电平转换接口传输到下一个更高等级的设备中。该装置的各个电池电压输入端上仅需安装一个1kΩ的电阻器和1μF的电容器，且没有必要配置高压接地电容器。这些装置必须始终维持高测量准确度以及良好的质量，但外部元件的使用成本远远低于其他制造商生产的IC。通信接口同样采用电平转换式SPI，利用数字信号触发转换动作。

TI产品的峰值堆栈额定电压为36V，每个电池单元的持续工作电压为5V，每个电池单元的峰值容差为6V。

该装置可以在6μs时间内完成电池测量。每个装置的可用通道数量相对较少，这说明在最差的情况下，装置测量所有电池单元只需要花费42μs（转换启动时长为6×6μs+6μs）。

该装置潜在的缺点是：如果装置处于热关机状态，其二级保护功能将会失效。该装置还配备了可一次性编程的（OTP）EPROM，用于储存二级保护装置的关键校准参数。也就是说，如需现场布置该装置，我们无法借助软件刷新（意外的或是有意的）重新设置校准参数。另外，OTP编程还需要配备板载电路或设备编程的规定，以便在设备连接到电路板之前对设备进行编程，避免损坏内部元件。虽然一次和二次测量电路各自采用单独的基准电压，但该装置不支持外部基准电压。内部基准电压无法驱动任何外部元件。装置的硬件过热保护仍然依靠特定类型的外部10kΩ热敏电阻。热敏电阻虽然是很常见的保护装置，但可能不太适用于过温切断防护。如果不启用过温功能，用户可以选择安装任何类型的热敏电阻。

休眠电流为12~22μA，这一范围远远高于同类产品。启动二次保护电路需要引入46~60μA的电流，转换期需要引入10~15mA的电流。当电平转换接口中的一个或多个信号出现时，系统需要引入更多的电流。

该装置采用TQFP-64封装，封装每6个电池单元所需的空间大于AD装置。引线间距仍为0.5mm，但相邻引脚之间的高电位已经降低至最低水平。

若单台设备同时实现主要的和次要的监控功能，则一方面会降低成本和结构复杂度，另一方面会提高常见故障模式（两条电路同时损坏）的风险。

（美国）爱特梅尔公司

爱特梅尔公司目前主打的研发产品为ATA 8670 IC。与那些采用高电压制造工艺的同类产品相比，爱特梅尔公司这款IC仅需使用30V CMOS工艺即可监控6个电池单元。最大串联额定电压为30V，且每个电池单元的额定电压为5V。这款产品还包含了两条温度测量通道，每个测量周期只能测量一个温度。由于每个测量通道都安装有独立的ADC，因此，该装置可以同步进行电压测量，这一点是市面上其他同类产品完全不具备的。

这款产品可以借助外部晶体管和放电电阻器耗散电池平衡。与其他产品不同，该产品为每个电池单元监控通道配备了独立的ADC，无需依赖电平转换式模拟多路转换器。每个ADC为12位。最大误差为±20mV。

美信

美信的主打产品包括MAX11068、MAX17830、MAX11080和MAX11081装置。MAX17830是MAX11068的第二代替代性产品。据悉，MAX11068已经不再适用于全新的设计方案，但目前公司尚未对外公布任何有关新元件的详细信息。MAX11068和第二代MAX17830均可监控12个电池单元，且每个电池单元的电压控制在0~5V之间。美信采用80V半导体工艺生产这些装置。

与大多数使用SPI的同类产品不同的是，美信产品的接口采用了电平转换I^2C协议。

在待机模式下，MAX11068的功耗为75μA；关机模式下的功耗仅为1μA。

MAX11068 配备集成化电池平衡开关，可以随意切换到 200mA 的电流（第二代 MAX17830 同样具备此功能），这一点是其他同类产品不可比拟的。

MAX11080 和 MAX11081 主要用于二次保护、过电压以及欠电压检测。这两种装置的固定滞后为 300mV（MAX11080）或 37.5mV（MAX11081）。通过使用外部电容器，这两种装置都具备可编程的故障延迟功能。过电压检测的常见精确度为 ±5mV（最大为 25mV）；欠电压检测的常见精确度为 20mV（最大为 100mV），后者的检测范围比较有限。

MAX11080/11081 的每个输入都需要经过一个简单的 *RC* 滤波器，该滤波器使用一个 0.1μF/80V 的电容（这会带来高压电容器的成本缺点）和一个 10kΩ 的电阻。MAX11080 和 MAX11081 包含多个用于处理 2kV HBM ESD 情况的引脚。

在大容量 OEM 应用程序中，锂离子电池堆监控是很多半导体制造商的重点开发领域。在撰写本章时，除了那些由于知识产权问题而表现出极大兴趣的终端用户之外，外界民众对这些设备知之甚少。我们鼓励大家积极地咨询电池组监视器 IC 供应商，以便及时地了解仍处于开发阶段的最新产品。相关部门应严密审查负责研发生产第一代产品的制造商，从而确保在其他竞争性产品上市期间，产品缺陷可以及时纠正，避免再次出现。

18.3 构件选型

18.3.1 微处理器

电池管理系统所用的微处理器选取标准与其他安全关键控制电子装置的选取标准基本相同。很多制造商研发了不同类型的产品，用于构建有效的电池管理系统。相关的注意事项如下所述。

安全关键系统应具备良好的鲁棒性，可以抵御微控制器软件的随机损坏。在标准 SRAM 中，由微控制器与环境的无规相互作用［又称为“单比特翻转(SBU)”］导致单比特内存发生变化的概率大约为每 10^9 个运行小时 2000 个故障。采用带有 ECC（纠错）存储器的 MCU 可以减少此类事件的影响。

过去，大部分功能性安全装置通常借助多个 MCU 达到某些高风险等级的功能所要求的安全级别。在撰写本章时，很多供应商已经开始供应一体化设计方案。据这些供应商所说，这些设计方案将在未来应用到相关的领域。

很多微处理器都具备维持功能安全的高级特性，具体包括多枚内核、锁步操作、误差校正内部存储器以及为电池管理系统等安全关键装置提供安全级 MCU。

18.3.2 其他构件

连接器是高压故障的多发区。很多连接器都具有额定电压限制，且无法为各个端子的连接器系统提供分离的空腔。如果用户在插入连接器的时候粗心大意，那么不具备此功能的连接器极易发生引脚短路。D 型超小型计算机连接器就是一个特别典型的例子。由于可能发生短路和其他损坏故障，这种连接器不适用于任何高压装置。

为了满足爬电距离和电气间隙，将高压输入装置放置在引脚间距较大的独立连接器上，然后使用更常规的连接器实现低压控制和电源信号可能是一种比较合理的方法。图 18.3 所示为一种连接器引脚布置方案。这种布局可以减少相邻引脚对之间的电位差。

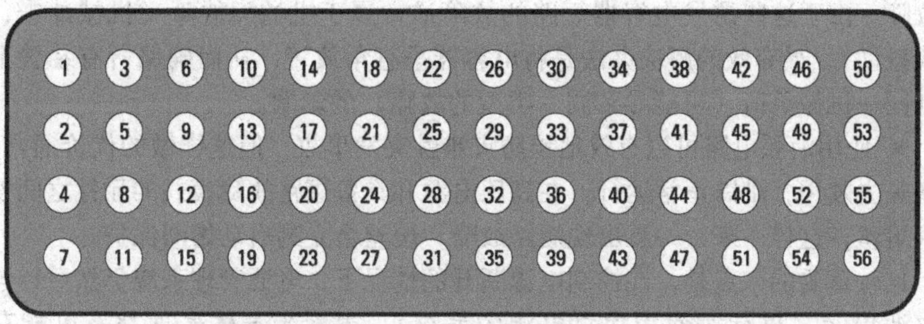

图 18.3 可以减少相邻引脚之间的电位差的有效的连接器布局设计

如果在分布式设计中同时安装很多连接器，以便将电池电压检测连接器引入电池管理系统模块上，用户可能会错误地连接这些连接器或在电池电压感应连接件上施加大电压或负电压。虽然同时使用更多连接器可以降低任一连接器或线束中的过电压风险，但这种方案确实比连接错误的风险更高。很多系列的连接器都支持使用按键，但按键配置数量有限。连接器键控功能可应用于所有高压连接领域。

我们很少注意到小型表面贴装电阻器的电压值（相对于电容器而言；因为我们通常根据额定电压选择恰当的电容器），而且，与电池管理系统内部的电压相比，电阻器的电压值比较低（低于 50V）。通常情况下，电压额定值与电阻器的额定功率和电阻值无关。也就是说，如果电阻器的电压未超出其额定值，那么电阻器不会达到额定功率。

18.4 电路设计

值得考虑的一点是，高压电池组的连接装置始终处于通电状态。这些连接装置将持续暴露在高压环境下，长达数月或数年之久，期间几乎没有断电情形。一旦发生短路故障，大型系统会将大量的电流引入电子模块中，进而引发火灾事故。很多电子线路都不受这种操作要求的限制。另外，很多电压控制输入端亦是如此。但由于现有的电压需求，与电池组相关的风险相当高。任何组件故障都可能导致高压电池堆、独立电池单元之间或所有电池群组发生短路或“软”短路。在短路模式下，滤波电容器或TVS二极管可能出现运行故障并引发火灾。

规避这种风险的常见方法包括：

• 扩大工作电压和最大额定值之间的界限，以此提升某些组件的等级，从而降低短路风险。

• 串联使用多个电容器，以便确保单个装置的短路故障不会诱发高电位短路故障。由于这些诱发电容器短路的故障通常属于机械类故障（机械冲击、应力或振动），最有效的解决办法是将电容器呈直角放置，从而确保所有装置不会受到同一机械负荷（可能导致同一类型的故障）的影响。

• 使用消弧电路可以有效地预防灾难性突发事故，但这样做的代价通常是：设备失去效用，难以正常运行。在高压电源和具备短路故障模式的元件之间安装一根熔丝，这样一来，一旦出现短路故障，熔丝会立刻启动熔断保护。

比较重要的一点是，在控制电源断开的情况下，电池管理系统仍然可以连接到电池单元（仅针对使用独立电源的系统）。很多半导体器件都有可能存在CMOS闩锁风险。如果在电源接通之前，将电压施加到CMOS器件的输入端或输出端，极有可能出现内部短路故障，进而导致器件损毁。由于电池单元在连接时会给半导体器件施加电压，我们需要使用拓扑结构预防CMOS闩锁风险。在此情形下，有必要开展全面的测试计划。直接连接到电池单元的IC应采用沟槽工艺技术或抵御闩锁风险的绝缘衬底上的硅（SOI）制造技术，或者必须使用预防CMOS器件出现闩锁的外部装置进行防护。

采用PCB走线作为可熔断连接线可能存在风险。熔丝的电流清除功能主要取决于导线横截面的精确控制以及PCB走线在制造过程中对周围环境产生的热阻抗。此外，一根走线达到熔点可能将PCB基板引燃，或是铜粒飞溅到其他部件上，从而引发其他问题。为此，我们可以选用低成本的表面贴装熔丝。

此外，上述问题的必然后果就是：如果所有电池单元未能同时连接到测量电路，那么在安装电池管理系统期间会出现一系列问题。在大多数情况下，我们选择使用标准接线技术和连接器，但不能确保哪种连接顺序是最好的。现在市面上很多IC已经配备了内部保护电路系统，以期解决这两个问题，但目前这种系统仅处于故障模式的发展阶段。因此，我们需要开展大量的分析和测试，以验证这类装置的有效性。我们可以将模块级别的故障模式重新引入（用于一次和二次监控）不同类型的 IC 集合中。外部钳位二极管可以用来确保输入端子电压始终低于电源轨电压。

通常情况下，电池管理系统的组件都以高压电池本身为动力电源。此时，非常值得考虑的一点是：在正常和异常运行条件下，如果电池将在完整 SOC 范围内运行，此时用电装置的电压范围如何。如果由于自放电或误操作或出现过度充电的影响，电池电压骤降，则连接组件可以超出其最大容许额定值运行。虽然在严重过度充电或过度放电现象（包括反极现象）期间，无法获取准确的电压读数是正常的，但我们必须确保电路元件在接触到电池极端电压时不会出现过热现象和导致其他的严重后果。

对于可能导致高压短路、电位隔离或接地故障的电路，我们需要对其元件的故障模式展开全面的分析。

18.5 布局

如上文所述，布局设计应确保 PCB 组件之间保持所需的爬电距离和电气间隙。

将高压电路设置在 PCB 上的隔离区域内，勾画出每层的隔离栅，从而预防层间故障的发生。将高压组件放置在 PCB 边缘附近会增加组件与外壳或安装部件之间击穿的可能性。

18.6 EMC

开关电子器件、大电流和功率等级、敏感的模拟测量装置等均对电池管理系统的电磁兼容性构成重大挑战。

在电池管理系统的开发过程中，我们常常会忽略 EMC（电磁兼容）的设计和测试。其实，EMC 的设计和测试可以验证装置对直流和低频磁场的敏感性以及辐射性。

直流磁场主要由母线、电缆、其他连接线以及电池本身产生的直流电构成。大部分大型系统中的电池电流都非常大（数百安培或更大），由此产生的磁场也异常强大。很多电子系统并没有暴露在如此强大的直流磁场中。此外，电池管理系统可能包含或可能会利用霍尔效应或受静电场影响的磁致伸缩电流传感器。

电池组的大电流通路通常与开关电子器件相连接。这样一来，由于谐波的影响，开关电子器件的开关频率可能会发生传导发射。这可能会产生一个直流偏移范围为12～200kHz的强交流磁场（比大多数EMC测试的频率范围更小），从而使管理电子设备受到干扰。

在EMC测试期间，很难利用任何类型的电源模拟与电池管理系统相连接的电池组的电压输入值。建议使用小型电池单元或真正的电池系统。

在开展EMC测试的过程中，我们必须充分考虑到电池管理系统构成组件的高精密度属性。其实，很多EMC测试都只侧重于检查重大错误和故障。电压测量结果错误可能会导致电池管理系统误报电池容量，进而引发运行故障。在受到严重干扰的情况下，电压和电流测量结果出现误差或许是可以接受的，此时，电池管理系统软件应能够针对电压和电流的急剧波动展开合理性分析并采取恰当的措施。如果电池的运行处于额定参数边缘（即不存在SOC、温度、电压或电流极端值），那么，系统平稳度过这一短暂的干扰是可以接受的。假如出现的干扰持续时间较长或电池系统的运行即将超出各个参数的限定范围，那么，为了确保运行安全，将系统关机或许是唯一的办法。

在强磁场条件下，大电流路径、传感器位置和方向对于我们如何准确读取参数非常重要。

结合设计结构来看，电压测量输入端应属于高阻抗装置，且对电流注入诱发的电流型噪声异常敏感。我们必须注意到，即便是非常微弱的电流也可能导致较大的电压误差。

当低压和高压系统相互隔离时，两者之间的相互作用究竟如何？在目前这是一个非常重要的研究领域，且该领域缺乏EMC/EMI（电磁干扰）标准。我们已经探讨了与Y电容相关的安全问题。孤立/独立系统中仍存在与精密测量结果相关的重大系统性能问题。在理想情况下，两个系统相互独立、互不干扰，但事实上存在着诸多偏离问题。

- 几乎所有的电池管理系统中都集成了若干个隔离器。隔离器两侧的电阻非常强（但不是无限大），在系统运行期间，低电流（但未达到零）会穿过隔离器。
- 隔离器两侧还存在电容性连接，其表现形式为专门安装的Y电容以及寄生电容。
- 我们必须定期开展接地故障测量。在测量过程中，高压电池组与接地之间会产生测量电阻。

这三个条件叠加在一起之后，多种类型的测量操作就会出现性能问题。当我们在开展接地故障测量时，Y电容和测量电路形成的 *RC* 电路正在充电，此时，Y电容会干扰接地故障测量（见图18.4）。

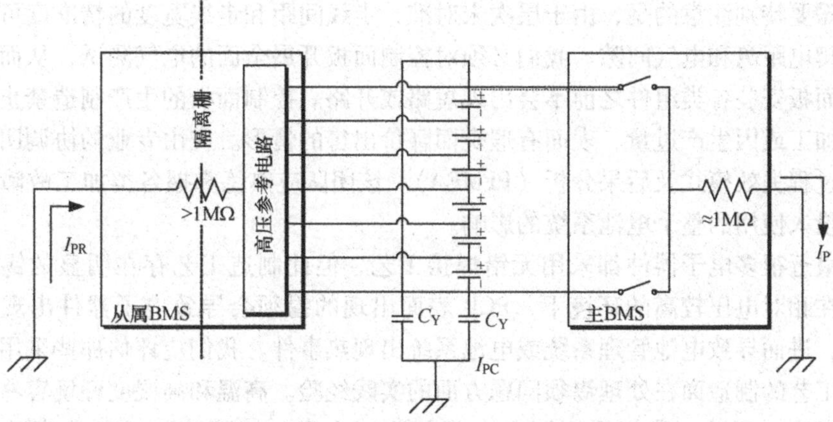

图 18.4　Y 电容和测量电路形成的 *RC* 电路

18.7　电源架构

如果系统处于休眠模式，微处理器断开电源，使功耗降低到极低的水平，那么就需要借助硬件使系统从休眠模式转换为运行模式。通常情况下，在执行电池连接到载荷装置命令时，可以通过数字输入信号或网络命令传达。

电池管理系统的唤醒源可能包括：

- 某些网络消息可能会触发硬件唤醒功能，但只有特定的命令才会驱使电池管理系统成为主动节点并开始数据传输。
- 数字信号状态或载荷装置为请求电池动作而进行的转化。
- 在特殊情况下，数字输入引脚也可用于唤醒电池管理系统。所谓的特殊情况为：在电池管理系统未与电池系统连接时开展台架试验。
- 对电池状态进行定期检查；内部实时时钟或计时电路会影响电池状态。
- 连接外部充电器。

18.8　制造

考虑到电池管理系统组件的安全关键属性，我们在设计过程中应当明白，一旦在制造过程中产品出现致命的缺陷，则一切都为时已晚。

通常情况下，制造电池管理系统需要采用最高标准的制造工艺。IPC 标准

610 第 3 类是一个比较适用于电池管理系统中 PCB 装配工艺的标准验收规范。

需要特别注意的是，由于层次未对准，走线间距和走线宽度的精准度可能会影响爬电距离和电气间隙。我们必须对控制面板开展全面的电气测试，从而确保在向面板安装各类组件之前不会出现短路或开路。控制面板的生产制造禁止出现重新加工或因生产过量、表面有瑕疵而降价出售的情形。应由专业的协调团队负责全过程失效模式及后果分析（PFMEA）。该团队应熟练掌握各类加工故障模式对拟投入使用的整个电池系统的影响。

最近很多电子器件都采用无铅焊接工艺，但此制造工艺存在明显的锡须问题。在相对电压较高的环境下，PCB 表面出现的锡须会导致电子器件出现短路故障，进而导致电池管理系统或电池系统出现热事件。我们应评估那些采用无铅焊接工艺的制造商在处理锡须问题方面的实践经验。高温和高湿度环境容易加剧锡须滋生，因此，我们需要制定合理的测试方案，从而确定这种危害的消除程度。

PCB 制造完成后，我们依旧不能掉以轻心。装置外壳也是一种潜在的风险源。外壳凹陷或畸形会缩短爬电距离和电气间隙，甚至会与危险电压直接接触。紧固件松动或模块内部存在碎片同样会引发严重的短路故障。由于密封圈漏装或安装不当、外壳损坏或制造工艺变动，密封效果可能会受到影响，尤其是液体状密封产品。如果要使用攻丝螺钉或自攻锁紧螺钉提高产品的工艺性，请务必仔细检查这些工具，以确保在安装紧固件时不会夹杂带入任何金属碎屑。

第 19 章 软件实现

一般情况下，现代电池管理系统中的软件都需要根据高级模型和算法估算其内部电池参数，并对电池系统内部可能出现的安全隐患做出快速、果断的反应。要想使电池系统运行良好，软件必须能够以适当的方式及时做出正确的决策。

软件基本可以概括为一个将给定输入集转换为所需输出集的过程。在一个实时系统中，这一转换过程不仅必须每次都按照正确的方式进行，而且还必须在最大允许时间内完成。在某些情况下，反应过慢可能与无反应一样，没有任何效用。现代电池管理系统必须恰当处理的紧急事件包括（举例说明）：

- 电池驱动车辆发生碰撞时，其电池管理系统能实现自动断电。
- 如互锁开启，电池需自动断开。
- 当电池即将超出安全运行范围时，应立即降低功率限制。

决定装置是安全关键实时系统的重要组成部分。我们应定期地对系统进行故障检查，如检测到任何问题，应通过分析设计方案来确保无论电池管理系统出现哪种情形，应对问题的反应都会在固定的最大时限内发生。如果开发人员不熟悉实时系统，他们可能会忽略掉很多会降低软件响应速度的条件。

中断装置可能会干扰软件代码的确定性执行效果。虽然中断装置是现代电池管理系统必不可少的组成部分，但我们必须谨慎使用它们以防止产生各种问题。请务必谨慎使用硬件触发型中断装置。硬件中断装置支持微处理器外部的电路更改控制流定时设置，并且在更改后，软件无法恢复原设置。如果我们无法避免使用这类硬件中断装置，最好采用恰当的硬件滤波或故障消除方法。执行时间不稳定的另一个可能来源是具有优先等级的嵌套中断装置。

一般来说，中断服务程序要简短、数量少甚至不做决策。通常情况下，系统会执行中断服务程序，以便响应收到的某条信息；这条信息会被检索，从而为下一条信息腾出空间，系统会将取回的信息放置妥当，稍后作为执行确定性程序的一部分进行处理。

通信总线过载或溢出是导致软件性能误差的常见原因。中断驱动型消息检索程序应包含“安全阀”，以防止执行率过高。虽然消息丢失可能会妨碍系统的正常运行，但通常这要比时序敏感性能的丧失或软件无法实时响应要好。在最坏的预期正常和过载条件下开展测试比较恰当，而且可以验证系统是否能够安全恢复。

19.1 安全关键软件

所需的安全级别会影响电池管理系统软件开发过程中编程语言（在某些情况下，影响编程语言子集的选取）的选择。

虽然C语言是很多行业和应用领域约定俗成的标准，但C语言在安全关键应用领域存在着诸多缺陷。访问低级内存、动态配置以及缺乏强类型会导致潜在的软件缺陷。在常规的测试中，我们基本不会检测到这些软件缺陷，但它们往往又会造成难以预测的后果。

汽车工业软件可靠性联会（MISRA）为广大用户推荐了一款专门用于汽车和其他安全关键应用领域的C语言子集。MISRA C可以预防一些被确定为危险的构造和操作。这些操作可能会产生某些难以察觉的副作用，也可能会削弱软件的确定性，或者会引发内存泄漏等问题，进而导致难以预测的软件故障。

例如，动态内存分配在开发台式计算机应用软件中很常见，但我们尽量不要在嵌入式的安全关键系统中使用动态内存分配。对于那些必须处理大小不一数组的应用程序（例如电子表格或数据库）而言，动态分配非常有效。但是，我们在嵌入式控制器中通常不会遇到这类数据。内存泄漏、关键信息重写或内存不足等内存管理错误会引发重大软件故障，并导致应用程序崩溃或内存违约，进而导致用于做出安全关键决策所需的数据被损坏。使用诸如动态分配、大量使用间接寻址（指针）、自我修改代码或带有多个入口和出口点的函数等先进技术会产生重大风险，应该加以避免。

我们应将电池管理系统软件视为安全关键装置。一旦出现任何危险的电池故障，电池管理系统必须及时反应，才能确保安全运行。我们可以将软件拆分为两大部分：安全关键部分和其他部分。在这种系统中，那些用于故障检测和响应、电压和温度测量、电流测量和绝缘检测的软件构件对于维持系统安全至关重要。SOC和极限范围计算等功能究竟是否属于安全关键部分，具体取决于系统的应用领域。

19.2 设计目标

所有安全系统的共同设计目标是：系统设计应符合ALARP（最低合理可行原则）风险原则。也就是说，我们必须将风险降低到可行范围内的最低水平。

这并不意味着可以将风险完全消除，当然，这也不意味着必须选择最优的风险规避技术策略。相反，我们真正需要做的是，根据风险相关危害的严重程度，认真权衡风险规避的成本（资金和其他方面）。除非与风险消除的优点相比，风险规避的成本较高/经济效益低，否则我们一律采取风险规避策略。

重要的一点是，电池管理系统的设计人员可以验证产品已有的安全防护等级，也可以证明产品设计和成品效果符合该应用领域的安全等级要求。

19.3 安全关键软件的分析

市面上有很多常用的软件分析技术和工具，这类技术和工具应在被认为是安全关键的应用程序上执行。

同行评审是最基本的分析或检验方式。我们建议所有嵌入式控制系统的制造商都对软件进行同行评审，或者至少对关键代码进行同行评审。电池管理系统软件的开发团队应确立正式的代码评审方法。

LISP 或 QA/C 等静态分析工具可以检查代码中是否存在多种潜在风险。这些工具可以用于确保系统符合 MISRA 等编码标准，精确查找可能产生不良副作用或不执行编码器指令的危险构造。根据 ISO 26262 等标准以及各个市场上很多原型设备制造商们的内在需求，我们强烈建议用户使用静态分析工具。

19.4 验证

现代嵌入式系统通常包含一整套测试向量，且测试向量基本涵盖了所有用户可能遇到的情形，因此很难模拟这种嵌入式系统。但是，电池管理系统的验证必须遵循严格的流程，以确保每一个需求都有验证案例，尤其是与安全关键功能相关的需求。

很显然，很多必要的测试条件会涉及使用带电电池复制的危险操作，因此，为了充分测试电池管理系统，采用有效的模拟电池组环境非常有必要。我们需要借助替代测试系统复制电池管理系统运行环境所需的电压、温度、电流信号、任何信息传输网络以及其他输入和输出参数。

适用于电池管理系统的标准化测试平台相对比较少，而且通常情况下，设备需求比较严苛且专业。理想的测试环境必须包含以下硬件：

- 高准确度再现电池单元电压（一般来说，测试设备的精确度应相当于被测设备的4倍）。考虑到大多数电池管理系统的精确度范围为1~10mV，测试设备生成的电池电压信号的综合误差不得超出0.25~2.5mV。此外，这些电池电压信号必须串联在一起，形成一个高压电池堆，和它们在实际电池组中的一样，且输出端和测试系统接地端之间要设置适当的绝缘。除此之外，由于电池管理系统也负责平衡电池单元，因此，这些通道需要充当电源（用于耗散平衡）或可能充当电流槽（用于电荷转移平衡）。这些电流额定值需要与电池管理系统的电池单元平衡电流性能相匹配。电压应能独立寻址，且更新速率至少是电池管理系统采样率的测量速率的2倍。SMU（源测量单元）通常用作一种能够提供和吸收电流的电压源，便于进行精确的电压和电流测量。

• 提供精确的温度和电流模拟。我们可以用变电阻装置或电压源模拟热敏电阻；后者的实施成本一般比较低，但可能不允许复制短路和开路条件。

• 准确地复制动态电池状况。我们需要制作一个完全复制被模拟装置（电池系统）运行状况的模型，然后由该模型控制电压、电流和温度测量。如果想模拟实时阻抗检测、SOC估测以及SOH计算的功能，我们必须像在实际电池系统中那样实时同步更新这些参数。测试模型的运行保真度必须与电池管理系统中模型的保真度相同或更高。

• 模拟故障情况，例如接地/绝缘故障、断线、接触器开启/闭合失败、传感器连接出现短路和开路故障、超出电池运行极限、超刻度读数、输入组合异常以及严重的容量和SOC失衡、自放电、阻抗过大以及容量骤降等电池故障。

• 高速检测电池管理系统对严重故障情形的响应状况，从而验证系统的响应时间是否充足。

• 模拟过载情况，例如增加通信信息的频率和数量、过度充电/充电不足以及缺少从属设备。

最重要的是，我们要意识到电池管理系统的测试夹具也将包含高电压，因此，必须配备充足的安全、防护、急停和绝缘/隔离装置/措施。

虽然电池管理系统测试领域的标准化供应商或专业工具相对比较少，但市面上已经存在很多有用的设备，可以有效地满足自动电池管理系统的验证需求。

Pickering仪器推出了一系列可以模拟电池电压的PXI型电池模拟器。该装置适用于DC750V的电池堆，且每一个通道支持300mA放电/100mA充电，可有效地维持电池平衡。每个装置可以模拟6条独立通道，这6条独立通道可以串联形成部分模拟电池单元。

19.5 模型实现

当开发出一个有效的电池模型时，必须将其安装到电池管理系统上的嵌入式控制器内部，以便实时评估电池状态。

可以通过多种方式执行此操作，包括在一个基于模型的开发环境（例如 Matlab/Simulink 环境）中自动生成软件代码。

必须选择模型的运行范围。在理想情况下，该模型可以在任一电池单元的驱动下运行，且电池管理系统可以为每一个电池单元生成 SOC、SOH 和功率限制范围。这些单独的电池参数还可以级联，得到电池组级的结果。

电池组级 SOC 取决于各个电池单元的容量、SOC 和系统平衡能力。假设电池单元 n 的容量为 C_n，荷电状态为 SOC_n，且所有电池单元的容量和 SOC 都是已知的。由此可知，电池单元 n 的总安培小时数 $AH_n = C_n \times SOC_n$，每个电池单元容许的总安培小时电量 min（AC_n）表示为 $C_n \times (1 - SOC_n)$。当电池单元 n 的一个或多个 $AC_n = 0$ 时，可以将电池组界定为完全荷电状态。同样地，当 $AH_n = 0$ 时，可以将电池组界定为完全放电状态。因此，当 $AC_n = 0$，也就是说当电池组处于完全荷电状态时，电池单元的有效电荷高于最小有效电荷限制（并不一定是 SOC 最小的或容量最小的电池单元），此时，电池组中的总安培小时数等于 AH_n 的最小值。

我们可以使用以下方法计算充电/放电循环周期内任何给定测量点处的 SOC。可放电的总安培小时数可表示为 min（AH_n），可充电的总安培小时数可表示为 min（AC_n）。电池组的标称容量等于上述两个值的总和，即 $C_{pack} = \min(AH_n) + \min(AC_n)$。因此，$SOC_{pack} = \min(AH_n) / \min(AH_n) + \min(AC_n)$。

在很多情况下，电池容量和 SOC 没有较大的区别，因此，我们可以稍作简化。如果电池容量方面的差异可以忽略不计，那么电池的有效容量只受平衡状态的影响。充满电的电池与电量严重不足的电池之间的 SOC 差值乘以标称电池容量可以降低电池组的有效容量。

例如，假设充满电的电池与电量严重不足的电池之间的 SOC 差值为3%、电池标称容量为100Ah。当 $SOC_{min} = 0\%$ 以及 $SOC_{max} = 3\%$ 时，电池组的 SOC 达到0%；当 $SOC_{max} = 100\%$ 以及 $SOC_{min} = 97\%$ 时，电池组的 SOC 达到100%。因此，电池组的 SOC 计算公式为：$SOC_{pack} = SOC_{min} / (100\% - (SOC_{max} - SOC_{min}))$。

在某些应用领域中，在所有电池单元上运行完整模型所需的计算能力不容小觑，尤其是对于包含很多电池单元的系统而言。在这种情况下，我们需要适当地降低复杂度，从而投入较小的计算成本，达到可接受的性能。有许多情况是可行的。

最简单的解决方案是：在集成化电池组电压或平均电池电压环境中运行模型。该方案每次只需要运行一个模型，但其存在诸多缺陷，例如电池匹配效果差。如上文所述，各个电池单元之间的容量和安培小时数失配可能会影响电池的总有效容量。平均电压模型无法充分地捕捉这些失衡情形造成的影响。此外，在失衡电池组中，如果采用平均电压，SOC-OCV 曲线的形状可能会完全扭曲。

另一种方法是使用中位电池（中位电池指的是最能代表电池组平均状态的电池）。但这种方法未能兼顾到使用远端电池信息所产生的扭曲效应。

结合其他有效信息，从理论上来讲，我们可以根据两颗电池的 SOC 确定整个电池组的荷电状态。这两颗电池分别是可放电安培小时数最小的电池以及可充电安培小时数最小的电池。如上文所述，这些因素其实是电池 SOC 和容量的混合效应，因此，带有最小和最大电压的电池并不一定就是计算电池组总 SOC 的那两颗关键的电池。真正让问题变得更加复杂的原因是：在很多情况下，在电池系统的整个使用寿命期内，这两颗关键的电池并不会保持不变（即不可能永远是这两颗特定的电池被用作关键电池），因为容量和平衡状态都属于瞬态指标，会随着时间的推移而变化。最后一个复杂的问题是：这些数值通常变化得相当缓慢，而且用户必须收集大量的数据才能更新这些数值。

19.6 平衡

电池的平衡动作会改变每个电池的有效能量。与电池总电流不同的是，电池平衡引发的流动电流是不固定的，即每个电池的流动电流不尽相同，而且在很多情况下，电流传感器无法测量流动电流。由于很多电池模型的设计构造本身就考虑到了制造和测量过程中的细微误差，如果平衡电流与电池容量小，那么，电池模型可能会自动补偿电池平衡产生的影响。如果平衡电流较大，那么，SOC 以及其他计算值可能会一直存在着些许误差。此时，我们必须采取有源补偿法。假设每个电池没有配备独立的电流传感器，那么，我们就需要根据平衡电路的类型以及电池电压计算平衡电流。我们可以整合该电流值，然后将其从电池可放电安培小时数中扣除。在主动平衡电路中，由于能量会在电池之间来回移动，这种计算会更加复杂。

19.7 温度对 SOC 估算的影响

我们已经探讨了有效容量对温度的依赖性。即便我们假设所有电池的温度都是已知的，并且可以根据温度函数算出每颗电池的容量精确值，但这一点（温度依赖性）还不足以让我们准确地预测运行时间，尤其是在使用电池热管理系统的情况下。

如果在电池运行期间，预计温度发生变化，那么，我们应该根据放电结束时的温度估算该充电循环周期内的总有效容量。如果温度不受热管理系统的严密控制（为了节约能源，通常会这样做），为了准确地估算有效容量，我们必须预测放电结束时的温度。

电池在未来时间点 Δt 的温度等于当前温度加上现在到（$t+\Delta t$）之间的净热流量的积分，然后再乘以电池的热容量。

$$T(t+\Delta t) = T(t) + C_p\int \dot{Q}\,dt$$

进入电池的总热量通常由三部分构成：电池自发热产生的内部热量、电池与其环境之间的被动热传递以及（如适用）主动式热管理系统产生的强制热传递。电池的内部热量可以根据放电电流曲线以及电池单元的欧姆电阻计算得到。电池与周围环境之间的被动热传递可以用集中参数模型来估计，该模型定义了各部件的热容和各部件之间的热阻。

在很多情况下，热管理系统的控制策略都是已知的，而且受控热流是一个有关电池温度的函数。在电池接近放电结束时，可以根据当前温度更准确地预测最终温度，因为剩余放电时间内的总热流量减少了。

要想准确预测放电结束时的电池温度，需要设定未来的电池放电率，以便估算剩余的运行时间和自加热量。在某些应用领域，由于我们已经提前掌握了电流曲线，所以这个方法操作起来简单直接，而在其他情形下很难进行预测。

第 20 章 安全

20.1 功能安全

功能安全的概念由许多标准定义，例如 IEC 61508 和 ISO 26262（特定于汽车行业）。这些标准包含定义、设计、实施、测试和部署执行安全关键功能的系统所必需的一组要求和最佳实践。功能安全被定义为“系统或设备整体安全的一部分，取决于系统或设备对其输入的响应是否正确。”一个电池管理系统必须正确地响应其输入，以确保电池安全。

由于许多电池状况的危险性，所以大型锂离子电池系统的电池管理系统的开发必须符合适当的功能安全标准。

20.2 危害分析

在电池管理系统的概念中，危害分析是确定由于系统无法正确执行其一项或多项功能而导致的潜在危险的过程。

几乎应始终考虑的危害如下所述：

- 无法防止过度充电。
- 无法防止过度放电。
- 无法防止过电流。
- 无法防止在极端温度下运行。
- 无法响应断开命令。
- 无法解释打开的互锁信号。
- 无法检测和响应接地故障。

没有故障安全选项的关键任务电池系统还可能包括以下危险：

- 高估了电池的 SOC。

- 高估了电池的健康状态。
- 低估了电池的性能或容量。
- 超出电池工作极限时无法断开电池连接。

对于每种危害，都指定了风险等级。ISO 26262 和 IEC 61508 描述了风险的三个组成部分：严重性、发生概率和可控制性。

严重性描述了根据危险的发生可能导致的最大危害、损坏或伤害程度。重要的是要理解，危险的严重性不仅取决于电池管理系统，而且取决于电池系统的整体以及应用程序，甚至可能取决于特定的操作或操作模式。例如，滑行时断电的电池供电飞机与飞行过程中断电的情况大不相同。严重性还取决于飞机是有人驾驶还是无人驾驶。考虑到电池单元和电池管理系统的上述所有应用都是相同的。

就电池管理系统而言，危险的描述应非常具体，以解决电池管理系统的潜在故障或缺陷，而不是完整的电池系统或应用。例如，在电池管理系统中没有任何缺陷的情况下，长时间处于断开状态时的自放电可能会导致电池过度放电这一不理想的情况的发生。相应的电池管理系统功能可能是检测过度充电并防止过度放电的电池运行。因此，将这种危险更好地描述为“无法防止过度放电的电池工作”。

暴露于外部热源会使电池系统升至高温，从而发生热失控，同样地，电池管理系统不存在与该危险情况相关的故障。尽管电池系统应始终考虑适当的防护级别，以防止外部加热和火灾，但依靠电池管理系统来防止极端条件下的过热和热失控是不合适的。但是，可以合理地假设需要一个功能正常的电池管理系统来准确地测量电池温度，并断开电池与负载的连接，或者如果电池开始过热则限制电流的流动。否则将被视为电池管理系统的危害。

电池管理系统通常会对指示系统处于不安全状态的安全信号或联锁电路做出响应。这些信号的错误解释可能会导致在维修或保养过程中激活电池系统，从而导致触电危险。

发生概率描述了可能发生危害情况的频率或可能性。例如，仅当电池连接到能量源时才可能发生充电并因此发生过度充电。在上面的示例中，安装在气候适中的气候受控建筑物中的电池不太可能会遇到极端温度。在这种情况下，发生概率指的是发生危险的先决条件，而不是危险本身的发生，后者通常要低得多。例如，任何时候给电池充电都可能发生过度充电，充电通常是非常频繁的情况，而过度充电应极为罕见。相反，电池系统的维护发生的频率要低得多，因此可能导致维护人员受伤的危险发生率较低。

可控制性是对可避免严重性等级所描述的最大危害等级的程度的度量。考虑可以植入或外部的医疗设备，与电池着火有关的最大人身伤害水平在这两种情况下可能相同；但是，使用外部的医疗设备可以避免这种严重后果的可能性更高。

电池着火、爆炸或其他热事件被确定为是许多电池管理系统危险的可能结果。除非能够对释放的总能量建立限制，否则确定火灾严重性的上限通常非常困难。如果存在其他燃料来源，则火灾中释放的总能量可能超过电池本身可能释放的热量。可以证明一些小型系统的最大程度的伤害或损害是非常有限的，但是在许多情况下，火灾可能蔓延并造成严重的伤害和损害。可能导致火灾的某些电池管理系统危险的发生也有所不同。只有在为电池系统充电时，才有可能发生“无法防止过度充电”的危险，但是在正常的电池运行过程中，随时可能对电网存储和电动车辆中具有再生制动能力的许多系统进行充电。过电流是热事件的另一个常见原因，但是通常采用无源过电流设备（其故障严格来说不是电池管理系统的危害）来防止过电流。另一个可能的原因是在高温下运行或无法进行热量管理或灭火。

许多危险情况的另一个可能结果是电击。电击的潜在最大严重程度取决于电源的能量含量（IEC 60479 是量化电击严重程度的一种可能方法）。受到电击有很多种情况，要么是正在维修蓄电池，要么是拆下了保护罩或设备，要么是电池受到了某种程度的损坏（一种可能的情况是撞车）。电击危险的暴露等级应反映这一点。电击危险的可控性可以通过使用适当的接地方案，诸如连接器之类的触摸安全组件、多层绝缘以及将 Y 电容保持在最低水平来改善。如果蓄电池管理系统未能检测到开路的联锁电路可能会造成危险情况，就可能导致电击危险的发生。

检测接地故障或隔离故障是许多系统的要求。未检测到的接地故障的最大严重性将随系统设计而变化。如果在维修过程中发生其他故障或电池组件与地面之间意外接触，则接地故障可能导致电击危险或电池短路。发生危险情况不仅需要电池管理系统无法检测到接地故障，而且实际上必须发生接地故障。

根据上述这三点的程度，对危险的等级进行了分配。由于高危险等级在设计阶段要求过高，因此适当地分配危险等级很重要。在分配电池危险等级时，需要了解完整的电池系统以及负载应用程序。

对于大型锂离子电池系统，将与单个电池相关的危险与所有电池或大量电池相关的危险进行区分可能会有所帮助。例如，将以下内容视为三种独立的危害，每种危害的严重性和可控性均不同，可能会很有用：

- 无法防止单个电池过度充电。
- 无法防止整个模块过度充电。
- 无法防止整个电池组过度充电。

了解电池单元的行为对于提高危害描述的特异性是必要的。例如，如果在过度充电测试期间已明确建立 10% 的安全裕度，那么合理的过度充电危险描述可以是“未能防止单个电池单元过度充电 10% 或更多”。低于 10% 的过度充电可能是评级较低的另一种危险，或者被认为完全没有危险（前提是可以防止随后的电池循环)。

许多与大型锂离子电池系统相关的危险被视为未严格考虑电池管理系统的特定危害。这并不意味着不需要极度小心以及适当等级的技术和测试。此次论述的目的是确保对整个电池系统的每个部分进行适当的安全分析。

解决严重性、发生概率和可控制性等级高的危害所需要的费用、复杂性和谨慎性是相当大的。对电池系统及其应用的充分了解将确保危险等级是适当的，并且不会导致电池管理系统设计的不当成本。

20.3 安全目标

对于每种危害，都建立了安全目标。安全目标是为了防止或控制危害的发生。在功能安全框架中，为每个安全目标分配了一个安全完整性级别，该级别定义了必须采取的预防和注意级别，以防止发生危险。

在汽车系统中，根据 ISO 26262，从 ASIL A 到 ASIL D 定义了四个汽车安全完整性等级（ASIL)。被指定为 ASIL D 等级的危险需要最高级别的关注和严格的预防措施，因为它们几乎肯定会造成人员伤亡或重伤。

IEC 60518 定义了从 SIL 1 到 SIL 3 的类似安全完整性等级（SIL)。

对于给定的安全完整性级别，适用的功能安全标准列出了为满足标准必须执行的措施。一些措施与工程过程有关，而其他措施与产品本身有关。许多措施都有明确定义的指标来确定标准是否得到满足，而其他措施则更加难以理解。高级别安全目标要求的一些示例包括：

- 证明控制系统中导致违反安全目标的随机故障的可能性极低（少于每 10^8h 一次故障)。
- 仅使用合格的软件开发工具（例如编译器)，以防止将无错误的源代码错误地转换为包含漏洞的汇编代码。
- 展示系统、子系统、组件要求和验证案例之间的可追溯性。
- 使用旨在降低某些类型错误风险的软件语言子集（例如 MISRA)。

20.4 安全概念和策略

ISO 26262 和 IEC 61508 讨论了安全概念的思想。安全概念是用于防止危险发生并实现安全目标的方法。

冗余测量和控制是许多控制系统中实现安全目标的有效方法，电池管理系统也不例外。在现代嵌入式系统中，由于硬件和软件的复杂性，应始终假定可能存在潜在的缺陷，因此存在未知数量（且数量非常多）的故障模式，且其发生概率不为零。冗余系统旨在通过复制具有相同或不同设计的易受影响系统的多个实例来降低与此类故障相关的风险。

许多可用的堆栈监视芯片组解决方案都支持这些类型的冗余体系结构，这些体系结构与仅使用单个测量和控制路径的系统相比，可以产生较低的实现成本，并且具有防止高级别电池危害所需的极高可靠性。

20.5 安全参考设计

关于集成系统安全性的需求已经讨论了很多次，还讨论了满足标准的特定要求以及将安全性纳入硬件、软件和机械设计实施的方法。本节将讨论可能的解决方案，以满足现代大型电池管理系统的许多需求。

通过使用冗余体系结构，可以防止出现危险的故障模式和违反安全目标的高完整性。该系统使用辅助信号和控制路径，通过该路径可以避免严重的故障模式，例如过度充电或防止接触器断开的电池管理系统缺陷。

本节讨论了实现这一目标的低成本方法。

选择了一种使用主监控和辅助监控 IC 的冗余堆栈监控架构。如果发生过电压、欠电压或过热故障，则辅助监控 IC 仅提供少量（通常为一两个）数字输出。这些信号通过 IC 内部的电平转换接口从北向南传递。在分布式设计的情况下，该信号从模块中转换为机箱参考信号（参考接地电位）；对于整体设计，最低电位器件仅需要一个隔离栅。该信号使用电流模式信号或 PWM 输出，以便主设备可以区分断开的信号和真正的电池故障。

次级、低功耗、低成本的微控制器用于提供次级监视功能。该微控制器仅负责安全，因此其固件保持尽可能地简单。安全微控制器和主处理器通过 I^2C 或 SPI 进行通信。最小的电阻隔离可防止一个处理器的传导瞬变通过 I^2C/SPI 接口影响另一个处理器。两个微处理器的电源均采用多样化的设计，在理想情况下，安全保护微控制器使用更简单的电源架构，该架构可能效率较低，但对瞬变更稳定，主从设备的简化原理图分别如图 20.1 和图 20.2 所示。

这两个微控制器通过 I^2C/SPI 接口交换种子和密钥，以确保每个微控制器都能正常工作。这两个微控制器中的每一个都能引起另一个微控制器的复位。

系统接触器使用带有短路保护和电流检测功能的通用高端驱动开关。每个单独的接触器都由一个低压侧驱动器控制，并具有短路和过载保护功能。高端驱动器由安全微控制器控制，而各个低端驱动器由主微控制器控制。

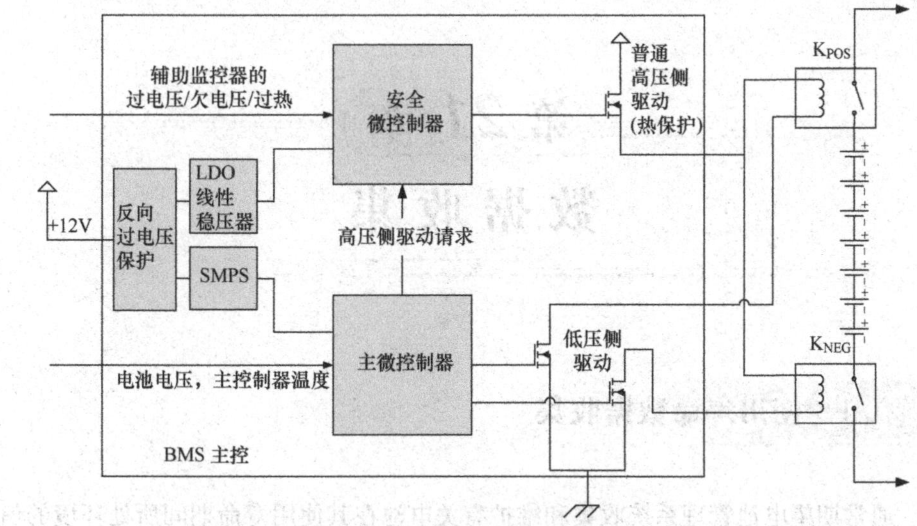

图 20.1 主模块的简化原理图

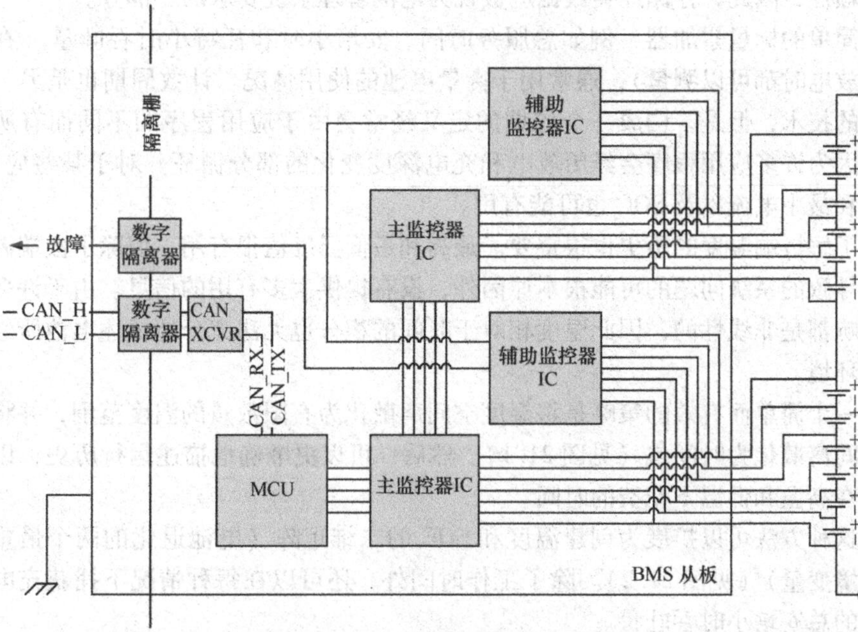

图 20.2 从模块的简化原理图

这种架构要求两个微处理器都正确运行，以使高端驱动器和低端驱动器同时启用。分离式电源体系结构和独立的处理器可防止单个电源瞬变在激活所有接触器驱动电路的情况下造成故障。

第21章 数据收集

21.1 使用寿命数据收集

通常期望电池管理系统收集和维护有关电池在其使用寿命期间所处环境的信息。电池单元、系统和电池管理系统的供应商都关心电池寿命和性能对运行历史的依赖性，因此，存储此类数据应被视为电池管理系统要求的一部分。

简单的标量累加器，例如总服务时间、安培小时和瓦特小时吞吐量（在充电和放电时都可以测量），通常用于衡量电池的使用情况。计数周期也是另一种常见的技术，但是，构成一个周期的定义经常会由于应用程序的不同而有所不同，因为许多应用程序会经历放电和充电深度变化的部分循环。对于某些应用，最大和最小电流以及 SOC 也可能有用。

了解极端温度的历史也很重要。最高和最低温度值很有用，但除了极端温度暴露导致的系统问题的可能根本原因外，没有提供太多有用的信息。由于许多温度影响都是非线性的，因此温度相对于时间的积分也无法充分地描述电池所经历的热环境。

一个简单而有效的策略是将温度空间离散化为有限数量的温度范围，并将工作时间离散化为时间包（见图 21.1）。然后，可以更准确地描述运行历史，以及显示在高温和低温下花费的时间。

这种方法可以扩展为创建温度和 SOC 的二维矩阵（电池退化的两个最重要的环境变量）（见图 21.2）。除了工作时间外，还可以在每种情况下捕获充电和放电的总安培小时吞吐量。

最终，二维矩阵可以扩展到第三维以捕获电池电流，该电流代表了劣化率的第三驱动因素。对于给定的速率、温度和 SOC 范围，在每种情况下花费的总时间的记录可以很好地了解电池的总运行历史，该历史可以用来确定这些因素对电池寿命的影响。

此外，某些值得注意的事件可能需要创建数据日志。在发生电池故障的情况

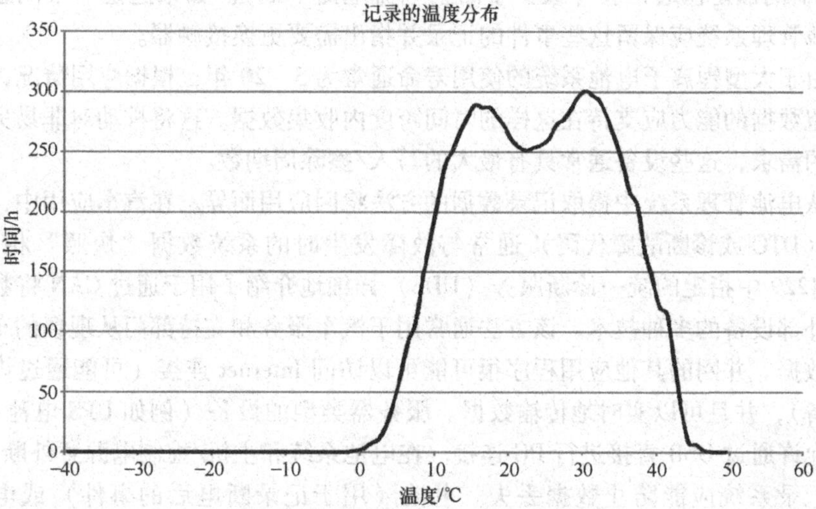

图 21.1 温度下的一维时间数组

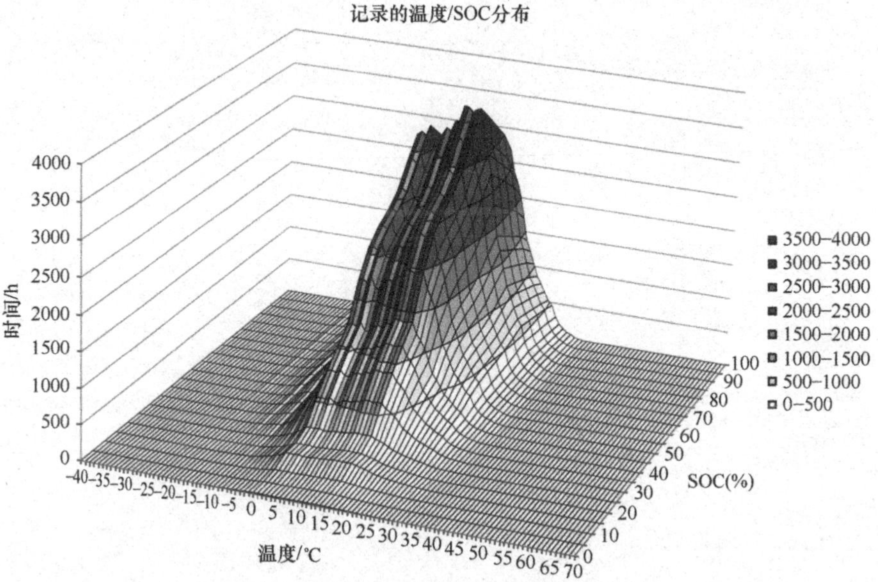

图 21.2 温度和 SOC 下的二维时间数组

下，许多应用程序都需要记录系统状态。电池电压、电流、温度和 SOC 以及其他输入和输出状态的概况有助于诊断故障情况。

在保持系统安全的同时，接触器在负载下的打开通常只会发生有限的次数

（接触器的额定值通常会导致少量的全电流电路中断）。如果这是一个问题，那么电池管理系统应保留这些事件的记录并指出需要更换接触器。

由于大型锂离子电池系统的使用寿命通常为5~20年，根据应用情况，记录和保留数据的能力应支持在这样的时间跨度内收集数据。这将推动对非易失性的设备的需求，这些设备通常具有最大的写入/擦除周期数。

从电池管理系统中提取记录数据的方法将因应用而异。在汽车应用中，故障代码（DTC或诊断故障代码）通常与故障发生时的系统数据“快照”相关联。ISO 14229中指定的统一诊断服务（UDS）详细地介绍了用于通过CAN将数据传输到外部设备的多种技术。该方法通常用于汽车服务和支持部门从现场的车辆中提取数据。并网的其他应用程序很可能可以访问Internet连接（可能通过许多中间设备），并且可以实时地传输数据。服务器类型的设备（例如UPS电池系统）可以允许通过USB直接进行PC连接。在电池系统和主机/控制电源意外断开时，数据记录系统应能防止数据丢失。电池（用于记录断电后的事件）或电容器（用于在发生电源故障时有序关闭和保存最后的“已知良好”数据）形式的小型机载储能器有助于提高数据存储的可靠性。

第 22 章

鲁棒性与稳定性

电池管理系统的设计，特别是安全关键应用的设计，应通过基本设计计算证明其在标称情况下有较强的鲁棒性，并且可以基于组件期望值的极限来分析许多工作在最坏情况下的电路性能。可以根据最佳实践来创建软件，并使用工具进行分析以表明该软件没有某些类型的缺陷。测试可以验证各种运行条件下的许多系统。但是，在任何现代嵌入式控制系统中，都有可能因滥用、组件故障超出公布限制、环境暴露、老化或其他难以预测的因素而导致系统出现故障，并且无法执行其部分或者所有功能。这类系统的复杂性导致无法预测所有这些可能的故障模式。因此，工程电池管理系统的可靠性和耐用性对于确保成功部署大型电池系统来说至关重要。

从工程意义上讲，鲁棒性是用来描述一个对各种类型的噪声不敏感的系统，噪声是设计人员无法控制的可能影响系统性能的因素。大多数电子系统中存在的工程系统噪声的典型示例包括：

- 工作温度。
- 电磁场。
- 工作时长。
- 占空比。
- 生产工艺和组件变化。

对于电池系统，这些噪声可以转换为以下类型的影响：

- 电池单元、电池组和模块之间的初始容量、阻抗和自放电变异性：应该使用这些参数的最坏情况估计来测试算法，并验证是否达到令人满意的性能。

- 电压、电流和温度的测量偏差：由于组件的差异，设备之间会存在一些随机的变化。应进行最坏情况分析，以证明正确指定了关键组件的公差，并进行充分的测试以确保不精确的组件不会导致性能不足。在某些情况下，与使用昂贵的高准确度零件相比，可以对单个零件进行校准或修整，从而以更低的成本获得更好的性能。

- 占空比和应用程序的使用：所有用户给特定设计的电池系统施加的占空比可能有很大的差异。除了对电池单元本身的影响之外，负载曲线可能还会影响

SOC 以及健康状况的准确性，平衡能力和其他电池管理系统的核心功能。必须了解在使用情况下产生的变化以及这种变化对性能的影响，并且电池管理系统应在所有合理的使用情况下均表现出可接受的性能，即使它们可能导致电池快速退化。应努力定义与可能导致某些类型的故障的异常操作条件相对应的测试用例。

22.1 故障模式分析

故障模式分析是许多学科中用于提高工程系统的鲁棒性和安全性的重要工具。对于任何具有其电池管理系统的大型锂离子电池系统，都应进行全面的故障模式分析。

电池管理系统和电池系统的 FMEA 活动必须相辅相成。在理想情况下，应该由一支在电池组和电池组级别上涉及机械、热、硬件和软件设计的交叉职能小组参与电池组和电池管理系统的故障模式分析。

FMEA 要求为每个潜在的故障模式分配严重性、发生概率和检测等级。许多标准（例如 SAE J1739）就用于指导这些等级的分配。

以下讨论了许多需要考虑的潜在的故障模式以及可能的缓解策略：

• 错误的电池电压测量：错误的电池电压测量可能导致电池系统无法正常工作，也可能导致无法检测到的过度充电或过度放电状况，导致 SOC 和健康状态不正确，以及限制可能导致电池在安全操作区域外运行的计算。额外的测量电路可以提供帮助；限定准确度的二次测量可以防止过度充电或过度放电，但可能无法提供足够的信息来确保更复杂的计算是正确的。用于为多个电池提供参考的电压基准装置的错误可能导致将错误引入所有这些电池。电压基准可以对照另一个电压源进行检查，也许是准确度较低的电源（例如内部逻辑电平电源），以防止出现大的测量误差（例如可以防止过度充电或过度放电，但不能避免 SOC 计算中的误差）。先前已经讨论了将电池组和/或模块电压与电池电压总和进行比较的技术；这可用于防止电压测量中的导致无法检测不安全条件的严重误差。

在涉及单个单元、单个多单元并行电池组以及所有单元的故障之间，应该正确地分辨其重要性的区别。例如，对一个电池过度充电可能不如对所有电池过度充电严重，但是差异取决于电池组设计的细节；如果电池组能够抵抗单个电池热事件的传播，那么这些事件的严重性可能会大不相同；但是，如果单个电池发生热失控会导致大量的电池也发生热事件，则这两个事件可能同样严重。这些不同的场景可能具有不同的根本原因，因此具有不同的发生概率。这是整个电池系统设计如何影响管理系统的分析和设计的一个例子。

• 错误的温度测量：热敏电阻测量电路中两个最常见的故障是由于热敏电

阻或互连中的开路或短路故障引起的。测量电路的设计应使短路和开路显示为不可信的过高或过低读数，并且不要与实际的合理温度相混淆。

- 错误的电流测量：如果电流传感器出现故障，则在测量范围的两端使用带死区的固态电流传感器可能会提供一些检测窗口。此外，已知接触器断开时电流必须为零，从而可以检查零点测量。

霍尔效应电流传感器的输出极性取决于方向，如果传感器安装不正确，电池充电电流将显示为放电电流。这将导致检测到负阻抗，应将其识别为错误。通过将电池测得的电流与负载设备测得的电流进行比较，可以在许多应用中执行二次健全性检查。这样可以捕获测量错误以及传感器故障。由于采样率和测量准确度可能存在差异，建议在移动范围上测量两个设备的被测安培小时数之差，并使用漏桶策略以防止同步错误导致错误的故障检测。这可以捕获传感器故障、过多的噪声、传感器不准确以及反向霍尔效应电流传感器导致的反向充电和放电电流。

可以通过测量电池自身的电压进行最终验证。施加电流期间，电池电压应根据电池型号而有所不同。在没有电流的情况下电压变化迅速的电池可能装有故障的电流传感器。电池阻抗测量值的快速变化可能是由于电流传感器的缩放错误所致。

可以使用相同的方法来检测“卡死”的电池电压测量，其中电池电压在施加大的充放电电流期间似乎没有变化（电池似乎没有阻抗，也没有内部动态）。这可能是由于测量电路的电子错误（CMOS 闩锁效应会导致此错误），附属设备微处理器无法报告新值或软件未正确处理新数据的结果。如果所有电子设备均可以正常运行，则可能是电池单元互连损坏的表现，其中许多并联的电池单元从电池串上断开，但仍保持与测量电路的连接。在任何情况下，如果忽略电池单元的过高或过低的电压，这些故障就可能具有极大的危险。

- 通信丢失：常见的情况是分布式系统架构中主设备和从设备之间的通信链路丢失。这可能是由于 EMI、连接中断或信号链中各种组件的故障引起的。如果主模块或从模块中的软件发生故障，从而将旧的过时数据传递给主模块中的更高级别的软件，则可能会发生“虚拟”通信丢失。迅速识别这种情况，并且不要将无效的数据用于电池状态估计是非常重要的。除了最严苛的应用外，该系统应具有强大的鲁棒性来防止通信方面的暂时损失，并避免电池功能的中断。

22.2 环境耐久性

电池管理系统应该接受全面的测试和验证计划，该计划旨在使系统暴露于电池管理系统的操作、运输和存储的环境相关的最坏危险情况。

这里列出了其中的一些危险以及可能的故障模式：

• 机械振动：机械振动会导致 PCB 基板和 IC 封装（尤其是大型封装）破裂。高温和低温可能会加剧这些故障。如果外壳表面在共振模式下发生较大的挠曲，则在机械振动过程中间隙可能会减小。线束和接线片/电池互连/母线也容易发生故障，可能需要将其包含在一套全面的测试中。

• 机械冲击：这类似于振动，而且大型/重型部件更易受其影响。

• 高温：高温会加快许多组件的降解速度。可能会影响光隔离器的退化和介电强度。温度还会显著地影响几乎所有堆栈监视芯片组的准确度性能。

• 湿度：高湿度会造成许多降低介质击穿强度的情况。必须在湿度测试期间为电池管理系统通电，以充分了解在潮湿环境中施加高压的影响。

• 掉落：应该执行掉落测试，以确保电池管理系统模块在掉落后不会造成易被忽视的潜在损坏。

• EMC：在相对较低的干扰水平下可能会出现电压、电流和温度测量误差。这些误差相对于要测量的数量来说可能很小，但对电池管理系统的电池参数计算的影响却很大。

• ESD：静电放电可能会损坏输入、处理和输出设备，并且在搬运、电池系统组装、维修或操作期间可能会到达电池管理系统。电池系统在运行时，用户可能会访问电动汽车的充电端口或用户界面连接，并且必须满足“主动”ESD 要求，该要求通常高达 25kV（与仅要求 4 ~ 8kV 放电公差的“运行”ESD 不同）。

该测试计划通常将包括以下四个阶段，并需要一组示例设备：

• 初始性能表征：将对设备的性能进行全面的评估。关键参数包括电池和电池串的电压准确度、控制电源和高压堆栈的功耗以及介电强度。请注意，电介质耐压测试可能会损坏设备，并且可能需要在一批特殊的设备上进行测试以收集有关典型设备的性能数据，以便与暴露后的样品进行比较。不符合标称性能规格的设备不得用于测试。

• 模拟的环境暴露：一批设备经受了一系列测试，这些测试可以代表预期应用的最坏情况。如果预期测试的效果是累积的，则给定的样本集可以用于多个测试。许多测试将要求设备通电并在模拟环境（即电池组）下运行。

• 测试后表征：重新表征设备以确定测试期间性能是否发生任何变化。应该与预测试的值进行比较。如果需要对电流和电压进行高准确度且取决于温度和其他条件的测量，则需要特殊的测试程序来确保不会将系统偏差误认为性能变化。还应在所有后测试设备上执行工作和击穿电压额定值的绝缘测试。

• 详细的拆卸和分析：为了查找设计中潜在缺陷的迹象，应对设备进行检查。树突状生长、锡晶须及其他潜在的短期危害应作为检查的一部分。涂层和外壳的完整性也是非常关键的。

22.3　滥用情况

尽管通常认为电池管理系统是为了防止电池被滥用，但是电池管理系统本身在运行期间可能会遭受许多异常情况的影响。电池管理系统可能是引起火灾和触电危险的故障点。

前面已经讨论过与 EMC 和 ESD 缓解相关的问题。电池管理系统组件还必须具有强大的抵抗控制电源瞬变和电源干扰的能力。

应该通过分析、测试或两者同时进行来证明由过度充电、过度放电或阻抗和电流过大的组合所引起的电池和电池组的极端电压不会导致测量电路发生短路故障。对于所有输入，应在预期和最大容许电压水平之间保持足够的安全裕度。考虑以不正确的方式连接电池电压测量值的影响，这可能会使输入暴露在大的电压误差中，包括反向电压、电池组故障以及单个通道上较大的电压差。在许多情况下，没有必要确保电池管理系统在暴露于所有这些事件后还将继续运行，但始终要确保不会发生导致短路的故障。如果有必要保留功能，可以考虑使用分布式电池管理系统架构，以限制每个单独模块中的电压；这将增加可以允许特定输入组合的可能性。

电池系统故障可能导致电池管理系统不正常运行。如果在电流流过电池组时母线、电池或熔丝无法断路，则可能会迫使电流通过感应线束和电池管理系统模块。与电池管理系统和互连部分相比，即使相对于电池容量来讲的小电流也将非常大，并且几乎肯定会造成损坏。仔细确定互连和组件的尺寸将确保损坏的范围合理，并且不会导致热事件。

22.4　可靠性工程

可靠性工程为定量失效分析领域中经常缺乏了解的部分带来了一种分析方法。可靠性工程师试图通过统计手段量化发生特定缺陷或故障的可能性，以确保故障率足够低从而满足特定应用的需求。

可靠性工程适用于大型电池系统，因为它们经常用于对电池故障极为敏感的应用中。可接受的故障率可低至每 10^8 个工作小时发生一次故障，用于表明功能安全性（ASIL D 或 SIL 3）最高的锂离子电池。这些关键功能所涉及的组件必须从能够提供所需可靠性数据的供应商中选择。

可靠性分析必须包括给定功能的信号链中的所有组件。要防止电池处于危险状况，通常需要测量、处理和控制电路的正确运行，其中每个电路都包含许多部件。

第23章 最佳案例

23.1 工程系统开发

电池管理系统项目的开发应该使用一个合适的系统开发模型。工程系统开发中常用的V周期包括以自上而下的方式定义系统、子系统和组件的需求，以详细、结构化的实施过程进行定义，然后进行从下至上的从组件到系统级别的验证，并针对每个级别建立的要求进行追溯。

电池管理系统需求的创建最终将由整个电池系统的需求决定。电池系统的基本需求是以特定的额定功率提供和接收给定量的能量，并在系统的整个生命周期内安全地运行。电池管理系统在很大程度上支持这些目标。为电池管理系统开发的需求总是从下一个更高级别的工程系统的需求中级联而来的，而不是在不了解电池系统响应的情况下孤立地开发的。

电池管理系统的实施需要在解决方案级别（电池和负载要求必须彼此一致）、电池系统级别（电池、电池组、电池管理系统和辅助组件要求之间）、管理系统级别（包括硬件、软件、机械和热集成）的要求之间保持良好的一致性。流程应确保需求的影响始终反映在较低级别上。电池管理系统硬件和软件工程师、系统工程师以及电池单元和电池组设计人员之间的协作可确保全面涵盖电池系统开发的各个方面。

23.2 行业标准

专门用于电池管理系统开发的标准数量有限，但是许多标准授权机构为集成电池系统提供了标准，在锂离子系统的情况下，该标准将包括电池管理系统。这些标准可能是法律要求的，也可能是不具有约束力的，这取决于应用、使用地点和安装。为了了解特定市场中电池系统和电池管理系统所需批准的全部情况，必须详细地审查客户要求和联系人、产品责任法律要求、当地和国家电气安全规范、产品安全要求和/或机动车安全标准。

UL 1973 是为应用于铁路的电池存储系统开发的，但现在适用于网格存储或光伏、风能和其他分布式发电资源集成的固定式能量存储。该标准规定了电池组保护电路或电池管理系统的要求。另外，该标准引用了电池系统构造中使用的组件和材料的许多其他标准，特别是包括用于安全关键型嵌入式软件的 UL 1998 和指定了锂离子电池要求的 UL 1642。

SAE J2464 和 J2929 讨论了包括电池管理系统在内的集成式汽车电池系统的安全性，并涵盖了机械滥用以及涉及电池管理系统对危险状况的响应的许多安全案例。联邦机动车辆安全标准（FMVSS）305 为电动与混合动力车辆的隔离检测和高压安全规定了许多要求。电池管理系统必须经常使用 SAE J1772 中描述的试验线路方案与充电设备连接。在北美以外的汽车市场中，欧洲标准规范了许多相同的方面，包括 UN/ECE 第 100 号法规，该法规涵盖了时速超过 25km/h 的电动汽车众多组件的要求，以及描述了与充电站接口的 IEC 62196（类似于 SAE J1772）。

这些标准中的许多标准在各种测试中对性能都有类似的要求。并非所有标准都引用了特定的设计元素或要求。例如，SAE 标准更着重于电池和电池管理系统必须做什么而不是必须如何做。相反，UL 标准为从单元级到系统级的各种组件和设计属性建立了一系列的级联标准。

23.3 质量

在电池管理系统设计的分析、开发和验证过程中所付出的努力，绝不能因为产品制造过程中引入的缺陷而化作徒劳。最终产品取决于最后的实现，因此，制造厂必须采用质量管理体系，以确保所生产的电池管理系统满足所有的要求。

对于像电池管理系统这样的高准确度的安全关键产品来说，其质量不仅仅意味着尺寸控制和简单的功能测试。尽管这些都是适当质量控制的必要因素，但整个制造过程应与设计一起审查，以确定缺陷可能出现并对最终产品性能产生关键影响的区域。

电池管理系统特定的风险领域包括：

• 清洁和污染：由于存在高压以及可能产生的电弧和火灾隐患，因此必须消除最终产品被杂物（特别是导电的）污染的可能性。可以通过制定设备的清洁计划，定期自动和手动检查异物，并使用适当的覆盖物或垫料以防止污染。压铸零件应小心控制，以免信号灯或包覆成型的材料在产品使用过程中分离。简单的技术，如部件在生产过程中运行时的定位，可以避免碎屑的堆积。

- 涂层和电介质材料：在许多类型的电子控制模块（包括电池管理系统）的生产中，通常使用电介质保形涂层和密封剂。如果要依靠这些产品来达到一定的绝缘强度和绝缘等级，就必须严格控制施工过程，以确保所施加的涂层达到预期的性能。适当的方法包括对涂层板进行样片测试以及电介质测试、紫外线检测以检测最终涂层膜中的空隙以及自动分配和应用设备。液体应用涂层的使用应是制造机构仔细审查的一个方面。
- PCB 基板：PCB 基板必须由熟悉本书中讨论的高压电子设备相关危害的制造商提供。
- 组件：在制造过程中，必须对部件的整个生命周期进行管理。暴露在潮湿的存储环境中会降低隔离器和其他组件的介电强度额定值。在某些情况下，组件烘烤是一种适当的控制措施。许多低压控制系统不太可能因部件存储不当而发生与大容量电池管理系统相同程度的安全相关故障。
- 组件的放置和对齐：组件放置不当，包括旋转和位置对齐以及其他缺陷（例如“墓碑效应”），可能会产生电弧或电击危险。自动光学检查（AOI）可用于检测这些类型的缺陷，但将检查工作集中在连接到高压堆栈的组件上会很有用，如果放错位置，可能会造成短路的危险。
- 大电流焊接点：某些大型电池管理系统在电子模块内部合并了大电流路径的一部分。大型焊点在冷却时可能会破裂，形成高电阻连接并导致发热。
- 大电流螺纹紧固件接头：使用螺栓接头时，若扭矩不当，则会显著增加组件之间界面处的连接阻力。在这种情况下可能导致高温。

第 24 章 未来发展

24.1 子模块建模

建模工具可用于电池单元的内部组件，可以在构建原型电池之前预测电池性能。这些工具可用于在电池实际可用之前开始电池管理系统的开发，从而大大加快了电池系统的总体开发周期。随着给定成本下处理器性能的提高，更复杂的模型越来越接近于能够实时运行。未来的电池管理系统中将可以实现更复杂的模型。

24.2 自适应算法

电池管理系统开发面临的主要挑战之一是创建一个可以在电池系统的整个生命周期内处理更多电池行为剧烈变化的系统。当前，在电池系统的生命周期中存在许多假设，这会降低电池管理系统的超时准确度。例如，如果两个电极的容量降低发生在不同的速率下（例如，使用和循环寿命老化可能会导致不同类型的影响），那么随着电池寿命的变化，SOC-OCV 关系不变的假设就无法成立。在一开始选择的模型可能会忽略一些影响，这些影响在后期变得非常重要，从而使 SOC 和 SOH 估算不正确。随着对锂离子电池老化的了解不断提高，电池系统的使用寿命更长，能够更准确地反映电池性能变化的模型将更加普遍。

24.3 高级安全性

航空航天和汽车行业通用的功能安全标准类型在商业、工业乃至消费产品的其他领域中越来越得到认可。例如，UL 现在正在规范对功能安全性的要求，并将法规应用于锂离子电池系统。毫无疑问，随着电池系统的广泛安装，全世界的国家电气法规也将随之效仿，法规也会变得更加复杂。

24.4 系统集成

随着电池系统变得越来越普遍以及组件容量变得越来越大，电池管理系统将与整个系统中的其他电子控制设备进行功能整合。

可以设想一个多层体系结构，使电池系统供应商负责基本的安全和测量、准确的 SOC 和 SOH 估算、功率限制和其他电池的特定功能，并在同一处理器中具有一个应用程序空间来实现从一个应用程序跳转到另一个应用程序的高级功能。